U0227620

中国湖泊生态环境丛书

洪泽湖生态环境研究

龚志军　蔡永久　邓建明　彭　凯　黄　蔚等　著

科 学 出 版 社

北 京

内 容 简 介

洪泽湖是我国第四大淡水湖,淮河流域最大的湖泊,是国家南水北调东线工程重要调蓄湖泊和苏北地区生产生活的重要水源,在区域防洪保安、城乡供水、农业灌溉、交通航运及生态安全等方面发挥着不可替代的作用,具有重要的生态价值与资源优势。本书共 10 章,从湖沼学的角度概述洪泽湖的自然地理、历史演变、社会经济,重点从水化学、沉积物、水生生物等方面系统分析其生态系统结构及时空变化特征,评估洪泽湖生态系统健康状况,诊断存在的主要生态环境问题,从污染治理、生态修复、综合管理等方面提出湖泊保护对策建议。

本书可供淡水生态学、环境保护、水利、水产等领域的科研人员,以及行政管理部门和高等院校师生阅读和参考。

审图号:苏 S(2023)17 号

图书在版编目(CIP)数据

洪泽湖生态环境研究/龚志军等著. —北京:科学出版社,2023.9
(中国湖泊生态环境丛书)
ISBN 978-7-03-075596-4

Ⅰ. ①洪…　Ⅱ. ①龚…　Ⅲ. ①洪泽湖−区域生态环境−研究
Ⅳ. ①X321.253

中国国家版本馆 CIP 数据核字(2023)第 090703 号

责任编辑:周　丹　黄　梅　沈　旭/责任校对:任云峰
责任印制:张　伟/封面设计:许　瑞

科 学 出 版 社 出版
北京东黄城根北街 16 号
邮政编码:100717
http://www.sciencep.com

北京中科印刷有限公司 印刷

科学出版社发行　各地新华书店经销
*
2023 年 9 月第 一 版　开本:787×1092　1/16
2023 年 9 月第一次印刷　印张:14
字数:332 000

定价:169.00 元
(如有印装质量问题,我社负责调换)

编 委 会

前　言

　　洪泽湖是我国第四大淡水湖,位于江苏省西北部淮河下游,跨淮安、宿迁两市,素有"淮上明珠""鱼米之乡"的美誉。洪泽湖作为连接淮河中、下游的重要枢纽,承泄淮河流域上中游 15.8 万 km² 的来水,长期承担调控上中游洪水的重任;同时洪泽湖北连沂沭,南注长江,东通黄海,是国家南水北调东线工程重要调蓄湖泊和苏北地区工农业生产的重要水源,在流域防洪保安、城乡供水、农业灌溉、交通航运及维系生态平衡等方面发挥着不可替代的作用。洪泽湖周边环绕着江苏宿迁、淮安两市的泗洪、泗阳、宿城、盱眙、洪泽、淮阴、清江浦等七个县(区),总面积约 10 337 km²,总人口超过 400 万。近年来,洪泽湖地区经济发展迅速,2020 年周边七个区县生产总值达到 3378 亿元,为区域社会经济发展做出了巨大贡献。

　　洪泽湖地处淮河中游末端,淮河穿湖而过,该地区的气候具有中国南北气候过渡带的性质,气候的变化受季风环流的影响显著,四季分明,年降水多集中于每年 6～9 月。洪泽湖具有蜿蜒曲折的岸线特征及季节性水文过程,为各类生物造就了丰富的生存和繁衍生境,进而发展成为物种丰富、群落多样的生物资源宝库。长期以来,洪泽湖得天独厚的自然资源在促进区域社会经济的发展方面发挥了重要作用,但是受粗放式发展模式限制,围湖造田、圈圩围网养殖、非法采砂等人类活动导致洪泽湖湖面萎缩、水体富营养化、蓝藻水华局域性发生、生态系统退化等问题,极大地影响了湖泊生态服务功能的正常发挥。

　　湖泊生态环境保护是国家生态文明建设的重要内容,党的十八大以来,国家高度重视湖泊保护修复,党的二十大进一步要求推进美丽中国建设,推行湖泊休养生息,实施重要生态系统保护和修复重大工程,提升生态系统多样性、稳定性、持续性。江苏省历来重视洪泽湖保护工作。2022 年 3 月 31 日,江苏省十三届人大常委会第二十九次会议审议通过了《江苏省洪泽湖保护条例》,对洪泽湖的规划与管控、资源保护与利用、水污染防治、水生态修复等做出了明确规定,自此洪泽湖保护迈上了新台阶。当前,在促进区域社会经济可持续发展的同时,急需加强生态安全保障,这是湖泊管理中所面临的巨大挑战。因此,有必要对洪泽湖生态环境进行系统总结,为洪泽湖保护修复措施的制定提供科学参考。

　　本书围绕洪泽湖生态环境现状与演变,通过历史资料收集、实地调查、定位监测及统计分析等方法,从自然演变、水环境、水生物、健康评价等方面入手,重点阐述了水体与沉积物理化特征,大型水生植物、浮游植物、浮游动物、大型底栖动物、鱼类群落结构现状和时空变化特征。在此基础上,参考国内外水生态健康的评估方法,构建了洪泽湖生态系统健康评价指标体系,并对洪泽湖健康状态做出了定量分析,诊断洪泽湖当前面临的主要问题和成因,从污染治理、生态修复、综合管理等方面提出了湖泊保护对策建议。

　　本书共 10 章，总体框架由龚志军、蔡永久构思和设计，第 1 章由龚志军、魏佳豪、张祯、蔡永久撰写，第 2 章由彭凯、龚志军、高鸣远撰写，第 3 章由魏佳豪撰写，第 4 章由黄蔚撰写，第 5 章由邓建明撰写，第 6 章由项贤领撰写，第 7 章由蔡永久、张飞撰写，第 8 章由王友仁、毛志刚撰写，第 9 章由蔡永久、刘俊杰、温舒珂撰写，第 10 章由龚志军、蔡永久、黄雪滢、张祯撰写。全书由龚志军、蔡永久统稿。

　　本书的出版得到中国科学院青年创新促进会项目（2020316）、国家自然科学基金面上项目（42171119）及江苏省水利科技项目（2022068）等科研项目的支持。

　　本书撰写过程中，得到江苏省水利厅、江苏省水文水资源勘测局、江苏省洪泽湖水利工程管理处等单位多方面的关心与支持，在此谨向为本书工作提供帮助与指导的单位、专家和学者，以及参与本书工作但未列出名字的其他专家、学者和研究生，表示衷心感谢！

　　洪泽湖湖区地貌类型多样，受自然、人为因素干扰强烈，洪泽湖水环境与水生态影响因素复杂，加之条件限制和编者水平有限，书中不妥之处请广大读者批评指正。

作　者
2022 年 12 月

目　　录

第1章　洪泽湖湖泊——流域概况

1.1　地理位置与形态

洪泽湖为我国第四大淡水湖泊，地处苏北平原中部偏西，淮河中下游接合部、江苏省西北部，其地理位置大致为东经118°10′～118°52′、北纬33°06′～33°40′（图1-1）。根据2022年修编的《江苏省洪泽湖保护规划》，洪泽湖蓄水保护范围面积为1775 km²。洪

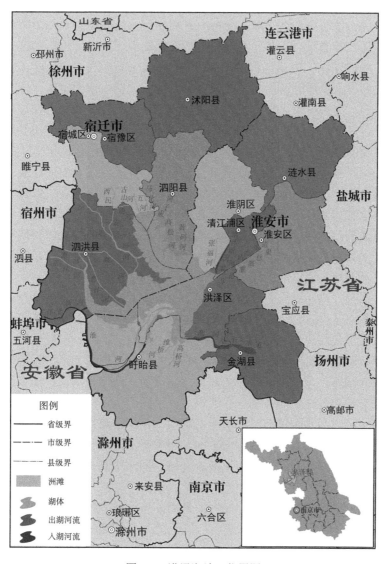

图 1-1　洪泽湖地理位置图

泽湖是因黄河夺淮和"蓄清刷黄济运"不断修筑洪泽湖大堤而形成的。西北部、西部和西南部有宽窄不等、高低相间的冈垄和洼地，东部地势低平，邻近京杭运河里运河段，北部有废黄河和中运河。洪泽湖西纳淮河，南注长江，东通黄海，北连沂、沭河。行政区域涉及江苏省淮安市的盱眙县、洪泽区、清江浦区、淮阴区和宿迁市的宿城区、泗洪县、泗阳县。

洪泽湖东北部为成子湖湾，西部为安河洼、溧河洼，港河众多，西南部为淮河入湖口，发育着大小洲滩 30 多个，东部为洪泽湖大堤，史称高家堰。鸟瞰洪泽湖，其水域宛若一只振翅翱翔的天鹅，镶嵌于江淮大地上。

当今淮湖汇一、烟波浩瀚的洪泽湖，形成于公元 16 世纪末至 17 世纪（韩昭庆，1999）。地质历史上，洪泽湖的形成受到两条主断裂带的影响，一是洪泽湖西侧的郯庐断裂带，一是斜经湖区北侧并在安徽省明光境内同郯庐巨型断裂带相切割的淮阴断裂带。与淮阴断裂大体平行的一条断裂是老子山—周桥—石坝断裂，这条断裂与淮阴断裂之间，还有若干纵向的连接二者的断裂支脉。在漫长的地质运动中，其综合作用的结果是形成了地质构造上的"洪泽凹陷"，即洪泽湖的原始湖盆。洪泽湖区位于古淮河中下游，以古淮河淤积为主，原始表土土质肥沃，加之气候温和、四季分明，水源丰富，便于垦殖，故历代常有堰水屯田、大兴垦殖之举。根据史册记载，从西汉到南北朝后期，洪泽湖水域还是以便利居住、宜于垦殖的陆地为主。其中《三国志·魏书·陈登传》记载，建安初年，陈登在汉代古堤的基础上，起于武家墩、止于今洪泽区西顺河镇境内，筑造起了高家堰。"江淮熟，天下足"这则古谚反映了在黄河夺淮以前，淮河流域是农业比较发达的富庶之区。在历史的进程中，明中叶以前，洪泽湖湖区积水面已相当可观，并初具如今洪泽湖的雏形。而这个雏形的产生又主要得益于高家堰的修筑。如果高家堰被废除，将有相当一部分湖泊再成桑田，一部分则成为季节性湖泊，还有一部分较大较深的湖泊，湖面也将大为缩小。如果现在废洪泽湖大堤，因为湖底已被淤成近乎平面，故洪泽湖将全部成陆。因此，洪泽湖是明朝以前历代堰水屯田所孕育的。

按其湖盆成因，洪泽湖属河迹洼地型湖泊，成湖前沿淮本有许多小型湖泊，一般情况下，淮湖互不相连。在 12 世纪以前，黄河虽然也偶或南决入淮，但大抵旋决旋塞，对淮河影响不大。宋高宗建炎二年（1128 年），金兵南侵，宋将杜充决开黄河，以水代兵，河水部分南流，由泗入淮。自金明昌五年（1194 年）河决阳武以后，黄河分为南北二支，北支由北清河入渤海，南支由泗水夺淮入黄海。此后，南支泄洪量日渐大于北支，黄河全流夺淮遂成必然趋势。黄河夺泗、夺淮以后，淮阴码头镇附近的清口以上泗水河床和清口以下淮河河床逐渐受到黄河泥沙淤垫，明中叶黄河全流夺淮以后，淮河泄流日益不畅，逐在洪泽洼地大量潴积，湖面逐渐扩大。明孝宗弘治七年（1494 年），刘大夏筑太行堤阻断黄河北支，后又陆续阻断其他旁流之路，固定由泗水入淮。于是开始"以区区清口受万里全河之水"，形成黄河全流夺淮的局面。

黄河南徙之初，淮河尾闾尚深广能容，然而随着淮河水位逐渐抬高，尤其是明朝中后期，随着尾闾的不断淤垫，淮河受黄河顶托日趋严重，造成黄、淮同时出水不畅的局面。淮河泄流不畅，便在高家堰以西各湖洼潴积，使水位迅速增高，频频冲决高家堰，撕开里运河河堤，在里下河地区漫流。淮河决溢，水位骤降，经由洪泽湖从决口处流溢出去，造成水灾连年、大灾不断的局面。明万历年间，随着河患日亟，运道梗阻，以潘季驯为杰出代表的廷臣在治理方针上提出了"蓄清刷黄济运"的意见，即拦蓄淮河澄清之水，使专注清口，增强对清口以下河床的冲刷力，令黄河带来的泥沙不至于淤垫，从而保证清口以下河道的畅通。同时，可用澄清的淮河水及时补给里运河，使运道得以畅通无阻。要做到这些，必须大筑高家堰，使其有足够的拦蓄能力，即使在洪汛期也不会溃决，如此则可收到一举三得的效果，即清口以下河道不淤垫，运河随时有清澄之水补给，里下河地区不因溃决而频频受灾。"蓄清刷黄济运"的意见被采纳并长期占据主导地位，得以基本连续地实施，明朝后期筑高家堰，正是该方针实施的结果。经此往后，清康熙十八年，高家堰正堤石工比潘季驯时加高了三尺，天然减水坝亦已加筑。据《靳文襄公奏疏》载，"洪泽湖水又复加涨二尺，兼之浪如山涌，竟从堤顶之上处处泼漫而过"。以此估算，这时的洪泽湖水位高程当在 12 m 以上。次年秋，高家堰全部筑成，高程约14 m，当时洪泽湖洪水期的最大水域面积甚至已经明显超过如今洪水期的水域面积。经明清不断地对洪泽湖大堤进行修筑，到清乾隆十六年（1751 年），历时 171 年，终于完成了洪泽湖石工大堤。至此，作为特大湖泊型水库的洪泽湖就形成了。此后，黄河于1855 年北徙，洪泽湖水位下降，面积明显减小（姜加虎等，2020）。

中华人民共和国成立后，1950 年 10 月 14 日，中央人民政府政务院发布了《关于治理淮河的决定》，明确了洪泽湖治理的具体规划是承担蓄洪滞洪，供给灌溉和航运用水，适当利用水力发电。根据这一治理规划，洪泽湖陆续开辟有苏北灌溉总渠、淮河入江水道、淮沭新河等排洪工程，还建设有三河闸、高良涧进水闸、二河闸等水利控制建筑物，蓄泄能力大大增强。同时，洪泽湖大堤作为淮河下游地区的防洪屏障，在中华人民共和国成立以后，又陆续进行了多次较大规模的加固，使得洪泽湖形成了如今我们所见到的局面（荀德麟，2003）。

1.2　地 质 地 貌

距今 1 亿至 300 万年，苏北地区由于地壳断裂而发生下陷，形成苏北凹陷区。凹陷区的西部边缘在淮河出口处，即今洪泽湖区。洪泽湖的地形受到两条主断裂带的影响：一是洪泽湖西侧的郯庐断裂带，二是斜经湖区北侧并在安徽省明光境内同郯庐巨型断裂带相切割的淮阴断裂带。淮阴断裂也叫嘉山—响水断裂，该断裂把苏北地区切割为华北与扬子两大地台。淮阴断裂在湖区大体经过淮阴、泗阳县卢集、泗洪县曹庙，直至安徽省明光市紫阳山，是华北、扬子两大地台的地质分界。

在地质运动中，这一区域又产生了许多次主断裂和副断裂，其中，与淮阴断裂大体平行的一条次主断裂是老子山—周桥—石坝断裂，这条断裂与淮阴断裂之间，还有若干纵向的连接二者的断裂支脉。它们漫长的综合作用的结果是形成了地质构造上的"洪泽凹陷"。

洪泽凹陷带的基岩为红色砂砾岩。凹陷以东为北东向洪泽—建湖隆起带。凹陷内覆有松散堆积物，厚度为 50～200 m，湖泊位于第四系之上。湖盆的形成显然与老构造无直接关系，但它的演化在早期阶段是与新构造运动紧密联系的，主要表现为继承性升降。

湖盆的西部、南部表现为继承性上升，湖中部、北部则以沉降运动为主。洪泽湖外围有湖积"贝壳堤"环湖分布。贝壳堤主要由贝壳和铁锰结核砂组成。这种贝壳堤在洪泽湖西岸分布位置较高，标高可达 15 m，而东岸、南岸位置较低。上述分布特点，从一个侧面反映出洪泽湖西岸地区的相对上升，中、东部地区的相对沉降。

地质运动反映在地貌上，形成了湖西、湖南的低山冈阜。湖西地区位于郯庐断裂东侧，经过长期的地质运动及地貌演化，湖西地区形成宽窄不等、高低相间的冈垄和洼地，这些冈垄洼地俗称"三洼四冈"。由南向北分别为：起于欧岗、止于管仲镇的西南冈，长40 km，宽 3～15 km；溧河洼，长 40 km，宽 10～15 km，地面高程由 20 m 降至 12 m；起于归仁镇、止于陈圩的濉汴冈，长 40 km，宽 1～7 km；安河洼，长 35 km，宽 10 km左右，地面高程由 16 m 降至 12 m；起于曹庙、迄于龙集的安东冈，长 35 km，宽 3～10 km；成子湖洼，长 25 km，宽 7～14 km，高程约 10 m，湖底极平坦，倾度为 0；成子湖洼东侧还有一条北西—南东走向的冈垄，从卢集向东南至裴庄，长 10 km，宽 2～5 km，高 21～15 m。

湖东南部的蒋坝至西南部的盱眙县城一线，属湖南区。蒋坝位于洪泽湖大堤的最南端，旧称"秦家高冈"，其南面地形由海拔 30 m 逐渐升高至 100 m 以上，与盱眙—六合火山群台地相接。盱眙至老子山为连绵的低山，是淮阴断裂带东侧的一组隆起，其山顶由南西向北东，渐次从海拔 150 m 降至 50 m。老子山以北，由于受到与山脉走向正交的老子山—石坝断裂切割，山脉突然终止。湖东、湖北的地貌主要是河、湖、海冲刷堆积而成的平原，地势低下，呈簸箕口形，特别是武墩至高堰一带，地势最为低下，地面高程仅有 8～10 m。

洪泽湖属浅水湖，湖盆呈浅碟形，岸坡平缓，由湖岸向湖心呈缓慢倾斜，湖底较平坦，湖底高程一般在 8～12 m，高出洪泽湖东面平原 4～8 m 不等。北部湖底高程一般在 9.0～11.0 m，南部湖底高程一般在 7.5～9.0 m，这种湖盆形态的差异与入湖河流的分布有关，同时在很大程度上也与黄河改道南徙夺淮以来的巨大影响分不开（荀德麟，2003）。

中华人民共和国成立前，洪泽湖滨湖洼地长期处于"水落随人种，水涨随水淹"的自然状态，地广人稀，群众生产生活很不稳定。中华人民共和国成立后，1953 年兴建了高良涧闸、三河闸等控制工程，1955 年确定洪泽湖常年蓄水后，开始兴办蓄洪垦殖工程，将沿湖地面高程 12.5 m 左右的大部分地段圈成了拦洪堤；20 世纪 80 年代初，为了有效利用水资源，洪泽湖蓄水位由 12.5 m 抬高至 13.0 m。根据 2022 年修编的《江苏省洪泽湖保护规划》，现阶段洪泽湖滨湖岸线长约 607.7 km，已利用或划为建设预留区的岸线长度为 534.95 km。

1.3 气候气象

洪泽湖地处淮河中游的末端，气候具有中国南北气候过渡带的性质，虽其水域辽阔，但还不足以对湖区气候变化规律产生明显影响。洪泽湖区的气候，具有冬寒、夏热、春温、秋暖，四季分明和年降水多集中于每年汛期 6～9 月的特点，气候的变化受季风环流的影响显著（姜加虎等，2020）。

冬季为来自高纬度大陆内部的气团所控制，寒冷干燥，多偏北风，降水稀少；夏季为来自低纬度的太平洋偏南风气流所控制，炎热、湿润，降水高度集中，且多暴雨，是湖区降水的主要形式；春季和秋季是由冬入夏及由夏转冬的过渡季节，气温、降水及湿度等随之发生相应的变化。春季湖区以来自太平洋的洋面季风为主，多东南风，空气暖湿，降水量增加，因冷、暖气团活动频繁，天气多变，乍暖乍寒，但平均风力为全年最大。秋季冷气团迅速代替暖气团，太平洋高压势力减弱，蒙古高压势力向南逼近，当大气层结处于稳定状态时，便出现秋高气爽的天气，少云多晴天。10 月以后，蒙古冷高压继续南扩，近地面层以极地大陆气团为主，高空的西风环流已南移至西藏高原以南，湖区凉秋骤寒，进入隆冬季节（荀德麟，2003）。

洪泽湖地区在春末或秋初有强梅雨或强台风雨出现。若梅雨锋带在该区滞留时间较久而降水强度又大，则会形成洪涝水患。秋季本是湖区出现秋高气爽天气的时段，然而在秋初湖区又会有强台风雨的出现，强度大，历时短，范围小，如 2018 年 8 月第 18 号强热带风暴"温比亚"就是造成湖区严重洪涝灾害的原因。所以，强梅雨、强台风雨均是湖区灾害性的天气。

1.3.1　气温

据 1956～2020 年泗洪气象站观测资料统计分析，洪泽湖地区多年年均温为 14.77℃。冬季气温低，平均气温为 2.16℃；夏季气温较高，平均气温为 26.38℃；春季和秋季为气温的过渡季节，平均气温分别为 14.45℃、15.90℃。从多年气温变化来看，该区域年均气温有上升的趋势（图 1-2）。

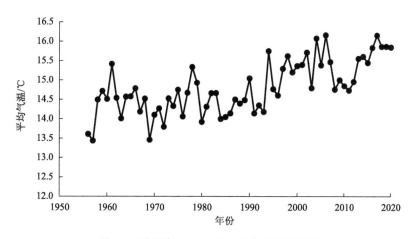

图 1-2　洪泽湖 1956～2020 年年均气温变化

1.3.2　降水

据 1956～2020 年泗洪气象站观测资料统计分析，洪泽湖区多年平均年降水量为 921.39 mm。其中冬半年因受冬季风控制，降水量少；夏半年因东南季风从海洋上带来丰富的水汽，降水量增加，有梅雨、气旋雨、雷暴雨、台风雨等产生。汛期（6～9 月）的降水量为 500.66 mm，占年降水量的 54.34%，降水量的年内分配以 7 月最多，8 月次之，1 月最少。洪泽湖区的降水年际间变化大，最大年降水量为 1526 mm，出现于 2003 年；最小年降水量为 521.6 mm，出现于 2004 年（图 1-3）。

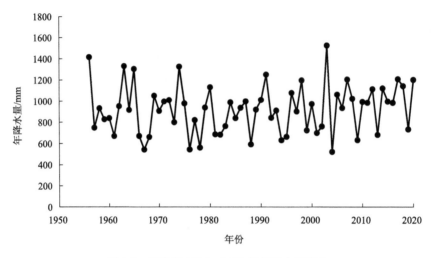

图 1-3　洪泽湖 1956～2020 年年降水量变化

1.3.3　风速、风向

据 1956～2020 年泗洪气象站观测资料统计分析，受东亚季风气候影响，洪泽湖区东风、东偏南或东偏北风出现频率远远高于其他风向。1956～2020 年长系列风场数据分析结果表明：东风在所有 16 风向中占比最高，各年平均达到 11.43%；其次是东偏南风，占比达到 11.28%；再次为东偏北风，占比为 10.47%，其他风向占比都在 8% 以下。西南风和西风出现频率最低，在所有 16 风向中的占比分别只有 3.43% 和 3.52%（图 1-4）。洪泽湖区多年平均风速为 2.61 m/s。从月份来看，3 月平均风速最高，为 3.22 m/s；其次为 2 月，为 3.18 m/s；10 月平均风速最低，为 2.15 m/s。从风速的变化趋势来看，1956～2020 年年均风速呈现逐渐降低的态势，由 1956～1965 年的十年平均风速 3.81 m/s 下降至 2006～2015 年的十年平均风速 2.11 m/s（图 1-5）。

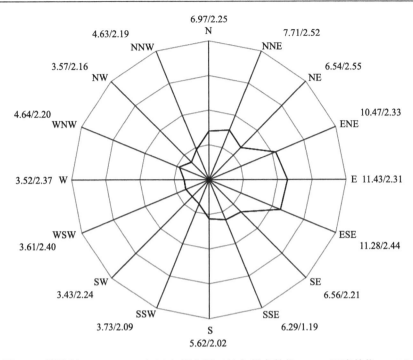

图 1-4　洪泽湖 1956~2020 年风向频率图（风向频率单位：%；风速单位：m/s）

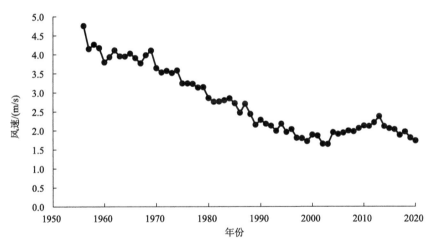

图 1-5　洪泽湖 1956~2020 年年均风速变化

1.4　水　系　水　文

1.4.1　区域水系

洪泽湖入湖河流主要位于湖西侧，主要有淮河、怀洪新河、新汴河、老汴河、新（老）濉河、徐洪河、安东河、西民便河等，在湖北侧和南侧主要有古山河、五河、成子河、马化河、高松河、黄码河、张福河、维桥河、高桥河等（图1-6），其中淮河入湖水量一般占总入湖水量的 70%以上（樊贤璐等，2019）。出湖主要河流有淮河入江水道、淮河入海水道、淮沭新河和苏北灌溉总渠等，其中淮河入江水道为洪泽湖的主要泄洪通道，约70%的洪水由三河闸下泄后，经入江水道流入长江；其余洪水由二河闸下泄后，经入海水道流入黄海，或经淮沭新河向北转入新沂河入黄海，由高良涧闸下泄，经苏北灌溉总渠流入黄海（姜加虎等，1997）。

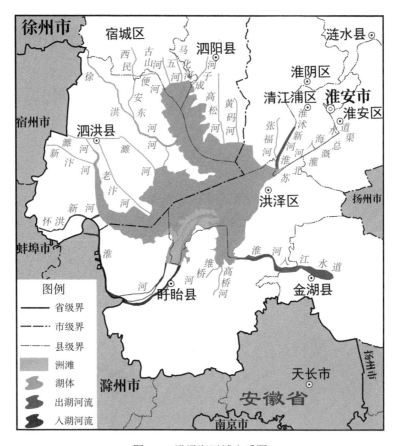

图1-6　洪泽湖区域水系图

1. 主要入湖河道

淮河：入洪泽湖的最大河流和湖水量的主要补给来源，源于鄂、豫交界处的桐柏山，蜿蜒东流，经豫、皖两省在老子山附近入湖。淮河江苏段全长 77.4 km，自盱眙县境西北角鲍集镇的新河口入境，呈"U"字形流经盱眙向北散流散入洪泽湖。此段河宽400～1300 m，底高程 5～7 m，深 4～11 m。淮河水位平均为 12.50 m，最高为 15.75 m，最低水位 10.33 m，具有平原河流的水文特点，河床比降小，流速缓慢，最小流量近于 0。年均输沙量约在 300 万 t 以上（王慧玲，2020；韩国民，2007）。根据《江苏省地表水（环境）功能区划（2021—2030 年）》，淮河水环境功能区为饮用水水源保护、工业用水区，水质目标为Ⅲ类。

池河：源出定远县西北大金山东麓，流经定远、明光两县，于苏皖交界的洪山头注入淮河，总流域面积为 4215 km²，全长 205 km（冯赟昀和杨司嘉，2020）。

怀洪新河：怀洪新河是淮河中游兴建的一项治淮战略性骨干工程，属淮河流域洪泽湖—漴潼河水系。流域面积 12 000 km²，干河江苏段全长 34.8 km，流经安徽怀远、固镇、五河和江苏泗洪县。其主要作用是分泄淮河干流洪水，扩大漴潼河水系排涝能力，兼顾灌溉、通航等。怀洪新河的建设发挥了防洪、除涝、水资源优化配置、航运、水产养殖等综合效益，促进了地区经济的发展和沿河人民生活环境的改善（何建新，2007）。

新汴河：为人工整治的淮北地区排洪通道，河道全长 127.2 km，流域面积达 6562 km²，江苏段全长 19.8 km，在安徽省的宿州以东借道新北沱河，沿界洪新河入洪泽湖西部的溧河洼，流经安徽省的宿州、灵璧、泗县和江苏省的泗洪等地（余铭明等，2020）。

濉河：老濉河源于废黄河南堤，由安徽省向东流至江苏省泗洪县后，于东南注入洪泽湖安河洼，江苏段全长 48.5 km，主要具有防洪和供水的功能。新濉河则在泗洪县城附近汇入溧河洼，江苏段全长 14.7 km，平均高程 37.2 m，流域面积为 2381 km²（张龙江等，2006）。

徐洪河：徐洪河是 20 世纪 80 年代开挖的一条人工河，兼有防洪、排涝、航运等多项功能，是连通三湖（洪泽湖、骆马湖、微山湖）、北调南排、结合通航的多功用河道，河线北起徐州市铜山区的京杭大运河，向南流经徐州市邳州市、徐州市睢宁县，至宿迁市泗洪县的顾勒河口入洪泽湖，河道全长 117.0 km（钱学智等，2021）。

五河：源于宿迁市境内的废黄河，是黄河故道的一条重要分洪河道，经宿城区于洪泽湖北部注入成子湖湾，全长约 18 km。

2. 主要出湖河道

淮河入江水道：全长 157.2 km，上起洪泽湖三河闸，经高邮湖、邵伯湖至扬州市三江营入长江，设计行洪流量 12 000 m³/s，1954 年 8 月 6 日实际最高行洪流量 10 700 m³/s（孙正兰，2020）。

苏北灌溉总渠：全长 168.0 km，西起洪泽湖高良涧进水闸，流经淮安城南与里运河平交，至射阳县六垛扁担港入黄海，设计行洪流量 800 m³/s，1975 年 7 月 19 日实际最高行洪流量 1020 m³/s。

淮沭新河：全长 97.5 km，南起洪泽湖二河闸，经淮安、宿迁 2 市 4 县（区），至沭阳西关入新沂河，由二河及淮沭河两段组成，设计行洪流量 3000 m³/s，2003 年 7 月 11 日实际最高行洪流量 1320 m³/s。

淮河入海水道：与苏北灌溉总渠平行，全长 163.4 km，西起洪泽湖二河闸，经清江浦、淮安、阜宁、滨海 4 县（区），至扁担港入黄海。近期设计排洪流量 2270 m³/s，远期设计排洪流量 7000 m³/s。2003 年 7 月 5 日投入使用，7 月 14 日实际最高排洪流量 1820 m³/s（张鹏等，2020）。

1.4.2　水位变化

洪泽湖死水位 11.3 m（废黄河基面，下同），汛限水位 12.5 m，非汛期正常蓄水位 13.5 m，滞洪区启用水位 14.5 m，设计洪水位 16.0 m，校核洪水位 17.0 m。洪泽湖水位除受湖泊水量平衡各要素的变化和湖面气象条件影响外，还受其周围泄水建筑物启闭的影响。自建成淮河中游的蚌埠闸及湖东岸大堤上的三河闸、二河闸和高良涧闸，以及洪金洞、周桥洞、堆头洞等主要引水建筑物后，洪泽湖的水情变化在很大程度上取决于上述涵闸的启闭运行。洪泽湖水位在三河闸建立前后发生极大变化，其水位可按历史和中华人民共和国成立后两个时期进行分析。

1736～1801 年：淮阴以下的淮河入海水道虽受黄河南泛影响而阻塞，但所蓄存的洪泽湖水有刷黄之功效，当时湖水位升降明显，多年平均最高水位换算为 12.99 m（Yin et al.,2013）。

1802～1850 年：淮阴以下入海水道淤积日甚，黄河倒灌，为保持漕运和对淮河下游河床冲刷，须抬高湖水位，该时期水位的年际变化幅度小，多年平均最高水位换算为 15.01 m（Yin et al., 2013）。

1855～1913 年：1855 年以后，黄河改道北徙，于山东利津入海，淮河受黄河的威胁减小。洪泽湖主要承纳淮河来水，淮河入江水道通畅，绝大部分淮水由三河经高邮湖、邵伯湖下泄入江，洪泽湖的多年平均最高水位换算为 12.56 m（姜加虎等，1997；Yin et al.,2013）。

上述相同阶段的最低水位变化趋势与最高水位变化相似，其变幅一般不超过 2 m。

1914～1953 年：水位主要受淮河来水量的影响，也受三河出流量的控制，呈自然变化状态。据蒋坝站资料统计，多年平均水位为 10.60 m，1931 年 8 月 8 日出现最高湖水位 16.25 m，而最低水位仅 8.87 m（1951 年 2 月 20 日）（Yin et al., 2013）。

1954～1988 年：洪泽湖多年平均水位为 12.37 m（蒋坝水位站），多年平均最高水位为 13.40 m，极端最高水位为 15.23 m（1954 年 8 月 16 日），极端最低水位仅 9.68 m（1966 年 11 月 11 日）。多年平均水位和极端最低水位均超过建闸前的相应湖水位，建闸后历年最高水位超过 13.00 m 的年份占 88.6%（Yin et al., 2013）。

1989～2020 年：洪泽湖多年平均水位为 12.82 m，多年平均最高水位为 13.62 m，极端最高水位为 14.32 m（2003 年 7 月 14 日），极端最低水位为 10.52 m（2001 年 7 月 25 日）。相比于建闸前和 1954～1988 年，洪泽湖水位又有所上升。从历年平均水位变化图来看，除了 1999 年和 2001 年水位低于 12.4 m，其余年份均高于 12.4 m。从水位过程线变化来看，冬春季水位最高，为 13.0 m；夏季水位最低，为 12.5 m，秋季为过渡季节，水位为 12.8 m（闻余华等，2006）。

据蒋坝水位站统计，2020 年上半年洪泽湖水位较多年平均日水位偏低。受本地降雨及上游来水等影响，水位在 6 月中下旬后明显上涨，2020 年 6 月 23 日～7 月 16 日，洪泽湖水位在 12.20～12.50 m 之间波动。受 2020 年淮河 1 号洪水影响，淮河干流持续大流量行洪，水位自 7 月 17 日明显上涨，8 月 10 日洪泽湖水位涨至当年最高水位 13.53 m，低于警戒水位 0.07 m。之后水位处于缓慢回落状态。汛后，洪泽湖水位在 12.50～13.20 m

之间波动运行。2020 年全年蒋坝站平均水位为 12.53 m，较多年均值偏低 0.06 m；全年最高水位为 13.53 m（8 月 10 日），最低水位为 11.46 m（6 月 17 日），水位最大变幅为 2.07 m，具体水位变化情况见图 1-7。

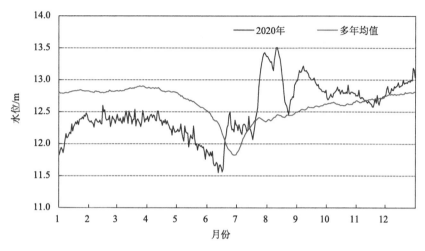

图 1-7　洪泽湖 2020 年逐日水位与多年均值（1990～2020 年）比较图

综上所述，建闸后的洪泽湖水位主要受水利工程调控，使其向有利于生产和生活的方向发展，为灌溉、航运、发电和渔业生产服务，使湖水位的年内、年际变幅减小，并更趋于规律性，同时还使洪泽湖以下的淮河下游河道水位变化趋于平缓（梅海鹏等，2021）。

1.4.3　水量特征

根据洪泽湖实测径流统计分析，多年平均年入湖径流量约 342 亿 m³，汛期径流相对集中，在夏季可达全年的三分之二，地下水资源中，可利用的达到 0.62 亿 m³，占地下水资源总量的 16%。多年平均年出湖径流量为 313 亿 m³，1991 年最大，为 688.53 亿 m³，1978 年最小，为 44.05 亿 m³。由于淮河上游水资源开发利用程度的不断提高，洪泽湖出湖径流量有减少趋势，1970 年以前的 15 年，多年平均年出湖径流量为 349.84 亿 m³；1971～1989 年的 19 年，多年平均年出湖径流量为 281.27 亿 m³；而 1990 年以后，多年平均年出湖径流量仅有 253.48 亿 m³。

2019 年为典型枯水年，洪泽湖主要控制站入湖水量为 103.05 亿 m³，出湖水量为 104.6 亿 m³。淮河是入湖水量的主要来源，全年有 74.1% 的入湖水量来自淮河；淮沭新河二河闸是主要出湖口门，出湖水量占总出水量的 64.4%。2020 年为丰水年，洪泽湖主要控制站入湖水量为 449.7 亿 m³，出湖水量为 451.2 亿 m³。淮河是入湖水量的主要来源，2020 年有 84.0% 入湖水量来自淮河；入江水道和二河是主要出湖口门，出湖水量分别占总出水量的 68.8%、17.8%（表 1-1）。

表 1-1　2019 年和 2020 年洪泽湖主要控制站出入湖水量　　　　（单位：亿 m³）

入湖水量			出湖水量			
序号	河道名称	2019 年	2020 年	序号	河道名称	2019 年	2020 年
1	淮河	76.4	377.8	1	入江水道	1.1	310.6
2	池河	0.03	10.5	2	灌溉总渠	18.9	54.7
3	怀洪新河	0	22.9	3	怀洪新河	0.3	
4	新汴河	0.64	7.7	4	徐洪河	11.9	
5	新濉河	0.81	8.9	5	淮沭新河	67.4	
6	老濉河	0.11	1.3	6	周桥总干渠	2.6	
7	徐洪河	3.11	9.9	7	洪金总干渠	2.4	
8	南水北调	14.42	10.7	8	二河		80.1
9	下草湾引河	3.43		9	洪金洞		2.4
10	淮沭新河	4.1		10	周桥洞		3.4
合计		103.05	449.7	合计		104.6	451.2

1.5　社　会　经　济

1.5.1　地区生产总值

　　洪泽湖周边县市共涉及江苏省宿迁、淮安两市的泗洪、泗阳、宿城、盱眙、洪泽、淮阴、清江浦等七个县（区）及省属洪泽湖、三河两个农场，总人口超过 400 万人，总面积约 10 337.2 km²，耕地 651.34 万亩[①]，人均耕地 1.29 亩。洪泽湖周边地区以农业、渔业经济为主，乡镇工业起步较晚，规模较小、效益不佳。农作物主要有水稻、三麦、玉米、大豆等，经济作物主要有花生、棉花、油菜等。渔业经济也成为周边地区重要经济来源，围网、围栏养殖较为发达，精养鱼池、水生植物等都给地方经济带来很大收益。经过多年治理和发展，周边地区由中华人民共和国成立前"水落随人种，水涨随水淹"的自然状态逐步发展到目前具有一定规模的高产、稳产农业及渔业经济。区内淮安市洪泽区、淮阴区近年新引进的盐、硝矿业及相关化工业发展势头也很迅猛，洪泽湖周边区县 2020 年 GDP 达到 3378.87 亿元（表 1-2），2011～2020 年 GDP 变化趋势见图 1-8。

表 1-2　洪泽湖周边区县社会经济状况（2020 年）

地级市	区县	面积/km²	人口/万人	GDP/亿元
淮安	盱眙	2497	60.72	435.32
	洪泽	1273	28.51	343.65
	淮阴	1307	74.88	549.76
	清江浦	247.2	59.45	591.98

---

① 1 亩≈666.67 m²。

续表

地级市	区县	面积/km²	人口/万人	GDP/亿元
宿迁	泗阳	1378	82.96	528.53
	宿城	941	84.51	403.22
	泗洪	2694	85.87	525.41
合计		10 337.2	476.9	3377.87

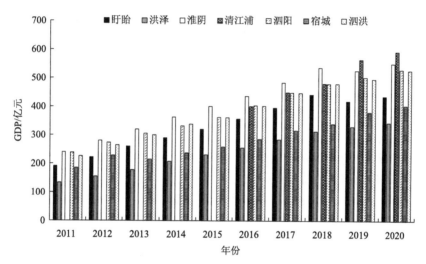

图 1-8　洪泽湖周边区县社会经济状况变化（2011～2020 年）

1.5.2　环湖区县土地利用

根据 2020 年遥感数据解译结果，洪泽湖环湖土地利用类型中耕地所占比例最高，达到了近 72%，其次为建设用地，占比达到 12.63%，之后依次为水域、林地和草地。对比各时期土地利用类型面积及面积占比发现，2010 年耕地面积及面积占比较 2000 年出现小幅下降，面积降至 5487.27 km²，面积占比为 79.97%，与此同时水域（551.39 km²）和建设用地（522.20 km²）面积占比增加至 8.04% 和 7.61%；2020 年较 2010 年耕地面积占比进一步减少至 71.82%，水域面积占比增加至 8.98%，建设用地面积出现较大幅度增长，面积达到 866.27 km²，占比 12.63%。1990～2020 年洪泽湖环湖地区土地利用总体格局基本一致，虽然耕地面积在此期间出现明显减少，但是仍占据了大部分比例，其各年面积占比均超过了 70%；在此期间，建设用地和水域面积均出现小幅增加，面积占比分别增加至 12.63% 和 8.98%；林地、草地和未利用地的面积占比未出现明显变化，具体数据见表 1-3。

表 1-3　1990～2020 年洪泽湖环湖地区各土地利用类型面积及占比

土地利用类型	1990 年		2000 年		2010 年		2020 年	
	面积/km²	比重/%	面积/km²	比重/%	面积/km²	比重/%	面积/km²	比重/%
耕地	5576.10	81.27	5587.83	81.44	5487.27	79.97	4927.91	71.82
水域	521.44	7.60	511.63	7.46	551.39	8.04	615.98	8.98
林地	401.78	5.86	355.55	5.18	276.36	4.03	396.17	5.77
草地	37.52	0.55	29.10	0.42	17.59	0.26	49.60	0.72
建设用地	312.98	4.56	370.32	5.40	522.20	7.61	866.27	12.63
未利用地	11.46	0.17	7.15	0.10	6.67	0.10	5.34	0.08

1990～2020 年洪泽湖环湖地区的土地利用类型以耕地为主，除林地面积未出现明显变化外，建设用地、草地和水域面积均明显增加，耕地和未利用地面积出现一定程度的减少。这与长期以来，洪泽湖周边地区以农业、渔业经济为主，乡镇工业起步较晚有一定关系。受人口快速增长和粗放式发展模式等因素的影响，洪泽湖环湖地区的圈圩开发、围网养殖等问题较为严重，进入 21 世纪，尤其是 2010 年之后，随着社会经济的快速发展，环湖地区新农村建设、旅游区开发、城镇化等项目也陆续开展，使得城镇居住、工业、交通设施等建设用地的持续扩张成为必然的趋势，导致 2010～2020 年建设用地增加幅度达 65.89%。与此同时，省、市各级政府部门提出并落实"退圩还湖""生态复绿"等政策，加上耕地开发转变成圈圩养殖等原因，都导致了水域面积的扩大，也是环湖地区耕地不断减少的主要原因。近年来，随着南水北调东线工程的建成，其对洪泽湖周边地区的生态环境提出了更高的要求，也深刻影响了洪泽湖环湖地区土地利用的结构和方式，共同导致了其土地利用发生明显的变化。

1.5.3　水域开发利用

1984～1990 年，洪泽湖圈圩面积基本维持在 80 km²，圈圩区域基本不变，以溧河洼南北岸、泗洪县龙集镇、成子湖北部、淮沭河入湖口为主要分布区，盱眙县沿湖地区也有零星分布。1995～2000 年，湖区圈圩扩张率为 144%，圈圩总面积达 319.7 km²，主要驱动因素是经济效益，湖泊圩占形式从过去的农业种植为主，发展到精细特种养殖，圈圩养殖在洪泽湖迅速蔓延，泗洪县、泗阳县、淮阴区、洪泽区、盱眙县沿湖区域均在原有圈圩基础上向湖区内部进一步扩张，其中以溧河洼南北岸扩张最为明显。到 2000 年，洪泽湖圈圩格局基本形成，面积超过 300 km²。随着相关保护政策出台，退圩还湖策略施行，近年来圈圩面积逐渐减少，但仍维持较高水平，减少较为明显的区域有溧河洼北岸、淮阴区沿湖区域，退圩还湖效果明显（图 1-9）。

遥感解译结果显示，洪泽湖大面积围网养殖首先出现在 2005 年，面积为 22.87 km²，主要分布在湖区西部泗洪县沿湖地区，宿城区、泗阳县沿湖地区也有零星分布。随后五年内洪泽湖围网养殖急剧扩张，增长率为 881%，总面积达 224.26 km²，呈现爆炸式的增长，主要扩张方式是在原有圈圩的基础上向湖区内部继续深入，侵占水面。近年来，随着相关政策出台，围网养殖扩张势头暂缓，围网养殖面积减少 113.92 km²，达 2012～2020 年历史最低值，有效遏制了湖区围网养殖的无序扩张（图 1-10）。

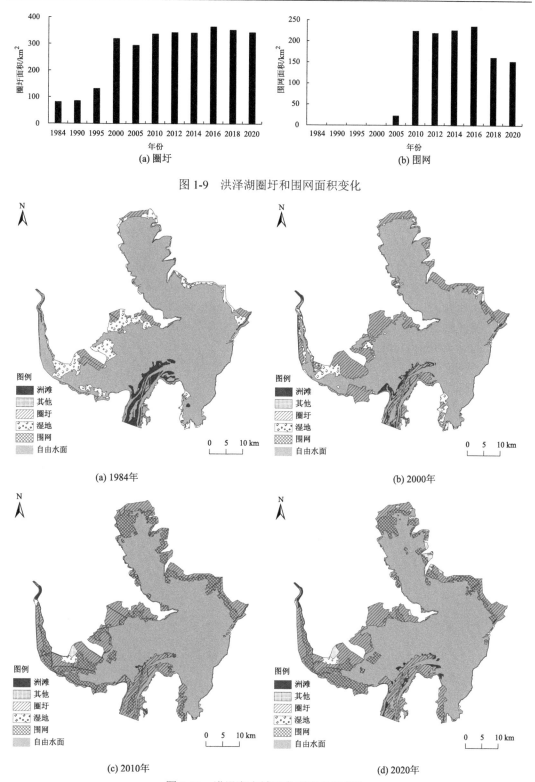

图 1-9 洪泽湖圈圩和围网面积变化

图 1-10 洪泽湖水域开发利用状况变化

参 考 文 献

樊贤璐, 徐国宾, 邓恒, 等. 2019. 1975～2015 年洪泽湖水沙变化趋势及成因分析. 南水北调与水利科技, 17(3): 7-15.

冯赟昀, 杨司嘉. 2020. 池河污染源分析方法及治理措施. 环境生态学, 2(10): 86-90.

韩国民. 2007. 洪泽湖水环境状况及对策措施. 水利科技与经济, 13(3): 190-191.

韩昭庆. 1999. 黄淮关系及其演变过程研究. 上海: 复旦大学出版社.

何建新. 2007. 安徽省怀洪新河工程项目后评价. 南京: 河海大学.

姜加虎, 窦鸿身, 苏守德, 等. 2020. 洪泽湖与淮河洪涝灾害的关系及治淮. 北京: 中国水利水电出版社.

姜加虎, 袁静秀, 黄群. 1997. 洪泽湖历史洪水分析(1736—1992 年). 湖泊科学, 9(3): 231-236.

梅海鹏, 王振龙, 刘猛, 等. 2021. 洪泽湖近 50 a 特征水位变化规律及影响因素. 长江科学院院报, 38(1): 35-40.

钱学智, 邓科, 周倩, 等. 2021. 南水北调东线徐洪河及骆马湖段输水损失测验分析. 治淮, 6: 25-27.

孙正兰. 2020. 淮河入江水道行洪能力分析. 长江科学院院报, 37(4): 50-55+61.

王慧玲. 2020. 淮河干流河道与洪泽湖枯水期水位关系分析. 治淮, 6: 4-5.

闻余华, 黄利亚, 罗俐雅. 2006. 洪泽湖水位变化特征分析. 江苏水利, 3: 27-28+30.

荀德麟. 2003. 洪泽湖志. 北京: 方志出版社.

余铭明, 李致春, 李前伟, 等. 2020. 煤炭型城市城区河流水体水质现状评价与分析——以宿州新汴河为例. 西昌学院学报(自然科学版), 34(2): 55-61.

张龙江, 朱维斌, 陶然, 等. 2006. 濉河符离集段地表水污染与傍河浅层地下水相互关系的研究. 地下水, 5: 44-46.

张鹏, 许慧泽, 霍俊波. 2020. 淮河入海水道工程规划与建设历程. 治淮, 12: 12-14.

Yin Y X, Chen Y, Yu S T, et al. 2013. Maximum water level of Hongze Lake and its relationship with natural changes and human activities from 1736 to 2005. Quaternary International, 304: 85-94.

第2章 水体理化特征

水体理化指标是对湖泊水环境质量的直接度量，对于亚热带浅水湖泊而言，水温、水深、溶解氧及表征八大离子含量的电导率等指标对湖泊生态系统的演变有着重要影响。如水温能够影响水生生物的生长繁殖，水深对湖泊水温分层、沉积物内源释放等产生显著影响进而影响湖泊生态系统，溶解氧是湖泊生物呼吸所必需的因子。而在我国东部地区，工农业的快速增长导致大量营养物质输入水体，引发严重的富营养化。2007～2010年调查结果显示，我国东部平原湖区85.9%的湖泊（>10 km^2）已达到富营养水平（杨桂山等，2010）。隶属于江淮湖泊群的洪泽湖也不例外，富营养化一直是其主要的生态环境问题之一。本章主要根据2016～2020年野外调查结果，介绍洪泽湖水体理化性质时空变化趋势，同时利用2008～2018年入湖河流监测结果，分析洪泽湖入湖水质变化及最主要入湖河流——淮河对洪泽湖水质的影响。

2.1 采样点设置与样品采集

2016年起开始对洪泽湖布设的10个监测点位开展逐月水生态监测，采样点的选择考虑洪泽湖的形状、地形、地貌、湖泊养殖状况，以及入湖、出湖河流情况，这些采样点覆盖了洪泽湖湖区的各典型水域。洪泽湖水体理化、大型水生植物、浮游植物、浮游动物和底栖动物的调查点位见图2-1。

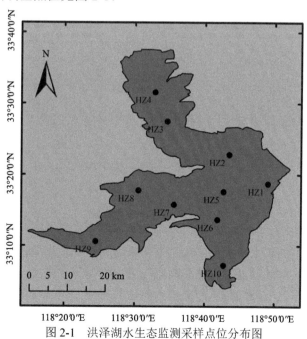

图2-1 洪泽湖水生态监测采样点位分布图

现场用 YSI EXO2 型多参数水质监测仪（美国）现场测定表层（30～50 cm）的 pH、水温、溶解氧、电导率、浊度等物理指标，用 SpeedTech SM-5A 系列手持式测深仪测定样点水深，用塞氏盘测定水体透明度（SD）。同时用有机玻璃采水器取混合水样，混合后取 1 L 冷藏保存并带回实验室测定理化指标，测定指标包括总氮、溶解态总氮、氨氮、硝态氮、总磷、溶解态总磷、高锰酸盐指数、叶绿素 a，测定方法参考《湖泊富营养化调查规范》（金相灿和屠清瑛，1990）。

2.2　水质物理指标

2.2.1　水温

湖水温度是表达湖水热动态的基本物理要素之一，许多湖泊的水文现象、水化学要素的分布都与湖水温度密切相关。湖水温度主要受当地的气温影响，尤其是浅水湖泊，上下层混合较为充分，水温和气温相关系数能高于 0.8。根据逐月监测结果（图 2-2），2016～2020 年洪泽湖水温介于 0.3～33.7℃，平均水温为 17.2℃。由于监测时间为每月中下旬，因此年内最高水温一般出现在 7 月，且除 2020 年外，年最高水温均高于 30℃。2020 年 7 月由于气温较低（仅为 25.0℃），因此湖水最高水温出现在 8 月，为 28.2℃。

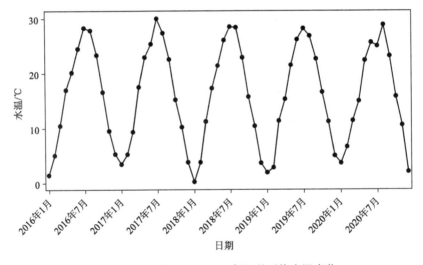

图 2-2　洪泽湖 2016～2020 年逐月平均水温变化

2.2.2　水位

洪泽湖属于典型的过水性大型浅水湖泊，水动力对沉积物的扰动作用是其最为重要的特征之一，而水位的波动能够直接影响底层沉积物的悬浮强度，进而对湖泊生态系统产生更大的影响。水位的波动是洪泽湖最为典型的特征之一，与多数湖泊不同的是，洪泽湖由于承担着防洪作用，在雨季来临前需要腾空库容，导致水位在短时间内快速下降，

随后由于下游农业地区灌溉用水增加会导致水位再次快速下降。多数年份洪泽湖水位在
6~9 月会有两次较大的波动，遇到降雨较少的年份，甚至会出现整个湖区仅湖心航道可
通船的情况。

2016~2020 年洪泽湖水位在 11.11~13.79 m，均值为 12.77 m（图 2-3）。从不同年
份来看，2016~2018 年水位较高，均值为 13.03 m，2019~2020 年水位较之前年份偏低
（均值为 12.35 m）。空间分布上，全湖多年平均水深为 2.44 m，除湖心区监测点位水深
较高于其他监测点位外，其余各监测点位水深差异相对较小。

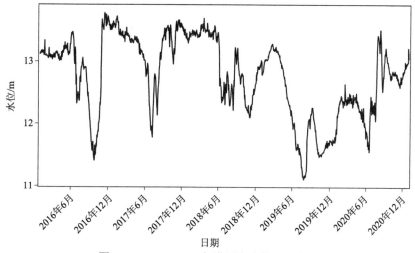

图 2-3　2016~2020 年洪泽湖水位逐日变化

2.2.3　溶解氧

洪泽湖多年溶解氧浓度介于 3.69~15.61 mg/L，均值为 10.31 mg/L（图 2-4）。溶解
氧浓度季节变化显著，最低值多出现在 6 月而不是温度最高的 7、8 月，这主要是因为

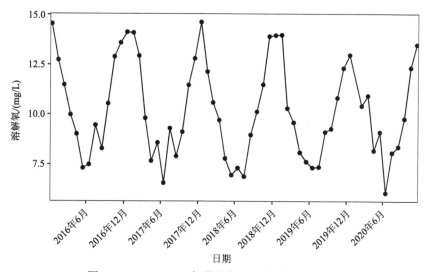

图 2-4　2016~2020 年洪泽湖逐月溶解氧浓度变化

洪泽湖水位在夏季波动较大,尤其是雨季来临前,为腾空库容,多数监测点水位均低于1 m,此时水动力扰动等条件均会发生较大变化,从而导致溶解氧浓度波动较大。空间分布上,全湖不同点位溶解氧浓度差异较小(图2-5),成子湖区域水体流动性较小,浮游植物密度较高,从而导致溶解氧浓度略高于其余各湖区。

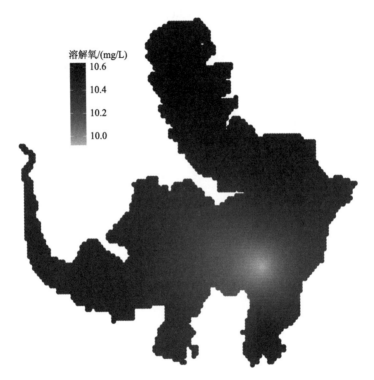

图2-5 洪泽湖溶解氧浓度空间变化

2.2.4 透明度

洪泽湖透明度变化介于5~100 cm(图2-6),均值为30.4 cm。时间上,不同月份间波动较大,一般冬春季会略高于夏季,其中2016~2017年透明度呈现增加趋势,随后几年波动较大。空间分布上,成子湖和溧河洼区域水体流动性相对较差,透明度相对较高,而湖心区域透明度相对较低(图2-7)。

2.2.5 电导率

洪泽湖电导率介于158~1150 μS/cm(图2-8),均值为549 μS/cm,略高于邻近的太湖,这与流域的土壤类型及污染物输入有关。电导率受温度和降雨影响较大,因此季节变化显著,同时电导率受上游来水的影响也较大,因此电导率存在一定的年际波动。空间分布上,电导率一般从入湖河口到出湖口处逐渐降低,因此洪泽湖不同湖区电导率值变化特点为溧河洼>成子湖>过水区(图2-9)。

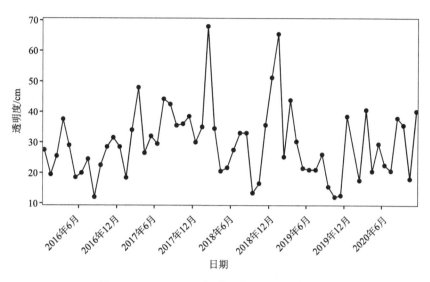

图 2-6　2016～2020 年洪泽湖逐月透明度变化

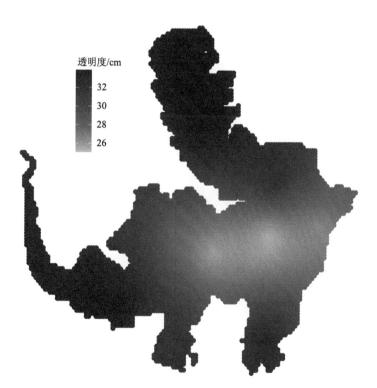

图 2-7　洪泽湖透明度空间变化

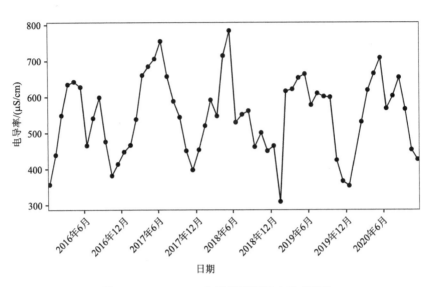

图 2-8　2016～2020 年洪泽湖逐月电导率变化

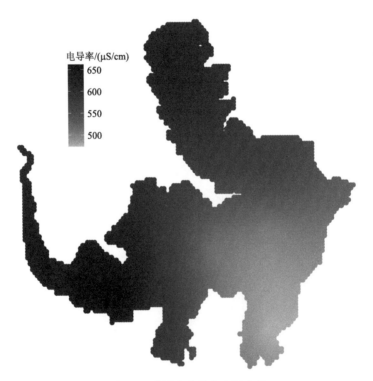

图 2-9　洪泽湖电导率空间变化

2.3　水质化学指标

2.3.1　总氮、溶解态总氮

　　洪泽湖总氮（TN）浓度介于 0.56～4.52 mg/L，均值为 1.98 mg/L，溶解态总氮浓度介于 0.40～3.52 mg/L，均值为 1.63 mg/L（图 2-10）。对于江淮地区的多数湖泊，受反硝化速率、大气沉降等因素影响，总氮浓度一般在冬春季较高，夏季较低，但洪泽湖上游来水在夏季有较大波动，上游水质、水动力扰动变化等易造成总氮浓度产生较大波动，此外近年来引长江水调度工程也会导致来水水质发生较大变化，从而造成总氮浓度波动，尤其是 2019 年、2020 年，总氮浓度没有呈现明显的冬高夏低的特征。年际变化上，2019 年前总氮浓度较为稳定，约为 2.26 mg/L，随后有明显下降，近两年均值为 1.3 mg/L。溶

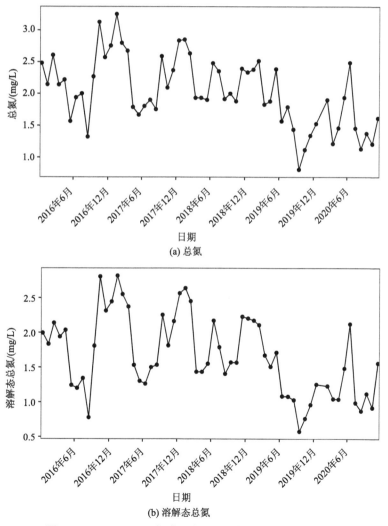

(a) 总氮

(b) 溶解态总氮

图 2-10　2016～2020 年洪泽湖逐月总氮、溶解态总氮变化

解态总氮时空变化趋势和总氮变化趋势较为一致。洪泽湖溶解态总氮与总氮比值超过80%,明显高于总氮浓度相近的太湖(比值约为60%),这一方面是因为洪泽湖水体悬浮物中以细沙颗粒物为主,所包含的颗粒态氮较少;另一方面因为洪泽湖叶绿素浓度要远低于太湖,而叶绿素所吸收的氮也会转化成颗粒态。

空间分布上,洪泽湖总氮浓度明显受淮河来水影响,从淮河入湖到出湖所经过区域总氮浓度明显高于其他湖区,此外成子湖总氮浓度最低,其次为溧河洼(图2-11)。

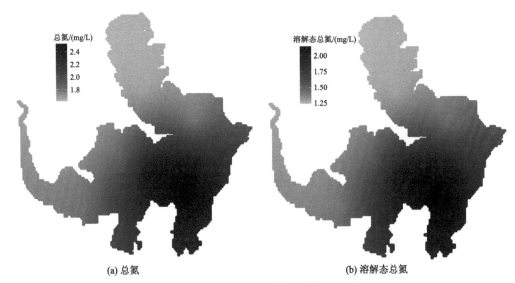

(a) 总氮 (b) 溶解态总氮

图 2-11　洪泽湖总氮、溶解态总氮空间变化

2.3.2　氨氮、硝态氮

洪泽湖氨氮浓度介于 0.001～1.73 mg/L,均值为 0.10 mg/L,硝态氮浓度介于 0.005～3.67 mg/L,均值为 0.91 mg/L(图2-12)。氨氮与硝态氮浓度变化趋势相反,氨氮浓度近

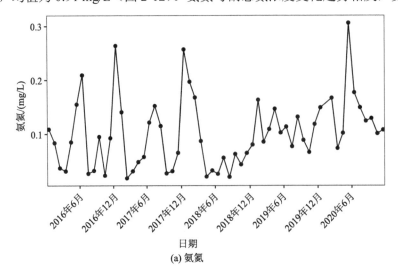

(a) 氨氮

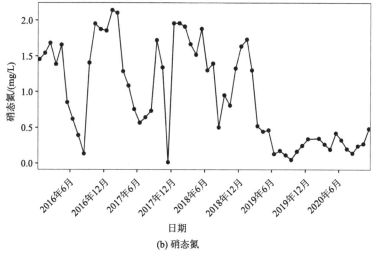

(b) 硝态氮

图 2-12 2016～2020 年洪泽湖逐月氨氮、硝态氮变化

年来有上升趋势，而硝态氮浓度变化趋势与总氮较为相似。空间分布上，氨氮与总氮浓度空间分布也有所差异，其中成子湖北部和蒋坝氨氮浓度较高，其他湖区相对较低，硝态氮浓度空间分布与总氮较为一致（图 2-13）。

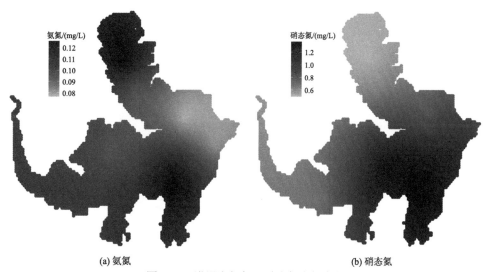

(a) 氨氮　　　　　　　　　　　　　　　　　(b) 硝态氮

图 2-13 洪泽湖氨氮、硝态氮空间变化

2.3.3 总磷、溶解态总磷

磷元素是水体富营养化的重要营养元素。水体中氮磷元素的增加，促进了水体初级生产力增加，导致水体富营养化。洪泽湖总磷（TP）浓度介于 0.014～0.337 mg/L，均值为 0.097 mg/L，溶解态总磷（TDP）浓度介于 0.004～0.26 mg/L，均值为 0.038 mg/L（图 2-14）。TDP 较 TP 浓度季节变化规律更强，这可能与洪泽湖水位波动及低水位下风浪扰动带来更多的颗粒态磷有关。空间分布上，与总氮类似，即受淮河来水影响，TP、TDP 浓度均呈现老子山和蒋坝区域较高，成子湖区域较低的特点（图 2-15）。

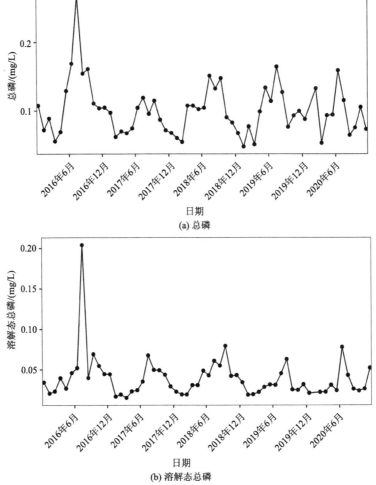

图 2-14　2016～2020 年洪泽湖逐月总磷、溶解态总磷变化

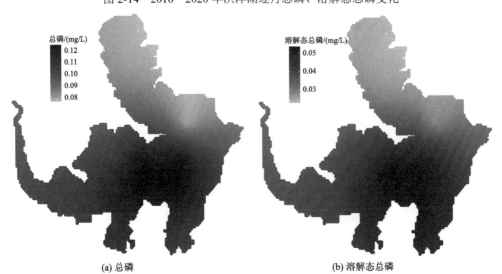

图 2-15　洪泽湖总磷、溶解态总磷空间变化

2.3.4　高锰酸盐指数

洪泽湖高锰酸盐指数（COD_{Mn}）浓度介于 0.95～10.67 mg/L，均值为 4.85 mg/L（图 2-16）。季节变化不显著，不同月份间波动较大，但并没有呈现出明显的变化趋势。空间分布上，与 TP、TN 相反，即水体流动较快的区域 COD_{Mn} 浓度较低，而成子湖和溧河洼区域则相对较高（图 2-17），这是由于静水区域水体流动性差，藻类和水生植物容易生长，死亡分解后可能会导致 COD_{Mn} 浓度增大。

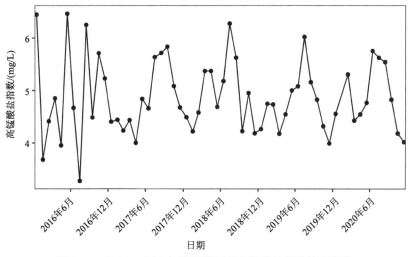

图 2-16　2016～2020 年洪泽湖逐月高锰酸盐指数浓度变化

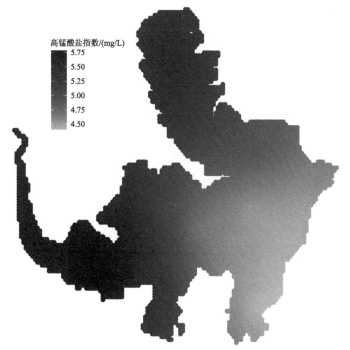

图 2-17　洪泽湖高锰酸盐指数空间变化

2.3.5 叶绿素 a

洪泽湖叶绿素 a（Chl a）浓度介于 1.14～141.89 μg/L，均值为 15.3 μg/L（图 2-18）。由于浮游植物生长受温度限制，一般在夏季 Chl a 浓度相对较高，洪泽湖 Chl a 浓度季节变化也较为明显。受换水周期短的影响，洪泽湖近年来 Chl a 浓度较为稳定，也没有发生大规模水华。但在夏季，成子湖沿岸等水体流动性较差的区域，已经观测到严重的水华。监测结果显示，夏季部分点位 Chl a 浓度会超过 100 μg/L，因此局部地区仍然存在蓝藻水华风险。空间分布上，与 COD$_{Mn}$ 浓度空间变化类似，水体流动性差的区域 Chl a 浓度较高，湖心等区域则浓度最低（图 2-19）。

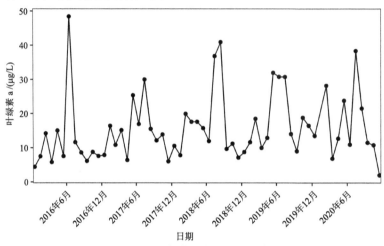

图 2-18　2016～2020 年洪泽湖逐月叶绿素 a 浓度变化

图 2-19　洪泽湖叶绿素 a 浓度空间变化

2.4 营养状态评价

2.4.1 水体富营养化评价

应用湖泊富营养化评价综合模型计算各点的营养状态指数（trophic level index，TLI），其得分在 60～70 分为中度富营养状态，计算公式为

TLI = 0.2663TLI (Chl a) + 0.1834 TLI (SD) + 0.1879 TLI (TP)+0.179 TLI(TN) +0.1834 TLI (COD$_{Mn}$)

式中，TLI (Chl a)、TLI (SD)、TLI (TP)、TLI (TN)、TLI (COD$_{Mn}$)的计算公式分别为

TLI (Chl a) = 10×[2.5+1.086 ln(Chl a)]

TLI (SD) = 10×(5.118–1.91 ln SD)

TLI (TP) = 10×(9.436+1.624 ln TP)

TLI (TN)=10×(5.453+1.694 ln TN)

TLI (COD$_{Mn}$)=10×(0.109+2.66 ln COD$_{Mn}$)

式中，Chl a、SD、TN、TP、COD$_{Mn}$ 单位分别为 µg/L、cm、mg/L、mg/L、mg/L。

通常情况下，受叶绿素浓度的影响，洪泽湖 TLI 季节差异显著，多数年份 7、8 月得分明显高于其余月份。但近两年来，洪泽湖不同月份之间的营养状态指数波动较大，这可能是由于入湖水质波动较大，而洪泽湖换水周期较快，对上游来水水质变化响应较为敏感。空间上，洪泽湖各点位 TLI 得分介于 37.3～72.5，均值为 57.5（图 2-20），总体上处于轻度富营养状态。尽管成子湖区域营养盐浓度较低，但受换水周期长等因素影响，叶绿素浓度较高，因此其营养状态指数并不低。相对较低的区域是营养盐和叶绿素浓度均不高的东部部分湖区。

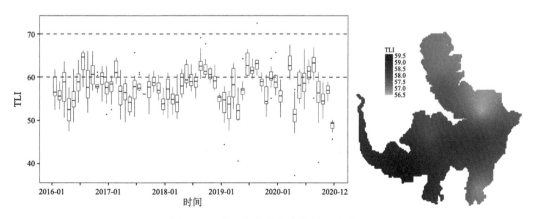

图 2-20 洪泽湖营养状态指数时空变化

2.4.2 营养盐历史变化

结合历史文献资料及 2016 年以来的监测结果（李波和濮培民，2003；马斌，2006）

分析可知，20 世纪 90 年代至今，洪泽湖 TN 浓度变化大体可以分为三个不同的阶段：1989～1994 年为第一阶段，此阶段洪泽湖 TN 浓度快速增加，从 1990 年的 0.93 mg/L 增加到 1994 年的 5.1 mg/L；1994～1998 年为第二阶段，此阶段 TN 浓度快速下降，从 5.1 mg/L 下降到 2.1 mg/L 左右，这一变化与洪泽湖上游淮河污染及后期治理密切相关；1998 年至今为第三阶段，这一时期洪泽湖 TN 浓度维持在 2.1 mg/L 左右，相对较为稳定（图 2-21）。

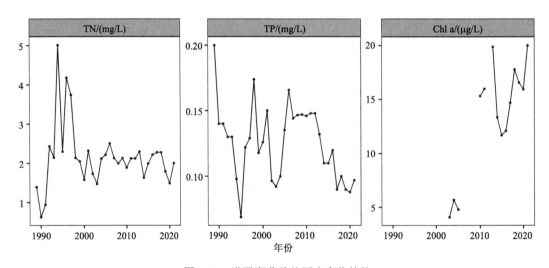

图 2-21　洪泽湖营养盐历史变化趋势

1989 年以来，洪泽湖 TP 浓度变化较大，其中 1989～2006 年总磷浓度在 0.069～0.20 mg/L 之间波动；2007～2012 年总磷浓度相对较为稳定，维持在 0.15 mg/L 左右；2013 年开始，洪泽湖 TP 浓度从 0.132 mg/L 下降到 2020 年的 0.088 mg/L（图 2-21）。

2010 年以来，洪泽湖 Chl a 平均浓度一直维持在 10～20 μg/L，变化相对较小，但与 2003～2005 年的监测结果相比，则明显增加（图 2-21）。

2.5　洪泽湖入湖水质变化

对 2008～2018 年洪泽湖 18 条主要入湖河流水质营养盐数据进行分析，得到的入湖河流水质指标多年均值（表 2-1）显示，溶解氧（DO）浓度均值为 8.15 mg/L，高锰酸盐指数（COD$_{Mn}$）浓度均值为 5.78 mg/L，氨氮（NH$_3$-N）平均浓度为 1.53 mg/L，总氮（TN）平均浓度为 3.57 mg/L，总磷（TP）平均浓度为 0.23 mg/L。按照《地表水环境质量标准》（GB 3838—2002），溶解氧处于Ⅰ类水水平，高锰酸盐指数处于Ⅲ类水水平，氨氮处于Ⅴ类水水平，总磷处于Ⅳ类水水平。

如图 2-22 所示，在空间分布上，成子湖北部入湖区域及洪泽湖西南部河流的水质状况较差，东部的入湖河流和淮河及其附属入湖河流水质较高。溶解氧的多年均值中，维桥河和古山河溶解氧浓度最低，分别为 6.01 mg/L、6.55 mg/L，淮河溶解氧浓度最高，为 9.00 mg/L，其余河流介于 7.72～8.85 mg/L。高锰酸盐指数差异也较小，主要为Ⅱ类

表 2-1　2008～2018 年洪泽湖入湖河流水质特征

序号	河流	DO/(mg/L)	COD$_{Mn}$/(mg/L)	NH$_3$-N/(mg/L)	TN/(mg/L)	TP/(mg/L)
1	淮河	9.00±1.88	4.03±0.58	0.26±0.24	2.68±1.16	0.085±0.033
2	怀洪新河	8.61±2.17	5.33±1.44	0.43±0.31	1.62±0.81	0.111±0.059
3	徐洪河	8.76±2.02	4.83±1.07	0.53±0.54	2.20±1.26	0.121±0.120
4	老濉河	7.74±2.94	5.62±2.69	1.61±3.74	2.95±3.93	0.188±0.208
5	新汴河	8.15±2.54	6.38±1.61	0.81±0.71	2.51±1.48	0.179±0.135
6	濉河	8.85±2.16	6.10±2.01	0.77±1.06	3.22±2.01	0.152±0.132
7	西民便河	7.72±2.57	6.66±2.71	3.22±2.93	5.86±3.79	0.545±0.423
8	张福河	8.50±2.09	4.85±0.97	0.24±0.19	1.43±0.74	0.087±0.046
9	维桥河	6.01±2.70	7.52±3.94	8.37±7.49	12.51±8.69	0.202±0.238
10	高桥河	7.76±2.21	6.13±1.53	1.22±1.83	3.33±2.70	0.149±0.181
11	古山河	6.55±2.82	7.77±3.06	4.81±4.90	7.37±5.44	1.204±1.097
12	安东河	8.43±2.17	5.23±1.36	0.59±0.65	2.36±1.43	0.135±0.143
13	老汴河	8.49±2.20	5.60±1.54	0.59±0.55	2.23±1.60	0.107±0.060
14	黄码河	8.15±2.49	5.84±1.69	0.89±0.64	2.67±1.62	0.159±0.120
15	高松河	8.45±2.11	5.42±1.81	0.75±0.80	2.51±1.23	0.105±0.060
16	成子河	8.74±1.75	4.14±1.48	0.47±0.53	2.04±0.94	0.101±0.075
17	马化河	8.52±2.14	5.99±2.04	0.67±0.65	2.84±3.11	0.175±0.127
18	五河	8.30±2.23	6.61±1.97	1.30±1.36	3.84±2.51	0.365±0.402

水和Ⅲ类水，其中淮河高锰酸盐指数浓度最低，为 4.03 mg/L。而各入湖河流的氮磷营养盐输入浓度差异较大，老濉河、西民便河、维桥河、高桥河、古山河、五河等几条河流氨氮浓度超过 1.00 mg/L，西民便河、维桥河、古山河浓度较高，分别为 3.22 mg/L、8.37 mg/L、4.81 mg/L，远超过劣Ⅴ类水标准。与氨氮浓度相似，西民便河、维桥河、古山河总氮浓度比其他河流高，分别为 5.86 mg/L、12.51 mg/L、7.37 mg/L，淮河总氮浓度略高，为 2.68 mg/L。不同入湖河流的总磷浓度中，西民便河、古山河总磷浓度显著高于其他河流的总磷浓度，分别为 0.545 mg/L、1.204 mg/L，超过劣Ⅴ类水标准，其余河流总磷浓度均值为 0.15 mg/L，达到Ⅲ类水标准。

从平均值（图 2-23）来看，洪泽湖周边入湖河流总体水质逐渐趋好，污染物浓度呈现降低的趋势。变化趋势中，2013 年是关键的转变年份，总磷由 2008 年的 0.17 mg/L上升到 2013 年的 0.32 mg/L，再下降到 2018 年的 0.12 mg/L；总氮也出现了相似的变化，由 2008 年的 2.77 mg/L 上升至 2013 年的 4.50 mg/L，再下降至 2018 年的 2.73 mg/L；高锰酸盐指数由 2008 年的 6.22 mg/L 上升到 2010 年的 7.20 mg/L，再下降到 2018 年的 4.57 mg/L；与总氮浓度变化相似，氨氮浓度由 2008 年的 1.33 mg/L 上升到 2012 年的 2.15 mg/L，随后下降到 2018 年的 0.74 mg/L。

表 2-2 的 Mann-Kendall 趋势检验法显示，83.3%的入湖河流高锰酸盐指数下降趋势显著（$Z<0$，$p<0.05$），50%的入湖河流氨氮浓度下降趋势显著，总氮、总磷下降趋势显著的入湖河流占比分别为 33.3%和 27.8%。

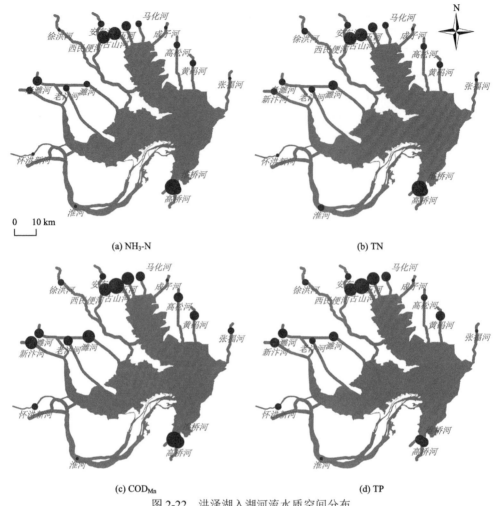

(a) NH₃-N

(b) TN

(c) CODₘₙ

(d) TP

图 2-22　洪泽湖入湖河流水质空间分布

饼状图大小表征水质指标浓度

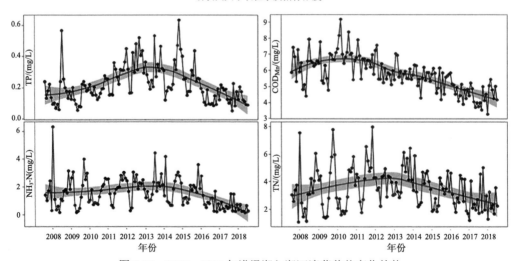

图 2-23　2008～2018 年洪泽湖入湖河流营养盐变化趋势

表 2-2　2008～2018 年洪泽湖入湖河流水质变化趋势（采用 Mann-Kendall 趋势分析）

序号	河流	COD$_{Mn}$	NH$_3$-N	TN	TP
1	淮河	−5.17**	−0.93	−0.71	0.56
2	怀洪新河	−3.53**	−2.08*	−0.15	−2.15*
3	徐洪河	4.26**	3.52**	3.74**	6.14**
4	老濉河	−5.54**	−0.18	1.53	0.98
5	新汴河	−8.79**	−4.70**	−4.14**	−4.23**
6	濉河	−8.00**	−2.28*	−0.69	0.22
7	西民便河	4.30**	−4.47**	−2.11*	−2.05*
8	张福河	−2.63**	0.06	0.52	−0.34
9	维桥河	−6.61**	0.56	0.00	1.89
10	高桥河	−6.82**	−3.88**	−3.08**	−0.21
11	古山河	−3.11**	1.34	1.07	2.68**
12	安东河	−6.64**	−3.74**	−3.20**	−4.85**
13	老汴河	−0.25	−0.28	0.89	1.36
14	黄码河	−3.91**	1.45	0.62	2.39*
15	高松河	−7.90**	−2.11*	−2.16*	−2.85**
16	成子河	−3.64**	−0.48	0.91	3.46**
17	马化河	−5.58**	−2.37*	−4.21**	−0.03
18	五河	2.54*	−3.24**	2.87**	−0.32

*表示在 0.05 置信水平显著；**表示在 0.01 置信水平显著。

2.6　淮河营养盐输入变化及对洪泽湖的影响

淮河作为洪泽湖最主要的入湖河流，从长期流量变化来看，2013 年淮河入湖流量年均值达到最小值，为 266 m³/s，在 2017 年淮河入湖流量年均值达到峰值，为 1188.92 m³/s；变化趋势上，从 2008 年的 787.17 m³/s 下降到 2013 年的 266 m³/s，随后上升至 2017 年的 1188.92 m³/s。淮河入湖氮磷总量的估算显示，氮磷营养盐的输入与径流量大小变化密切相关[图 2-24（b）]。2011～2013 年，随着淮河流量减少，营养盐的输入明显减少，总磷输入量减少到 2013 年的 0.08 万 t；总氮呈现下降的趋势，由 2008 年的 4.87 万 t 下降至 2013 年的 2.64 万 t，自 2013 年后，随着径流量增加，淮河的入湖营养盐总量也相应增加，在 2017 年达到峰值，总氮输入量为 9.33 万 t。从图 2-24 的营养盐输入量的季节累计柱状图来看，营养盐的输入有着明显的季节变化，由于夏季和秋季淮河径流量较大，营养盐输入量大，变化更为剧烈；而冬季营养盐输入量相比其他季节少，变化较平缓。

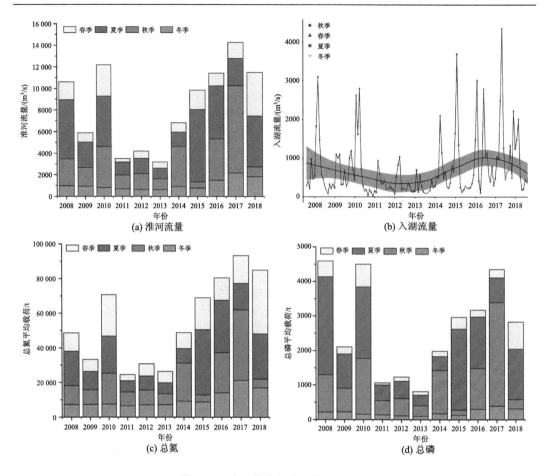

图 2-24　淮河营养盐输入的长期变化

主要入湖河流淮河水质与洪泽湖水质相关性显著，对洪泽湖过水区水质影响更为明显（图 2-25）。淮河总氮、总磷浓度处于较高水平，浓度下降较缓慢，根据以往的研究和《淮安市水资源公报》的数据，淮河的化学需氧量、氨氮浓度逐年下降（嵇晓燕等，2016），这与洪泽湖的总氮、总磷浓度在缓慢降低中仍然维持在较高水平的现象较一致（刘涛等，2011）。这表明，随着近年来淮河水环境治理工作的加强，流域内污染物排放，如高锰酸盐指数、氨氮，呈逐步减少趋势，对流域内水质变化起到了积极作用，但入湖河流较高的氮磷浓度，仍然是洪泽湖氮磷浓度维持在较高水平的重要原因。

2013~2018 年淮河氮磷输入总量分别由 2.6 万 t、0.08 万 t 上升到 8.5 万 t、0.3 万 t，淮河的氮磷营养盐的输入，可能也是导致洪泽湖氮磷浓度较高的重要原因。在氮磷元素的循环模式中，氮元素主要依靠反硝化作用和出湖河流流出湖泊系统，部分元素以颗粒态氮的形式沉降至泥水界面（张亚平等，2016）；磷元素在稳定水体环境中，经历不断的悬浮—沉降—再悬浮的过程，由于缺少氮元素在水气界面交换去除的过程，更容易滞留湖体（Hupfer et al., 1995）。有研究认为，1983~2005 年的洪泽湖入湖泥沙淤积率达到47%，年均 540 万 t，73%分布在淮河入湖处，部分进入湖中（虞邦义和郁玉锁，2010；

陈雷等，2009；贲鹏等，2021）。不断输入的营养盐及泥沙吸附作用使得氮磷元素在湖泊富集，再通过扰动等物理作用、生物促进的硝化反硝化等化学作用释放到湖泊中，形成高浓度的总氮总磷。

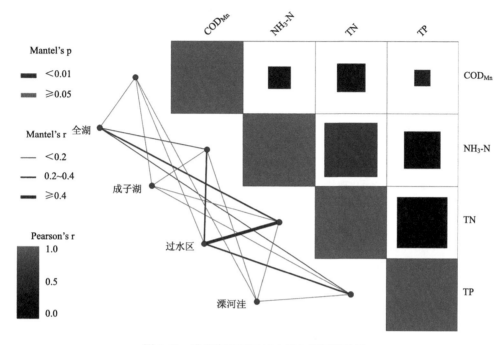

图 2-25　洪泽湖不同区域水质与淮河相关性

2.7　小　　结

2016～2020 年洪泽湖 TN 浓度介于 0.56～4.52 mg/L，均值为 1.98 mg/L；TP 浓度介于 0.014～0.337 mg/L，均值为 0.097 mg/L，近年来较为稳定；Chl a 介于 1.14～141.89 μg/L，均值为 15.3 μg/L，2016 年以来明显增加。在洪泽湖 TN、TP 空间分布上，成子湖浓度较其他湖区低，而 Chl a 则是成子湖与溧河洼区域相对较高。在营养状态方面，2016～2020 年洪泽湖各点位 TLI 得分介于 37.3～72.5，均值为 57.5，年际变化较小，总体上处于轻度富营养化状态。与历史不同时期相比，2000 年以来洪泽湖 TN 变化较小，TP 浓度在 1989～2010 年呈现波动状态，但未有增加趋势，2010 年至今 TP 浓度有下降趋势。2010～2020 年 Chl a 浓度介于 11.7～19.90 μg/L，而 2003～2005 年 Chl a 浓度介于 4.1～5.7 μg/L，两阶段叶绿素浓度相差约 3 倍。入湖水质方面，全湖 18 条主要入湖河流多年（2008～2018年）入湖总氮平均浓度为 3.57 mg/L，总磷平均浓度为 0.23 mg/L；Mann-Kendall 趋势检验分析显示，2013 年后入湖 TN、TP 浓度显著下降。淮河作为洪泽湖最主要的入湖河流，其水质变化显著影响着全湖水质。

参 考 文 献

贲鹏, 虞邦义, 张辉, 等. 2021. 洪泽湖水沙变化趋势和冲淤时空分布及驱动因素. 湖泊科学, 33(1): 289-298.

陈雷, 张文斌, 余辉, 等. 2009. 洪泽湖输沙淤积, 底泥理化特性及重金属污染变化特征分析. 中国农学通报, 25(12): 219-226.

嵇晓燕, 聂学军, 李文攀, 等. 2016. 近十年淮河流域化学需氧量和氨氮浓度变化特征. 节水灌溉, 40(12): 85-88+93.

金相灿, 屠清瑛. 1990. 湖泊富营养化调查规范. 北京: 中国环境科学出版社.

李波, 濮培民. 2003. 淮河流域及洪泽湖水质的演变趋势分析. 长江流域资源与环境, 12(1):67-73.

刘涛, 揣小明, 陈小锋, 等. 2011. 江苏省西部湖泊水环境演变过程与成因分析. 环境科学研究, 24(9): 995-1002.

马斌. 2006. 洪泽湖水体富营养化现状、原因及对策研究. 南京: 南京农业大学.

杨桂山, 马荣华, 张路, 等. 2010. 中国湖泊现状及面临的重大问题与保护策略. 湖泊科学, 22(6): 799-810.

虞邦义, 郁玉锁. 2010. 洪泽湖泥沙淤积分析. 泥沙研究, 6: 36-41.

张亚平, 万宇, 聂青, 等. 2016. 湖泊水体中氮的生物地球化学过程及其生态学意义. 南京大学学报(自然科学版), 52(1): 5-15.

Hupfer M, Gächter R, Giovanoli R. 1995. Transformation of phosphorus species in settling seston and during early sediment diagenesis. Aquatic Sciences, 57(4): 305-324.

第3章 沉积物理化特征

沉积物是湖泊物理、化学和生物条件及其周边社会经济发展所共同作用的综合产物。同时，沉积物是众多底栖动物、沉水植物等生物类群栖息繁殖的基础条件，其理化特征很大程度上决定了生物类群的维持。由于洪泽湖环湖地区入湖河流较多，伴随经济社会的快速发展有大量污染物输入，使洪泽湖总体呈现面源污染严重、污染来源多样、污染物成分复杂的特征，对洪泽湖水环境和生态系统健康等造成了影响，威胁着供水安全和周边地区社会经济可持续发展。本章介绍 2020 年 8 月和 2021 年 9 月对洪泽湖 101 个采样点表层沉积物进行的调查，对沉积物中的营养盐和重金属元素含量进行测定，分析沉积物的粒径、营养盐和重金属等理化指标的空间格局、污染特征及生态风险。

3.1 调 查 方 法

洪泽湖沉积物采样点主要根据洪泽湖湖盆形态、出入湖河流、水文水动力、水质、开发利用等特征布设，在遵循代表性、全面性、均匀性原则的同时，在湖区共设置了 101 个点位（图 3-1）。使用彼得森采泥器采集湖泊表层 0～10 cm 深度的沉积物样品，将采集的泥样混匀后装入清洁的聚乙烯自封袋中，冷冻保存送回实验室进行预处理及分析。

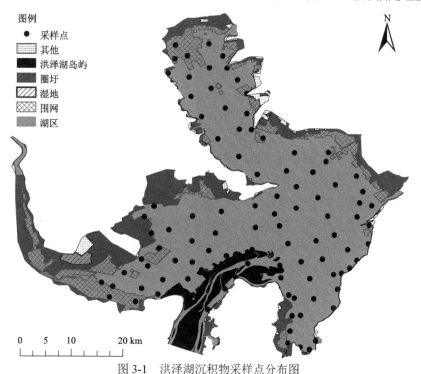

图 3-1 洪泽湖沉积物采样点分布图

　　将沉积物样品在实验室内用冷冻干燥机冻干,并剔除动植物残体及石块,经玛瑙研钵研磨处理后,过 100 目尼龙筛后置于干燥器中待用。

　　沉积物样品的分析主要参照《湖泊富营养化调查规范》(金相灿和屠清瑛,1990)及《水和废水监测分析方法》(魏复盛等,2002)进行。主要分析指标及方法见表 3-1,粒径使用激光粒度仪(Malvern MS2000,英国马尔文仪器有限公司)测定,烧失量(LOI)以马弗炉 550℃高温焙烧 4.5 h 灼烧法测定,总氮(TN)、总磷(TP)含量以过硫酸钾消解法测定,重金属和类金属 Cu、Zn、Pb、Cr、Cd、As 和 Ni 的含量使用安捷伦 7700X 型电感耦合等离子体质谱仪(ICP-MS)测定,Hg 的含量使用 Hydra-c 型全自动测汞仪测定。

表 3-1　沉积物分析项目及方法

分析指标及参数	分析方法	备注
粒径	激光粒度仪	Malvern MS2000 激光粒度仪
烧失量	灼烧法	马弗炉 550℃,4.5 h
总氮、总磷	过硫酸钾消解法	紫外-可见分光光度计
重金属	ICP-MS、全自动测汞仪	安捷伦 7700X 型电感耦合等离子体质谱仪
		Hydra-c 型全自动测汞仪

3.2　沉积物粒径

　　沉积物粒径分布特征是沉积-动力过程综合效应的结果,主要受沉积物来源和沉积动力过程等因素的影响(McLaren,1981)。可以通过沉积物粒径分布特征的空间变化来揭示物质来源、沉积动力过程及输运趋势(Visher,1969;Friedman,1961)。

　　根据 Folk 命名法(Folk et al.,1970),将沉积物分为黏土(< 4 μm)、粉砂(4~64 μm)和砂(> 64 μm)三类。洪泽湖湖滨带沉积物中值粒径(d_{50})分布见图 3-2,不同粒径的组成情况见图 3-3。洪泽湖湖滨带沉积物 d_{50} 在 4~64 μm 的点位占 97.7%,其中 8~16 μm 占 37.21%、16~32 μm 占 44.19%,粉砂是洪泽湖湖滨带表层沉积物的主要类型。从粒径组成情况(图 3-3)中能够看出,淮河入湖口处沉积物粒径相对较粗,粒径在 32 μm 以上的沉积物占比较大,沉积物受入湖水流的冲刷作用较强,细颗粒物难以在此处沉降,而东部湖区的湖滨带沉积物粒径则以 16 μm 以下的较细颗粒为主。入湖河流挟带泥沙进入湖区后,由于断面扩大,流速骤减,水流挟沙能力降低,粒径较大的颗粒会先行沉积在入湖河口附近,距河口越远,沉积物粒径越细,表层沉积物的粒径分布特征表现为由西向东变细。

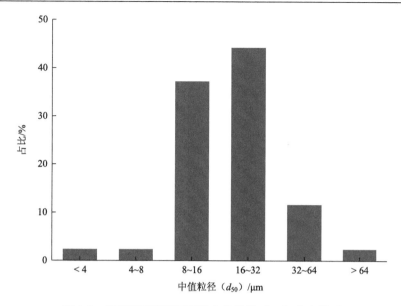

图 3-2　洪泽湖湖滨带沉积物中值粒径（d_{50}）分布情况

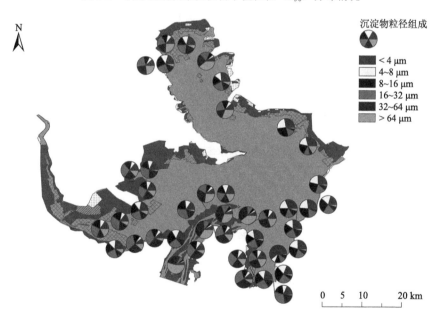

图 3-3　洪泽湖湖滨带沉积物粒径组成

3.3　沉积物营养物质

氮、磷等营养盐是生物生长所必需的营养元素。在人类生活、工业农业生产等活动中都会有相当数量的营养盐流入环境中，当排入水体的污染物超过水体的背景水平和水体的环境容量时，会导致水体的物理、化学和生物特性发生变化，严重时会导致水体富营养化，对原有的生态系统和水体功能造成破坏（Matthiensen et al., 2000; 秦伯强, 2002）。

氮、磷等营养盐排放进入水环境后，沉积物和悬浮颗粒物作为其重要的蓄积场所，是营养物质周转循环的关键环节（Leenheer and Croué, 2003）。在环境条件改变时，沉积物氮、磷营养盐可以通过扩散、释放及再悬浮等过程从沉积物中重新进入上覆水中，作为内源负荷增加富营养化风险（Yang et al., 2013）。在外来排污受到控制的情况下，沉积物作为内源向水体释放的氮、磷污染物将会成为水体富营养化的重要原因，且与水体相比，沉积物中潜在的营养盐库巨大，其少量的营养盐释放就会对上覆水水质产生明显的影响（Nowlin et al., 2005）。沉积物在外部营养负荷减少后的较长时间内依旧能够作为一个重要的内部污染源在水质恶化方面发挥重要作用，直到积累的可释放营养盐减少或在沉积物中永久埋藏，这种内部负荷通常会持续 10～15 年（Jeppesen et al., 2005）。因此，研究湖库沉积物中氮、磷、有机质的含量及分布特征对控制水体富营养化和生态系统状况有着重要的指导意义。

本节对洪泽湖表层、垂向沉积物中总氮、总磷、有机质含量进行检测，并从整体上对其污染特征进行比较和分析，以对认识洪泽湖内源污染现状及对其的治理提供参考，并对制定水体水质和生态修复、保护措施提供基础数据。

3.3.1　湖区表层沉积物有机质与含水率分布特征

洪泽湖表层（0～5 cm 深度）沉积物中含水率、有机质、总氮、总磷含量见表 3-2。洪泽湖表层沉积物含水率范围为 19.64%～64.09%，平均值为 40.26%，变异系数为22.53。洪泽湖表层沉积物中的有机质（以烧失量计）的含量范围为 0.09%～6.26%，平均值为 2.36%，变异系数为 60.67%。

表 3-2　洪泽湖表层沉积物中含水率、有机质、总氮及总磷的含量

项目	含水率/%	有机质/%	总氮/（mg/g）	总磷/（mg/g）
最大值	64.09	6.26	3.57	0.64
最小值	19.64	0.09	0.23	0.12
平均值	40.26	2.36	1.43	0.39
标准偏差	9.07	1.43	0.62	0.13
变异系数/%	22.53	60.67	43.37	32.95

有机质在洪泽湖的空间分布情况如图 3-4 所示。洪泽湖沉积物有机质含量整体呈现北高南低的分布特征，有机质含量高值主要分布在成子湖北部及临淮至湖心一带。湖泊沉积物中有机质来源分为内源输入与外源输入，内源输入有机质是指水体生产力本身产生的动植物残体、浮游生物及微生物沉积，外源输入有机质主要指外界水源补给过程中挟带进入湖体的颗粒态和溶解态有机质（Pinckney et al., 2001）。洪泽湖西部溧河洼、临淮和北部的成子湖沉积物中有机质含量偏高，这可能是由于入湖河流集中在洪泽湖西岸，而这些河流污染严重，其中新濉河为 V 类水，新汴河为Ⅳ类水，上游来水中的污染物导致湖区污染严重；北部的成子湖湖区内养殖面积大，占水域面积的30%左右，远远超过湖区适宜的养殖容量（赵宝刚等，2020），再加上成子湖水体流动性差，围网养殖区中未

被摄食的部分饵料和鱼、蟹排泄物沉积到水底，造成该区域沉积物有机质含量偏高。淮河入湖口处沉积物有机质含量平均为 4.59%，相较东部湖区较低，这可能是由于淮河作为洪泽湖的主要入湖河流，其水动力条件强，河流所携带的有机质较难在河口处沉降，而是会随着湖流作用，沿着湖泊主要过水通道在流速较为缓慢的区域沉降。

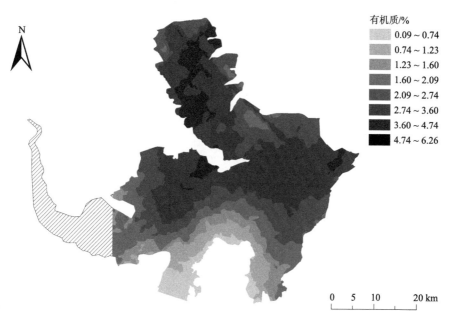

图 3-4　洪泽湖表层沉积物有机质含量空间分布

由于采样点位的可到达性，未能采集到斜条纹区内的样品

3.3.2　总氮含量及分布特征

20 世纪 70 年代末以来，淮河流域、徐州及泗洪等地工农业经济及养殖业快速发展，皮革、造纸、印染和化工等工业迅速发展所排放的废水对洪泽湖富营养化演变的影响很大。随着近年来氮、磷等营养物质入湖通量的增加，洪泽湖已经多次出现蓝藻水华现象（朱天顺等，2019）。外源的营养物质输入使营养物质在洪泽湖沉积物中富集，在一定条件下向上覆水释放，会增加富营养化的风险，导致一系列生态问题。

洪泽湖表层沉积物中总氮含量的范围为 0.23～3.57 mg/g，平均值为 1.43 mg/g，变异系数为 43.37%（表 3-2）。洪泽湖表层沉积物中总氮的空间分布如图 3-5 所示，其中含量最大值位于湖心区，最小值位于淮河入湖口上游。湖心区与东部湖区的沉积物总氮含量明显高于西部湖区，成子湖、湖心区及东部湖区存在总氮的富集区。成子湖区北部与西部沉积物总氮的污染情况较为严重，这可能源于湖体北部的主要入湖河流徐洪河、肖河及马化河携带的污染物。加之成子湖区水体交换频率较低、流速较慢且水生植物较多，水体中颗粒态氮发生沉降，导致这些区域的沉积物总氮含量较高。湖心区受淮河入流污染强烈，在湖区主要流场的作用下，淮河挟带进入湖体的大量污染物最终在湖心区东部与南部停留、蓄积，导致这些区域沉积物总氮浓度较高。淮河入湖口附近湖区沉积物中较低的总氮含量可能与两个因素有关：一方面此处为浅滩区，受到浅滩的阻隔，入湖河流中的氮不易在此滞留；另一方面这附近水域是洪泽湖最早的采砂区域，存在众多湖心滩，沉积物中粗砂粒含量比较高，不利于氮的富集（左顺荣和朱建伟，2011）。

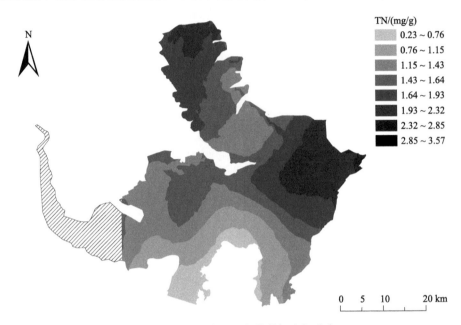

图 3-5　洪泽湖表层沉积物总氮空间分布

3.3.3　总磷含量及分布特征

洪泽湖由于长期接纳周边城市生活污水、工业废水、农业与畜禽养殖业的面源废水，湖体总磷浓度居高不下，长期超过地表水Ⅲ类标准，有些月份甚至达到劣Ⅴ类。

洪泽湖表层沉积物中总磷含量的范围为 0.12～0.64 mg/g，平均值为 0.39 mg/g，变异系数为 32.95%（表 3-2）。洪泽湖沉积物总磷的空间分布和总氮分布有一定区别（图 3-6），总体表现为北低南高的分布格局；与总氮分布相似的是，在溧河洼—湖心区沉积物中，含量总体表现为西低东高的趋势。其中总磷含量最大值位于湖心区，最小值位于临淮东部。总磷在成子湖、溧河洼、淮河入湖口至湖心区的表层沉积物中都存在较高的蓄积情况。造成洪泽湖沉积物中总磷污染的原因与成子湖北侧、临淮附近大量的围网养殖现象有关，虽然近年来围网正在逐步拆除，但沉积物的营养盐污染情况依旧较重。湖心区大部分区域较高的总磷污染主要受淮河等入湖河流来水中泥沙沉降的影响，在淮河入湖至二河闸、三河闸出湖的过程中，淮河来水中的泥沙沉降进入沉积物中，磷也随之向沉积物中蓄积，同时由于湖心区较强的水交换能力，入湖的泥沙及污染物随湖水径流的裹挟，在入湖至出湖的过程中分布在湖心区的沉积物中。

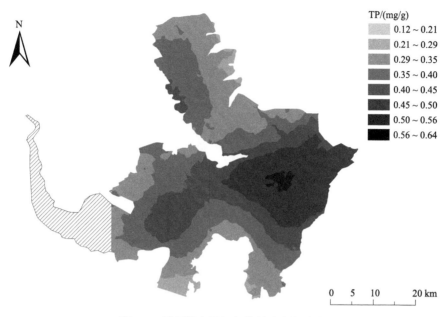

图 3-6　洪泽湖表层沉积物总磷空间分布

3.3.4　沉积物碳氮比

湖泊沉积物中的有机质主要来源于湖泊中水生植物及流域侵蚀带来的陆生植物碎屑，藻类有机质中富含大量的蛋白质，纤维素的含量较低；而陆生高等植物富含纤维素，蛋白质含量低。因此，可以根据沉积物中有机质的碳氮比（C/N）来判定其有机质的来源，自生源有机质的 C/N 在 3～8，而陆生源有机质的 C/N 约为 20，甚至更高；沉积物中有机质的 C/N 大于 8，常被认为是受到两种物源的影响，且陆生源有机质占比越高，C/N 就越大（倪兆奎等，2011）。

洪泽湖表层沉积物 C/N 空间变化情况见图 3-7。洪泽湖大部分区域表层沉积物 C/N 在 8～13，说明洪泽湖沉积物中的有机质主要受藻类与陆生植物两种物源的影响。湖心区东部与南部沉积物的 C/N 在 6～10，表明这些区域沉积物中有机质主要受到自生物源的影响，以自生有机物为主。成子湖大部分区域 C/N 在 10 以上，湖体的这些区域与湖心区相比，沉积物中有机质受陆生植物源的影响较大，可能来源于周边面源输入与入湖河流污染。淮河入湖口上游 C/N 在 2～10，沉积物中有机质受藻类等自生源的影响较大，而临淮东北部湖区的沉积物受周边面源及入湖河流污染影响较大，有机质更多地来自于陆生源。

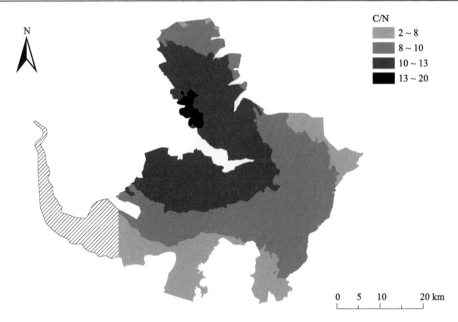

图 3-7 洪泽湖表层沉积物 C/N 空间变化

3.3.5 沉积物营养物质污染评价

1. 污染评价方法

采用综合污染指数法评价表层沉积物 TN、TP 的污染程度，再由单项污染指数公式计算综合污染指数（FF）。由于该方法忽略了有机质（OM）的影响，为了使评价结果更完善，同时采用有机污染指数法对沉积物污染现状进行进一步评价。底泥氮磷综合污染指数及有机污染指数的计算方程如下：

$$S_i = C_i / C_s \tag{3-1}$$

$$FF = \sqrt{F^2 + \frac{F_{max}^2}{2}} \tag{3-2}$$

$$OI = ON \cdot OC \tag{3-3}$$

$$ON = TN \cdot 0.95 \tag{3-4}$$

$$OC = OM / 1.724 \tag{3-5}$$

式中，各项参数表达的含义如表 3-3 所示。

表 3-3 洪泽湖底泥营养盐污染评价计算参数含义

序号	参数	表示意义
1	S_i	评价因子 i 的单项评价指数
2	C_i	评价因子 i 的实测值（mg/g）
3	C_s	评价因子 i 的评价标准值，TN 取 1，TP 取 0.42（mg/g）

序号	参数	表示意义
4	F	n 项污染指数平均值
5	F_{max}	最大单项污染指数
6	OI	有机指数（%）
7	ON	有机氮（%）
8	OC	有机碳（%）
9	OM	有机质（%）
10	TN	总氮（mg/g）

沉积物综合污染指数与有机污染指数评价标准见表 3-4。

表 3-4　洪泽湖沉积物综合污染指数与有机污染指数评价标准

污染等级	S_{TN}	S_{TP}	FF	OI	污染状况
1	$S_{TN}<1.0$	$S_{TP}<0.5$	FF<1.0	OI<0.05	清洁
2	$1.0<S_{TN}\leq1.5$	$0.5<S_{TP}\leq1.0$	$1.0<FF\leq1.5$	$0.05\leq OI<0.2$	轻度污染
3	$1.5<S_{TN}\leq2.0$	$1.0<S_{TP}\leq1.5$	$1.5<FF\leq2.0$	$0.2\leq OI<0.5$	中度污染
4	$S_{TN}>2.0$	$S_{TP}>1.5$	FF>2.0	$OI\geq0.5$	重度污染

2. 洪泽湖沉积物氮磷污染评价

洪泽湖表层沉积物污染评价结果如表 3-5 所示。单项污染指数 S_{TN}、S_{TP} 范围分别为 0.23～3.57 和 0.29～1.51，平均值分别为 1.43 和 0.92。S_{TN} 显示，约有 32.4% 的点位沉积物的总氮处于中度污染水平，18.1% 的点位达到了重度污染；S_{TP} 显示，相较于总氮，洪泽湖沉积物总磷的重度污染区域较小，仅有约 1.0% 的点位达到了重度污染水平，但 45.7% 的点位沉积物的总磷处于中度污染水平，42.9% 的点位总磷处于轻度污染水平。综合污染指数（FF）范围为 0.45～3.09，平均值为 1.32，约 42.9% 的沉积物处于中度—重度污染水平，26.7% 的沉积物为轻度污染水平，30.5% 的沉积物表现为清洁水平。同时，有机污染指数（OI）范围为 0.001～1.09，平均值为 0.23，25.7% 的沉积物处于中度—重度污染水平，53.3% 的点位沉积物为轻度污染水平，21.0% 的沉积物表现为清洁水平。

表 3-5　洪泽湖表层沉积物污染评价结果　（单位：%）

污染状况	污染水平占比			
	S_{TN}	S_{TP}	FF	OI
清洁	27.6	10.5	30.5	21.0
轻度污染	21.9	42.9	26.7	53.3
中度污染	32.4	45.7	36.2	23.8
重度污染	18.1	1.0	6.7	1.9

FF 与 OI 空间分布情况如图 3-8、图 3-9 所示。从图中能够看出，成子湖沉积物污染情况最为严重，表现为中度—重度污染，污染区域集中在北部，主要是由于湖区内围网

养殖及河流营养盐外源输入。湖心区沉积物的污染情况沿水体流动方向（张怡辉等，2020；
倪晋等，2014）表现出明显的变化趋势。其中，临淮附近受圈圩与围网养殖活动影响，沉
积物污染情况较重，表现为中度污染。湖心区受到淮河入湖污染物影响，而淮河入湖口
附近湖区由于入湖水流的冲刷，污染物质较难在此处沉降并蓄积，表现为轻度污染；淮
河来水在沿入湖口—湖心区—湖心区南部流经主要过水区时，一部分污染物随湖流在湖
心区中部与东部堆积，导致此处的污染情况较为严重。通过两种评估方法得出的污染空
间分布情况较为接近，重度污染区域主要集中在成子湖区北部与西南部，中度污染区域
主要分布于湖心区东侧。

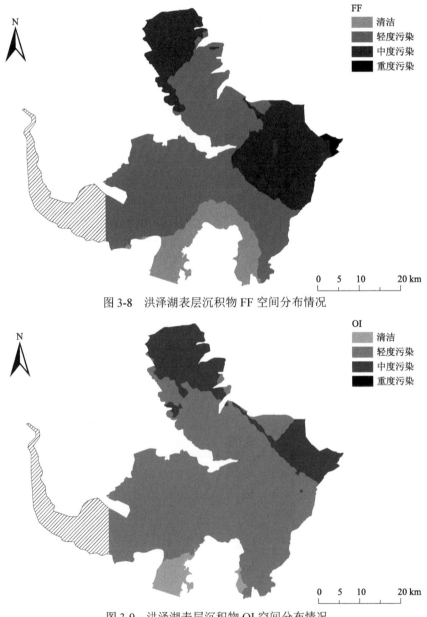

图 3-8　洪泽湖表层沉积物 FF 空间分布情况

图 3-9　洪泽湖表层沉积物 OI 空间分布情况

3.3.6　营养物质产生的原因分析

随着人工养殖、工业污染、围湖造田等人类活动的加剧，洪泽湖生态系统逐渐退化，湖中水生植物、浮游动物等明显减少，人类活动给湖体带来的大量氮、磷等营养物质，造成了洪泽湖生态系统结构与功能的退化（高俊峰和蒋志刚，2012）。

（1）入湖河流所携带的营养物质输入。在洪泽湖的入湖污染物中，总氮为 8.5 万 t，总磷为 0.3 万 t。其中淮河输入污染物最多，占比达到 80% 以上。相比于淮河，排第二位的怀洪新河的输入量为 5%～12%。其余河流的输入量占 3% 以下。洪泽湖水质受淮河输入水质的强烈影响，是淮河流域污染的"汇"。

（2）农业生产中不合理的农田化肥、农药施用导致面源污染。自 20 世纪 90 年代以来，洪泽湖地区农田氮磷含量一直处于盈余状态，环洪泽湖区域的化肥施用量远超过国际上为防止水体污染而设定的化肥使用强度上限，且存在有机、无机肥料施用比例极不平衡，施肥方式不当，农药施加方式落后，灌溉方式不合理，农作物秸秆焚烧堆弃等问题（徐勇峰等，2016a）。农业生产中的种种不合理现象不仅造成了资源的浪费，同时导致农田盈余养分和施用不当的农药最终排入水体中，对区域环境质量构成了严重威胁。

（3）畜禽养殖业污染物大量排放。环洪泽湖周边地区畜禽养殖业产生的各类污染物数量巨大，年畜禽养殖粪便产生总量为 626.63 万 t，其中 COD、氨氮、总氮和总磷的量依次为 172 460 t、13 577 t、36 877 t 和 14 782 t，总量为 237 696；环湖地区畜禽粪便污染物 COD、氨氮、总氮和总磷的流失量分别为 21 295 t、2538 t、6974 t 和 1584 t，其中以 COD 和总氮为主，分别占流失总量的 65.7% 和 21.5%（徐勇峰等，2016b）。这些流失的畜禽粪便污染物会随着地表径流排入河道后进入水体，对生态环境造成严重影响。

（4）城镇工业废水、生活污水排放。环洪泽湖地区城镇化快速发展的过程中，洪泽湖周边淮河流域、徐州及泗洪等地皮革、造纸、印染和化工等工业的迅速发展，导致大量污水、废水排入河湖，使区域内水体受到污染。

3.4　重　金　属

重金属是一类保守性、长期性且具有潜在危害性的重要污染物质，在环境中，特别是生物体和人体中往往易于富集甚至有毒性放大的作用，长期以来都是人们重点关注的污染物种类之一。重金属可以通过各种途径进入河湖水体，其中大部分被悬浮颗粒物吸附，随水动力作用被搬运并逐步沉积。沉积物中的重金属是指示湖泊环境质量的重要影响因子，其形态和分布往往能够反映自然和人类活动对湖泊的影响。在受重金属污染的水体中，沉积物中的重金属含量可以达到水体的数百倍至数十万倍，并表现出较明显的含量分布规律性；同时，由于重金属入湖的位置和强度不同，往往使得不同区域和沉积物层次中赋存的含量表现出差异，造成了空间分布的不均匀性，对沉积物中的污染物进行分析和评价比单纯的水质分析更具代表性，分析测试也更为简单、可靠。沉积物可以作为水环境中重金属的重要源和汇，外源重金属进入水体后，仅有极少量以溶解态停留在水体中，绝大部分则与悬浮物和沉积物以附着、包裹甚至晶格原子的形式结合，悬浮颗粒的稳定沉降使得重金属在湖泊沉积物中具有累积性特征，这些重金属可能因水体环境条件的变化再次释放，造成水体环境的"二次污染"。重金属在沉积物中的蓄积量不仅可以大致反映水体重金属的污染现状与历史，而且可以反映沉积物对上覆水体影响的持久能力。基于此，了解沉积物中的重金属含量及分布，对掌握水环境中重金属的潜在危害性及对湖泊资源的合理保护利用、重金属污染防治和区域社会经济可持续发展等具有重要意义。本节对洪泽湖沉积物中 Cu、Zn、Pb、Cr、Cd、As、Hg、Ni 等 8 种主要重金属（包含类金属 As，下同）含量进行检测，并从整体上对重金属污染特征进行比较和分析，同时评价沉积物中重金属的污染现状和潜在风险程度。

3.4.1　湖泊重金属污染特征

洪泽湖表层沉积物中 8 种重金属元素的含量统计结果如表 3-6 所示。综合湖区的结果来看，各元素在沉积物中的平均含量顺序为 Cr（82.00 mg/kg）＞Zn（79.07 mg/kg）＞Ni（40.28 mg/kg）＞Pb（27.87 mg/kg）＞Cu（24.11 mg/kg）＞As（15.32 mg/kg）＞Cd（0.218 mg/kg）＞Hg（0.036 mg/kg），所有重金属元素的平均含量均超出江苏省土壤背景值（廖启林等，2011），Cu、Zn、Pb、Cr、Cd、As、Hg、Ni 的平均含量分别是背景值的 1.03 倍、1.22 倍、1.27 倍、1.08 倍、2.57 倍、1.63 倍、1.44 倍、1.23 倍。与加拿大淡水沉积物重金属质量基准（Smith et al., 1996）比较发现，湖区所有采样点中，Cu、Zn、Pb、Cd、Hg 含量低于临界效应浓度（threshold effect level, TEL）的百分比分别是 98.04%、99.02%、90.20%、100%、100%，负面生物效应几乎不会发生；Cr、As 含量在 TEL 与可能效应浓度（probable effect level, PEL）之间的百分比分别是 67.65%、74.51%，负面生物效应偶尔发生；Ni 含量大于 PEL 的百分比是 68.63%，负面生物效应可能经常发生。

表 3-6　洪泽湖表层沉积物中主要重金属含量分布

项目	Cu	Zn	Pb	Cr	Cd	As	Hg	Ni
最小值/（mg/kg）	4.44	34.08	14.78	52.33	0.065	6.49	0.006	20.41
最大值/（mg/kg）	36.15	123.98	43.71	247.51	0.48	45.24	0.07	122.31
平均值/（mg/kg）	24.11	79.07	27.87	82.00	0.218	15.32	0.036	40.28
中位数/（mg/kg）	25.24	81.41	29.31	81.01	0.220	14.29	0.040	41.49
标准偏差/（mg/kg）	8.67	21.93	23.61	23.18	0.087	20.62	0.013	15.00
变异系数/%	33.70	27.81	22.01	28.40	37.57	40.63	34.34	29.94
背景值/（mg/kg）	23.4	64.8	22	75.6	0.085	9.4	0.025	32.8

由表 3-6 可见，洪泽湖表层沉积物中主要重金属含量的变异系数（CV）均较大，其中，As 的变异系数达到了 40.63%，其他重金属元素的 CV 均介于 20%～38%。这反映了重金属在空间上的分布呈现不同程度的差异性。

1. Cu

洪泽湖沉积物中 Cu 含量在 4.44～36.15 mg/kg 变动，平均值为 24.11 mg/kg，变异系数为 33.70%（图 3-10）。整个湖区有超过一半的点位 Cu 含量大于背景值 23.4 mg/kg，这些高含量点位主要分布在洪泽湖东岸、溧河洼、成子湖和湖心区，最高值位于蒋坝三河闸附近，最低值出现在老子山镇附近淮河河段内。沉积物中 Cu 污染主要来源于洪泽湖周边地区及淮河等主要上游入湖河流地区所进行的矿藏开采、冶炼及电镀工业，有研究者发现围网养殖等水产养殖业对其分布和聚集也会产生影响（訾鑫源等，2021）。

2. Zn

Zn 在洪泽湖沉积物中的最大值为 123.98 mg/kg，最小值为 34.08 mg/kg，其最大值与最小值的极差较大，平均值为 79.07 mg/kg，变异系数为 27.81%（图 3-10）；洪泽湖沉积物中 69.61% 的点位 Zn 含量高于土壤环境背景值（魏复盛等，1991）。空间分布上，Zn 的分布状况与 Cu 的分布相似，高含量的位点主要分布在洪泽湖东岸、溧河洼、成子湖和湖心区，最高值位于蒋坝三河闸附近，最低值位于成子湖南部湖区内。

3. Pb

Pb 在洪泽湖沉积物中的分布相对于其他重金属元素来讲比较均匀，最大值为 43.71 mg/kg，位于蒋坝三河闸附近，最小值为 14.78 mg/kg，位于老子山镇附近淮河河段内。其含量平均值为 27.87 mg/kg，变异系数为 22.01%（图 3-10），分析其变异系数异常偏大是最大值过大导致的。洪泽湖沉积物中有 78.43% 的点位 Pb 含量超过土壤环境背景值。沉积物中 Pb 污染主要来源于入湖河流及湖区周边地区的矿产开采和冶炼、化石燃料燃烧及硅酸盐水泥、蓄电池生产工业等。

4. Cr

Cr 在洪泽湖沉积物中的分布比较均匀，全湖有 62.75% 的点位 Cr 含量高于土壤环境背景值，其含量在 52.33～247.51 mg/kg，平均值为 82.00 mg/kg，变异系数为 28.40%（图 3-10）。大于背景值 75.6 mg/kg 的高含量区主要分布在洪泽湖东岸、溧河洼、成子湖和湖心区，最高值位于成子湖的最南部，最低值出现在老子山镇附近淮河河段内。沉积物中 Cr 元素主要来自于岩石风化，另外人为来源主要是工业中含 Cr 废气和废水的排放（Liu et al., 2016）。

5. Cd

洪泽湖沉积物中 Cd 元素的含量在 0.065～0.48 mg/kg，平均值为 0.218 mg/kg，变异系数为 37.57%，分布状况存在一定差异（图 3-10）。除了成子湖南部的 2 个点位外，其他点位 Cd 元素的含量均高于土壤环境背景值，最大值位于蒋坝三河闸附近。相比于其他重金属元素，Cd 在洪泽湖沉积物中的绝对含量虽然不高，但是其相对毒性较大，而且在洪泽湖沉积物所有重金属元素中已经形成了较高的污染水平。一般而言，沉积物中 Cd

污染的主要来源为工业废水和地表径流的输入。

6. As

As 在洪泽湖沉积物中的含量介于 6.49～45.24 mg/kg，平均值为 15.32 mg/kg，变异系数为 40.63%（图 3-10），最大值出现在蒋坝三河闸附近，最小值出现在老子山镇附近淮河河段内，其变异系数较大可能的原因是个别点位的 As 含量远大于其他点位的 As 含量。沉积物中 As 的主要来源是洪泽湖周边地区及上游入湖河流周边的工业生产和农田的 As 农药使用、煤的燃烧等。

7. Hg

洪泽湖沉积物中 Hg 含量在 0.006～0.07 mg/kg，平均值为 0.036 mg/kg，变异系数为 34.34%（图 3-10）。与 Cd 相似，Hg 的相对毒性在所有重金属中也被视为是较高的，随其价态的不同，毒性的差异也很大。Hg 含量的高值区主要分布在洪泽湖东岸、溧河洼、成子湖和湖心区，最高值位于成子湖东南部。除了入湖河流河口的点源及地表径流的面源污染外，大量文献也报道了汞还可以通过大气沉降进入水体（Edgerton et al., 2006; Manolopoulos et al., 2007）。

8. Ni

洪泽湖沉积物中 Ni 含量的最大值为 122.31 mg/kg，位于蒋坝三河闸附近；最小值为 20.41 mg/kg，位于老子山镇附近淮河河段、河口内，还有成子湖的南部（图 3-10）。洪泽湖沉积物 Ni 含量的平均值为 40.28 mg/kg，该值已经超过了土壤环境的背景值，变异系数为 29.94%。有 73.53%的点位 Ni 含量超过了土壤环境的背景值。

综合整个洪泽湖沉积物重金属的分布情况来看，受水动力、入湖河流上游污染及地表径流的面源污染等因素的综合影响，重金属高含量区主要分布在洪泽湖东岸、溧河洼、成子湖和湖心区。主要原因可能还是与环湖地区及入湖河流上游地区的经济迅速发展及人类活动使污染物通过地表径流等途径排入湖泊等原因有关，尤其是蒋坝三河闸附近、溧河洼、成子湖和湖心区接纳了大量淮河来水及周边大部分的生活及工业污水，其重金属污染状况应引起足够的重视，这一结果与余辉等（2011）对洪泽湖表层沉积物重金属的研究结果相似。

3.4.2 重金属空间差异原因分析

洪泽湖西南部接纳淮河入湖，湖区周边随经济的快速发展，人口和工农业生产快速增长，需水量和废污水的排放量也大大增加（朱陈名等，2017），湖区内也存在着大量的圈圩和围网，相应增加了入湖的污染量。从水平分布特征上看，淮河入湖河口附近区域由于受水流冲刷、河道航运等因素影响，沉积物在此不易沉积，所以重金属的总体含量较低；湖盆地势较低的湖心区及蒋坝三河闸等出湖河口附近区域的沉积物由于水体扰动较小，颗粒物容易沉积，所以重金属总体含量较高，甚至达到最高；成子湖区域，由于

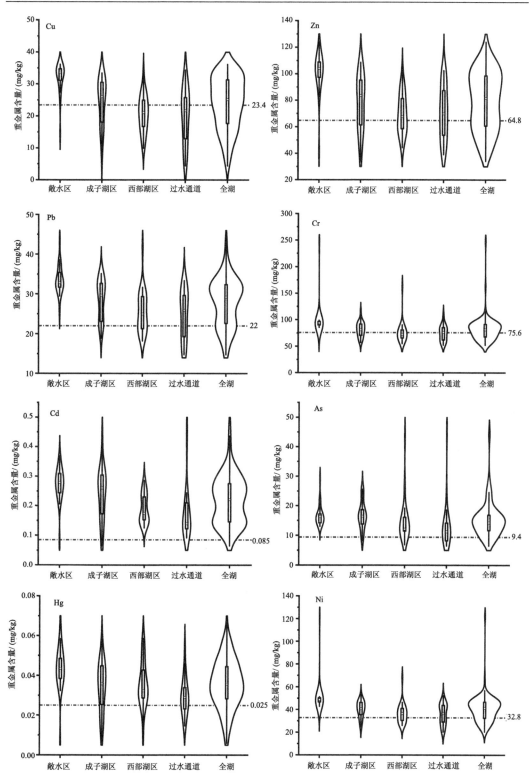

图 3-10　洪泽湖表层沉积物中主要重金属含量的分布

水流停滞而导致沉积物的重金属含量也相对较高；西部的溧河洼区域受到新汴河、新濉河等入湖河流影响，且水体常受东南季风的影响而向湖区西部沉积，导致沉积物中重金属含量同样相对较高。洪泽湖周边及淮河流域上游地区，拥有机械、化工、轻纺、冶金、食品、建材等众多的工业行业，形成汽车装备制造业、家用电器、化工及新材料、农副产品加工业等重点产业集群，洪泽湖的重金属污染与这些工矿企业的污水排放密切相关，工业废水不仅量大、污染物含量高，而且污染物种类非常复杂（葛绪广和王国祥，2008；徐勇峰等，2016b）。加之洪泽湖环湖地区的耕地面积辽阔，在环湖面源污染未得到根本控制的情况下，每年入湖水量大约为 320 亿 m³（洪国喜和韩国民，2007），农业面源污染是洪泽湖沉积物及水质环境恶化的重要因素（Wei et al.，2022）。除此之外，在湖岸周围的圈圩和围网养殖区域，由于投饵集约化养殖过程中的残饵、鱼类粪便和药物残留有锌、铁、铜、钴、碘和硒等微量矿物质添加剂，未经摄食的残饵和动物排泄物就蓄积在沉积物中（訾鑫源等，2021）。因此，洪泽湖重金属的整体分布特征为东部污染较为严重，自东向西、自北向南污染逐渐减轻。

3.5 沉积物质量评价

重金属作为典型的积累性污染物，具有显著的隐蔽性、持久性、生物毒性，以及生物累积性、食物链传递等生态学效应，是湖泊等水体环境中备受关注的潜在生态风险污染物之一。重金属污染一方面表现在进入环境后易积蓄、难降解，会通过食物链进入生物体或人体，对生物或人类健康产生危害，另一方面重金属元素以各种途径进入水环境中，虽含量少，但通过吸附、络合、螯合等方式很容易被比表面积较大的颗粒吸附，并与之共同沉降至水底，最终蓄积于沉积物中。一方面，当环境条件变化时部分积累在沉积物中的污染物会通过"沉积物-水界面"释放到上覆水中，成为水体中的"二次污染源"（Feng et al.，1998）；另一方面，重金属在水体底部通过生物（如鱼类、底栖动物和着生藻类等）的摄食或细胞组织转化而富集于生物体内，进而进入食物网中对水生生物甚至人类产生危害（Afonne and Ifediba，2020）。

3.5.1 评价方法

1. 沉积物污染等级评价——地积累指数

地积累指数是 Muller 引入的地球化学标准，考虑了人为污染因素、环境地球化学背景值，还特别考虑到由于自然成岩作用可能会引起背景值变动的因素，可通过比较当前和工业化前的浓度来评估土壤污染，对重金属的污染给出了很直观的污染级别，是一种研究水体沉积物中重金属污染的定量指标。与其他评估方法不同，地积累指数将自然的成岩过程考虑在内，因评估结果更为准确而广泛用于研究现代沉积物中重金属污染的评价（杨颖等，2021）。地积累指数计算方法如下：

$$I_{geo} = \log_2 \left(\frac{C_n}{kB_n} \right) \tag{3-6}$$

式中，I_{geo} 为重金属 n 的地积累指数；C_n 为重金属 n 在沉积物中的含量；B_n 为沉积岩中所测该重金属的地球化学背景值，此处采用江苏省土壤重金属环境背景值；k 为考虑到成岩作用可能会引起的背景值的变动而设定的常数，一般 $k=1.5$。

根据 I_{geo} 数值的大小，将沉积物中重金属的污染程度分为 7 个等级，即 0～6 级，如表 3-7 所示。

表 3-7　重金属污染程度与 I_{geo} 的关系

I_{geo}	≤0	0～1	1～2	2～3	3～4	4～5	≥5
级数	0	1	2	3	4	5	6
污染程度	清洁	轻度	偏中度	中度	偏重度	重度	严重

2. 沉积物生态风险评价——潜在生态风险指数法

潜在生态风险指数法（RI）可以定量计算土壤和沉积物中重金属的潜在生态风险，能综合反映重金属对生态的风险程度及各个重金属的贡献率（Hakanson, 1980）。该方法利用沉积学原理评价重金属污染状况及对生物的影响，同时将重金属毒性及其在沉积物中的迁移转化及生态系统对重金属污染的敏感性都量化并校正，得到的计算参数综合考虑了多种元素毒性的加和作用，消除了区域差异影响，可以相对全面地评价洪泽湖的重金属污染情况。计算公式如下：

（1）单项重金属的潜在生态风险指数：

$$E_r = T_r \times \frac{C_i}{C_n} \qquad (3\text{-}7)$$

式中，E_r 为单项金属 i 的潜在生态风险指数；T_r 为重金属毒性响应系数，反映重金属的毒性水平及生物对重金属污染的敏感程度；C_i 为重金属 i 的实测浓度；C_n 为重金属 i 的评价参比值，此处采用江苏省土壤重金属环境参比值。重金属毒性响应系数（T_r）分别为：Hg=40，Cd=30，As=10，Cu=Pb=Ni=5，Cr=2，Zn=1（徐争启等，2008）。

（2）多项金属的综合潜在生态风险指数（RI）为单项金属潜在生态风险指数之和：

$$RI = \sum E_r \qquad (3\text{-}8)$$

重金属单项潜在生态风险指数 E_r、综合潜在生态风险指数 RI 和潜在生态风险等级（黄向青等，2006），如表 3-8 所示。

表 3-8　单项及综合潜在生态风险评价指数与分级标准

E_r	单项金属潜在生态风险等级	RI	综合潜在生态风险等级
$E_r < 40$	低	RI<150	低
$40 \leq E_r < 80$	中等	150≤RI<300	中等
$80 \leq E_r < 160$	较重	300≤RI<600	重
$160 \leq E_r < 320$	重	RI≥600	严重
$320 \leq E_r$	严重		

3.5.2　洪泽湖沉积物污染等级评价

1. Cu 污染等级评价

洪泽湖沉积物中 Cu 的地积累指数 I_{geo} 在 −2.98～0.04，洪泽湖表层沉积物 101 个点位中，97.03%的点位处于清洁状态，2.97%的点位处于轻度污染状态。洪泽湖沉积物 Cu 的污染等级评价结果总体上与 3.4 节中 Cu 的空间分布保持高度一致，表现为蒋坝三河闸附近及湖心区靠近东岸大堤处存在一定的污染（图 3-11），但属于轻度污染。

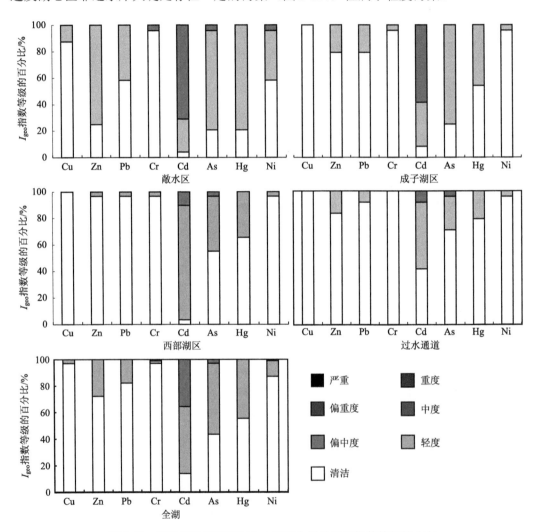

图 3-11　洪泽湖表层沉积物中主要重金属地积累指数等级的分布

2. Zn 污染等级评价

洪泽湖沉积物中 Zn 的地积累指数 I_{geo} 在 −1.51～0.35，有 72.55%的点位处于清洁状态，27.45%的点位处于轻度污染状态。洪泽湖沉积物 Zn 的污染等级评价结果总体上与 3.4 节中 Zn 的空间分布保持高度一致，表现为蒋坝三河闸附近、成子湖北部及湖心区靠近东岸大堤处存在一定的污染（图 3-11），但均属于轻度污染。

3. Pb 污染等级评价

洪泽湖沉积物中 Pb 的地积累指数 I_{geo} 在 -1.51～0.41，所有点位中有 81.18%的点位处于清洁状态，18.82%的点位处于轻度污染状态。洪泽湖沉积物 Pb 的污染等级评价结果总体上表现为成子湖、溧河洼北部及湖心区靠近东岸大堤处存在一定的污染（图 3-11），且均属于轻度污染。

4. Cr 污染等级评价

洪泽湖沉积物中 Cr 的地积累指数 I_{geo} 在 -1.11～1.13，全部点位中有 97.03%的点位处于清洁状态，1.98%的点位处于轻度污染状态，0.99%的点位处于偏中度污染状态。洪泽湖沉积物 Cr 的污染等级评价表现为成子湖北部和溧河洼西南部存在一定的轻度污染，在成子湖南部靠近湖心过水区处存在偏中度污染，其余地区均表现为清洁状态（图 3-11）。

5. Cd 污染等级评价

洪泽湖沉积物中 Cd 的地积累指数 I_{geo} 在 -0.97～1.92，有 13.74%的点位处于清洁状态，50%的点位处于轻度污染状态，36.27%的点位处于偏中度污染状态。洪泽湖沉积物 Cd 的污染等级评价结果总体上与 3.4 节中 Cd 的空间分布保持高度一致，表现为蒋坝、成子湖、溧河洼及湖心区靠近东岸大堤处存在一定的污染（图 3-11），仅淮河和成子湖南部部分点位表现为清洁状态，溧河洼西部和湖心区西部的区域为轻度污染，其他污染区域均为偏中度污染状态。

6. As 污染等级评价

洪泽湖沉积物中 As 的地积累指数 I_{geo} 在 -1.12～1.68，调查显示洪泽湖表层沉积物有 43.56%的点位处于清洁状态，53.47%的点位处于轻度污染状态，2.97%的点位处于偏中度污染状态。这一污染等级评价结果总体上与 3.4 节中 As 的空间分布保持一致，全湖总体空间分布表现为溧河洼和成子湖的南部及淮河河道、河口处属于清洁状态，蒋坝三河闸附近、成子湖北部及湖心区靠近东岸大堤处都存在一定的污染（图 3-11），在洪泽湖东部和溧河洼北部沿岸存在两个点位为偏中度污染状态，其余蒋坝附近、成子湖和溧河洼北部及湖心区靠近东岸大堤处均为轻度污染，值得高度关注。

7. Hg 污染等级评价

洪泽湖沉积物中 Hg 的地积累指数 I_{geo} 在 -2.66～0.83，在所有点位中有 55.88%的点位处于清洁状态，44.12%的点位处于轻度污染状态。洪泽湖沉积物 Hg 的污染等级评价结果总体上与 3.4 节中 Hg 的空间分布保持一致，表现为蒋坝附近、成子湖北部、溧河洼西部及湖心区靠近东岸大堤处存在一定的污染（图 3-11），但均属于轻度污染。

8. Ni 污染等级评价

洪泽湖沉积物中 Ni 的地积累指数 I_{geo} 在−1.27～1.31，调查显示洪泽湖表层沉积物有 86.27%的点位处于清洁状态，11.76%的点位处于轻度污染状态，1.96%的点位处于偏中度污染状态。洪泽湖沉积物 Ni 的污染等级评价结果总体上与 3.4 节中 Ni 的空间分布保持一致，表现为蒋坝三河闸附近、成子湖北部、溧河洼西部及湖心过水区靠近东岸大堤处存在一定的污染（图 3-11），但大部分均属于轻度污染。值得注意的是，蒋坝附近的一个点位和成子湖南部的一个点位表现为偏中度污染。

3.5.3　洪泽湖沉积物潜在生态风险分析

1. Cd 污染潜在生态风险评价

洪泽湖表层沉积物中 Cd 的潜在生态风险评价结果如图 3-12 所示。单项潜在生态风险指数 E_r 在 22.93～170.06，调查显示洪泽湖表层沉积物有 4.95%的点位处于低生态风险状态，48.06%的点位处于中等生态风险状态，46%的点位处于较重生态风险状态，0.99%的点位处于重生态风险状态。洪泽湖沉积物 Cd 的潜在生态风险评价表现为全湖除淮河入湖河口处及成子湖南部地区的几个点位为低等级的潜在生态风险外，成子湖北部、溧河洼西南部和湖心区靠近东部大堤区域均存在一定的中等或较重等级的潜在生态风险，在溧河洼南部存在一个点位表现为重等级的潜在生态风险。

2. As 污染潜在生态风险评价

洪泽湖表层沉积物中 As 的潜在生态风险评价结果如图 3-12 所示。单项潜在生态风险指数 E_r 在 6.91～48.12，调查显示洪泽湖表层沉积物有 98.02%的点位处于低生态风险状态，1.98%的点位处于中等生态风险状态。洪泽湖沉积物 As 的潜在生态风险评价表现为全湖仅溧河洼北部和蒋坝三河闸处存在潜在生态风险，其他区域均为低等级的潜在生态风险。

3. Hg 污染潜在生态风险评价

洪泽湖表层沉积物中 Hg 的潜在生态风险评价结果如图 3-12 所示。单项潜在生态风险指数 E_r 在 9.52～106.46，点位中有 20.59%处于低生态风险状态，68.63%的点位处于中等生态风险状态，10.78%的点位处于较重生态风险状态。洪泽湖沉积物 Hg 的潜在生态风险评价结果总体上与 Hg 元素的空间分布结果保持一致，表现为在蒋坝三河闸附近、成子湖、溧河洼及湖心区靠近东部大堤区域均存在一定的潜在生态风险，其中洪泽湖东部大堤、成子湖北部、溧河洼西部及淮河入湖河口处存在较重的潜在生态风险，需要关注。

4. Cu、Zn、Pb、Cr、Ni 污染潜在生态风险评价

洪泽湖沉积物中 Cu、Zn、Pb、Cr、Ni 的潜在生态风险评价结果如图 3-12 所示。Cu、Zn、Pb、Cr、Ni 的单项潜在生态风险指数 E_r 分别在 0.95～7.73、0.53～1.91、3.35～6.55、

1.38～6.55、3.11～18.64，洪泽湖全湖范围内这 5 种重金属元素都处于低生态风险状态。

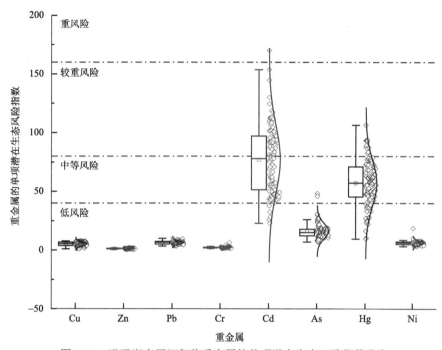

图 3-12　洪泽湖表层沉积物重金属的单项潜在生态风险指数分布

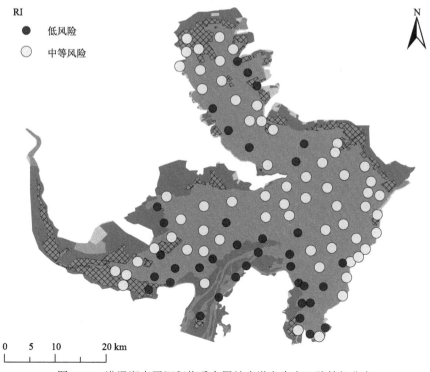

图 3-13　洪泽湖表层沉积物重金属综合潜在生态风险等级分布

5. 沉积物重金属综合潜在生态风险评价（RI）

洪泽湖表层沉积物重金属综合潜在生态风险评价结果如图 3-13 所示。综合潜在生态风险指数 RI 在 54.74～280.13。在所调查的点位中，36.63% 的点位处于低生态风险状态，63.37% 的点位处于中等生态风险状态，不存在处于较重或重生态风险状态的点位。总体上，溧河洼南部、淮河河道及入湖河口的潜在生态风险要低于其他湖区区域，溧河洼西部和北部、成子湖北部、湖心过水区及蒋坝三河闸附近均存在一定的潜在生态风险。

3.6 其他常量和微量元素

洪泽湖表层沉积物中 16 种金属元素的含量统计结果如表 3-9 所示。综合湖区的结果来看，金属元素在沉积物中的平均含量顺序为 Al（69 407.50 mg/kg）＞Fe（35 801.73 mg/kg）＞Ca（32 324.64 mg/kg）＞K（18 875.84 mg/kg）＞Mg（10 764.71 mg/kg）＞Na（10 230.31 mg/kg）＞Ti（4073.74 mg/kg）＞Mn（827.44 mg/kg）＞Ba（563.45 mg/kg）＞Sr（189.57 mg/kg）＞V（83.26 mg/kg）＞Co（15.33 mg/kg）＞Be（2.30 mg/kg）＞Sb（1.46 mg/kg）＞Tl（0.584 mg/kg）＞Mo（0.578 mg/kg），除 Ti、V、Tl 外，其他元素的平均含量均超出江苏省土壤背景值（廖启林等，2011），表明洪泽湖表层沉积物中的金属元素具有一定的富集特征。

表 3-9　洪泽湖表层沉积物中其他金属含量分布

金属元素	平均值/ （mg/kg）	中位数/ （mg/kg）	标准偏差/ （mg/kg）	最小值/ （mg/kg）	最大值/ （mg/kg）	变异系数 /%	背景值/ （mg/kg）
Al	69 407.50	69 804.84	10 062.96	48 155.87	87 980.54	14.50	14 000
Ba	563.45	542.06	173.36	406.62	2089.64	30.77	514
Be	2.30	2.31	0.48	1.54	5.35	21.06	2.22
Ca	32 324.64	31 067.76	13 049.21	8006.65	64 720.31	40.37	5700
Fe	35 801.73	36 495.89	10 497.54	21 624.41	49 202.24	28.74	7000
K	18 875.84	18 716.44	2786.89	12 452.38	28 799.09	14.76	3700
Mg	10 764.71	10 760.15	2955.54	3402.49	17 148.65	27.46	2200
Mn	827.44	828.60	1433.66	367.50	1756.53	148.19	718
Na	10 230.31	9438.60	3136.08	5521.88	24 174.88	30.65	2000
Sr	189.57	178.75	39.39	127.57	321.12	20.78	146
Ti	4073.74	4101.02	392.79	2943.25	4872.33	9.64	4564
V	83.26	82.34	31.58	47.46	352.72	37.92	87
Co	15.33	15.54	19.80	7.15	29.75	114.70	14.6
Mo	0.578	0.556	0.264	0.32	2.70	45.73	0.5
Sb	1.46	1.47	0.53	0.45	5.88	36.26	0.78
Tl	0.584	0.596	0.089	0.39	0.75	15.25	0.62

由表 3-9 可见，洪泽湖表层沉积物中金属元素含量的变异系数（CV）均较大，其中，Mn 和 Co 的变异系数达到了 148.19% 和 114.70%，其他金属元素的 CV 均介于 9%～50%，这反映了其他金属元素与重金属一样，在空间上的分布呈现不同程度的差异性。从空间分布上来看，这些金属的高含量点位主要分布在洪泽湖东岸、溧河洼、成子湖和湖心区，最高值总是出现在蒋坝三河闸附近，而最低值主要出现在老子山镇附近淮河河段内。

3.7　小　　结

洪泽湖湖西的入湖河流挟带泥沙进入湖区后，由于断面扩大、流速骤减，水流挟沙能力降低，粒径较大的颗粒会先行沉积在入湖河口附近，全湖表层沉积物粒径分布特征为由西向东变细。有机质高值主要分布在洪泽湖北部成子湖及东部湖区，整体呈现北高南低的分布特征，湖滨带的有机质含量较敞水区明显偏高，其中东部湖区的湖滨带中有机质含量普遍较高，这与周边面源有机质输入可能存在一定的关系。洪泽湖表层沉积物中总氮、总磷含量均表现出中等程度的变异性，其中，湖心区与东部湖区的沉积物总氮含量明显高于西部湖区，成子湖、湖心区及东部湖区存在总氮的富集区；而成子湖、溧河洼、淮河入湖口至湖心区的表层沉积物都存在较高的总磷含量。

洪泽湖沉积物中重金属评价结果表明，所有重金属元素的平均含量均超出了江苏省土壤背景值，出现了一定的富集现象，整体分布特征为东部污染较为严重，自东向西、自北向南污染逐渐减轻。目前 Cd 在全湖除淮河入湖河口处及成子湖南部地区的几个点位为低等级的潜在生态风险外，成子湖北部、溧河洼西南部和湖心区靠近东部大堤区域均存在一定的中等或较重等级的潜在生态风险，在溧河洼南部存在一个点位表现为重等级的潜在生态风险；As 的地积累指数评价显示有 43.56% 的点位处于清洁状态，53.47% 的点位处于轻度污染状态，2.97% 的点位处于偏中度污染状态；Hg 的单项潜在生态风险指数显示有 20.59% 的点位处于低生态风险状态，68.63% 的点位处于中等生态风险状态，10.78% 的点位处于较重生态风险状态。目前情况下，洪泽湖表层沉积物中重金属的主要污染风险因子是 Cd、As 和 Hg。

洪泽湖西南接纳淮河入湖，湖区及淮河流域上游地区拥有机械、化工、轻纺、冶金、食品、建材等众多的工业行业，周边地区随经济的发展，人口和工农业生产快速增长，需水量和废污水的排放量也大大增加，同时湖区内还存在大量的圈圩和围网，未经摄食的残饵和动物排泄物易蓄积在沉积物中，相应地增加了入湖的污染量。从空间分布特征上看，淮河入湖河口附近区域由于受水流冲刷、河道航运等因素影响，沉积物在此不易沉淀，其营养盐、重金属等的总体含量较低；湖盆地势较低的湖心区及蒋坝三河闸等出湖河口附近区域的沉积物由于水体扰动较小，颗粒物容易沉积，其营养盐、重金属等的总体含量较高，甚至达到最高；西部湖区由于大量的水产养殖及汴河、安河的上游来水存在较大污染，沉积物也出现相当的污染；成子湖区域存在一定的农业面源污染，加之该湖区的水流停滞和湖体的富营养化，此处沉积物的污染也较严重。

参 考 文 献

高俊峰, 蒋志刚. 2012. 中国五大淡水湖保护与发展. 北京: 科学出版社.

葛绪广, 王国祥. 2008. 洪泽湖面临的生态环境问题及其成因. 人民长江, 39(1): 28-30.

洪国喜, 韩民民. 2007. 洪泽湖入湖、出湖水流泥沙特性分析. 水利科技与经济, 13(4): 240-241.

黄向青, 梁开, 刘雄. 2006. 珠江口表层沉积物有害重金属分布及评价. 海洋湖沼通报, 6(3): 27-36.

金相灿, 屠清瑛. 1990. 湖泊富营养化调查规范. 北京: 中国环境科学出版社.

廖启林, 刘聪, 许艳, 等. 2011. 江苏省土壤元素地球化学基准值. 中国地质, 38(5): 1363-1378.

倪晋, 虞邦义, 周贺, 等. 2014. 洪泽湖水体更新频率的初步分析//湖泊保护与生态文明建设——第四届中国湖泊论坛论文集. 合肥: 安徽科学技术出版社: 320-323.

倪兆奎, 李跃进, 王圣瑞, 等. 2011. 太湖沉积物有机碳与氮的来源. 生态学报, 31(16): 4661-4670.

秦伯强. 2002. 长江中下游浅水湖泊富营养化发生机制与控制途径初探. 湖泊科学, 14(3): 193-202.

魏复盛, 毕彤, 齐文启. 2002. 水和废水监测分析方法. 4版. 北京: 中国环境科学出版社.

魏复盛, 杨国治, 蒋德珍, 等. 1991. 中国土壤元素背景值基本统计量及其特征. 中国环境监测, 7(1): 1-6.

徐勇峰, 陈子鹏, 吴翼, 等. 2016a. 环洪泽湖区域农业面源污染特征及控制对策. 南京林业大学学报(自然科学版), 40(2): 1-8.

徐勇峰, 阮子学, 吴翼, 等. 2016b. 环洪泽湖地区耕地养殖污染负荷估算及其风险评价. 南京林业大学学报(自然科学版), 40(4): 35-41.

徐争启, 倪师军, 庹先国, 等. 2008. 潜在生态危害指数法评价中重金属毒性系数计算. 环境科学与技术, 31(2): 112-115.

杨颖, 孙文, 刘吉宝, 等. 2021. 北运河流域沙河水库沉积物重金属分布及生态风险评估. 环境科学学报, 41(1): 217-227.

余辉, 张文斌, 余建平. 2011. 洪泽湖表层沉积物重金属分布特征及其风险评价. 环境科学, 32(2): 437-444.

张怡辉, 胡维平, 彭兆亮, 等. 2020. 洪泽湖湖流空间特征的实测研究. 水动力学研究与进展, 35(4): 541-549.

赵宝刚, 张夏彬, 昝逢宇, 等. 2020. 洪泽湖表层沉积物氮形态分布及影响因素. 环境科学与技术, 43(6): 30-38.

朱陈名, 朱咏莉, 韩建刚, 等. 2017. 洪泽湖重金属污染现状与防控技术. 南京林业大学学报(自然科学版), 41(3): 175-181.

朱天顺, 刘梅, 申恒伦, 等. 2019. 南水北调东线湖群水体营养状态评价及其限制因子研究. 长江流域资源与环境, 28(12): 2992-3002.

昝鑫源, 张鸣, 谷孝鸿, 等. 2021. 洪泽湖围栏养殖对表层沉积物重金属含量影响与生态风险评价. 环境科学, 42(11): 5355-5363.

左顺荣, 朱建伟. 2011. 洪泽湖采砂管理的现状分析及对策探讨. 江苏水利, 8: 36-38.

Afonne O J, Ifediba E C. 2020. Heavy metals risks in plant foods-need to step up precautionary measures. Current Opinion in Toxicology, 22: 1-6.

Edgerton E S, Hartsell B E, Jansen J J. 2006. Mercury speciation in coal-fired power plant plumes observed at three surface sites in the Southeastern U. S. Environmental Science and Technology, 40(15): 4563-4570.

Feng H, Cochran J K, Lwiza H, et al. 1998. Distribution of heavy metal and PCB contaminants in the sediments of an urban estuary: The Hudson River. Marine Environmental Research, 45(1): 69-88.

Folk R L, Andrews P B, Lewis D W. 1970. Detrital sedimentary rock classification and nomenclature for use in New Zealand. New Zealand Journal of Geology and Geophysics, 13(4): 937-968.

Friedman G M. 1961. Distinction between dune, beach, and river sands from their textural characteristics. Journal of Sedimentary Research, 31(4): 514-529.

Hakanson L. 1980. An ecological risk index for aquatic pollution control. A sedimentological approach. Water Research, 14(8): 975-1001.

Jeppesen E, Søndergaard M, Jensen J P, et al. 2005. Lake responses to reduced nutrient loading—an analysis of contemporary long-term data from 35 case studies. Freshwater Biology, 50(10): 1747-1771.

Leenheer J A, Croue J P. 2003. Characterizing aquatic dissolved organic matter. Environmental Science & Technology, 37(1): 18A-26A.

Liu J Q, Yin P, Chen B, et al. 2016. Distribution and contamination assessment of heavy metals in surface sediments of the Luanhe River Estuary, northwest of the Bohai Sea. Marine Pollution Bulletin, 109(1): 633-639.

Manolopoulos H, Snyder D C, Schauer J J, et al. 2007. Sources of speciated atmospheric mercury at a residential neighborhood impacted by industrial sources. Environmental Science and Technology, 41(16): 5626-5633.

Matthiensen A, Beattie K A, Yunes J S, et al. 2000. Microcystin-LR, from the cyanobacterium *Microcystis* RST 9501 and from a *Microcystis* bloom in the Patos Lagoon estuary, Brazil. Phytochemistry, 55(5): 383-387.

McLaren P. 1981. An interpretation of trends in grain size measures. Journal of Sedimentary Research, 51(2): 611-624.

Nowlin W H, Evarts J L, Vanni M J. 2005. Release rates and potential fates of nitrogen and phosphorus from sediments in a eutrophic reservoir. Freshwater Biology, 50(2): 301-322.

Pinckney J L, Paerl H W, Tester P, et al. 2001. The role of nutrient loading and eutrophication in estuarine ecology. Environmental health perspectives, 109(S5): 699-706.

Smith E H, Lu W P, Vengris T, et al. 1996. Sorption of heavy metals by Lithuanian glauconite. Water Reesearch, 30(12): 2883-2892.

Visher G S. 1969. Grain size distributions and depositional processes. Journal of Sedimentary Research, 39(3): 1074-1106.

Wei J H, Hu K Y, Xu J Q, et al. 2022. Determining heavy metal pollution in sediments from the largest impounded lake in the eastern route of China's South-to-North Water Diversion Project: Ecological risks, sources, and implications for lake management. Environmental Research, 214(3): 114118.

Yang L, Lei K, Yan W, Li Y. 2013. Internal loads of nutrients in Lake Chaohu of China: Implications for lake eutrophication. International Journal of Environmental Research, 7(4): 1021-1028.

第4章 大型水生植物

大型水生植物是指生理上依附于水环境的植物类群。大型水生植物为除小型藻类以外所有水生植物类群，在分类群上由多个植物门类组成，包括非维管束植物，如大型藻类和苔藓植物；低等维管束植物，如蕨类植物；以及高等维管束植物，其中单子叶纲植物占绝大多数（刘建康，1999；孙成渤，2004）。大型水生植物是湖泊生态系统的重要组成部分和生态系统主要的初级生产者，是水生生态系统保持良性运行的关键类群（金相灿，2001；邱东茹和吴振斌，1997），水生植物健康发育有利于提高湖泊生态系统的生物多样性和稳定性。由于自然和人为活动的双重作用，近年来全国湖泊中水生植被分布面积不断萎缩（Zhang et al.，2015），种类不断减少，种群单一化的趋势日益明显（刘伟龙等，2009）。

洪泽湖为我国五大淡水湖之一，自1953年三河闸等控制工程建成后，成为淮河流域最大的一座拦洪调蓄之平原水库型湖泊。鉴于水生植物的重要性，针对洪泽湖水生生物特别是水生植物的变化已开展了一系列的研究（Liu et al.，2015；方佩珍和晁建颖，2018；李娜等，2019；刘伟龙等，2009；龙昊宇等，2020；秦敬岚等，2020；陶婷等，2017；翟水晶等，2005；张圣照，1992；朱松泉和窦鸿身，1993），但大多数以洪泽湖某个区域为研究重点（Liu et al.，2015；付为国等，2015；王国祥等，2014）。2010年以来，极端水文事件的增加、采砂的强烈干扰及外源污染负荷的持续输入等，使洪泽湖水生植物资源发生了巨大的变化，而同期洪泽湖全湖水生植被特征的野外调查研究相对匮乏。大型水生植物作为水生态过程中的重要环节之一（赵凯等，2017），针对洪泽湖全湖的水生植被现场调查紧迫而且必要。

本章基于2016～2020年洪泽湖大型水生植物调查数据，分析水生植物群落结构、空间分布格局和群落波动特征，运用多元统计方法探究水生植物分布与环境因子之间的关系，探讨水生植物群落演变的驱动因子，以期为洪泽湖水生态的保护与恢复提供支撑。

4.1 调 查 方 法

本章调查范围为洪泽湖湖区所有水生植物物种，分布在湖滨带的少量湿生植物也被纳入调查范围。水生植物是指能在淹水环境中完成整个生活史过程的植物，而湿生植物是指能在过湿环境中完成整个生活史过程的植物，但其在淹水环境下不能完成整个生活史过程（刘伟龙等，2009；赵凯等，2017）。采用现场样方调查方法，监测时间为每年5月（春季）和8月（夏季）。由于调查方法是现场调查，调查样点的选择应尽量使这些点均匀地分布在全湖。在每个湖湾布设4～8个样线（鲍建平等，1991），每个样线均垂直于岸线，样线一直延伸至湖湾中心航道。每个样线布设5～12个采样点，进行定量采样。由于湖心处环境相对一致，植物群落结构相对单一，因此岸边采样点间隔设置较小，向湖心方向的采样点间隔依次增大（图 4-1）。在本调查中的大型水生植物为湖区生长的水生植物（刘伟龙等，2009）。水草采样工具为带网铁夹。铁夹是由可开合的钢筋组成的长方形框架，面积一般为 0.4 m × 0.5 m。采集后立即去泥、分类，用网兜悬挂到不滴水时称其鲜重作为生物量，生物量以各个采样点采集的平均鲜重值为准。漂浮植物生物量以全株鲜重作为生物量，其他生态型的水生植物由于难以采集到完整根系，则以底泥以上部分的鲜重为准。生物量统一换算为每平方米鲜重进行分析比较。植物盖度采用目测法估计，以百分比方式表征（姜汉侨等，2010；刘伟龙等，2007）。植物物种鉴定参照《中国水生植物》（陈耀东等，2012）和《中国水生高等植物图说》（颜素珠，1983）。

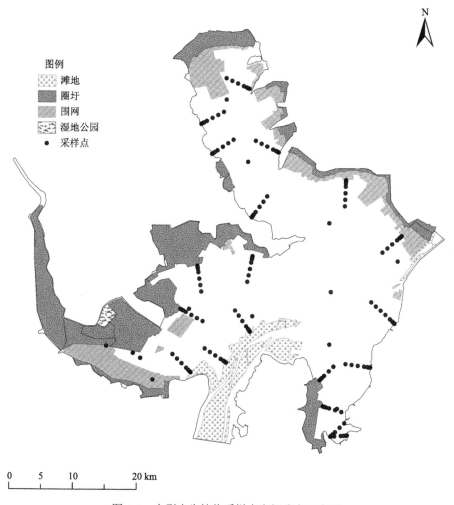

图例
- 滩地
- 圈圩
- 围网
- 湿地公园
- 采样点

N

0　5　10　20 km

图 4-1　大型水生植物采样点空间分布示意图

利用地理信息系统软件分析野外数据，通过克里金插值，构建水生植物群落特征图，并借助地理信息系统软件统计植物盖度、丰度和生物量等指标。利用 ArcMap 进行克里金插值（林勇等，2014），统计全湖生物量和水生植物面积（盖度大于 5%水域）。

4.2 种 类 组 成

2016～2020 年，调查共记录到 31 种大型水生植物，按生活型分类为：挺水植物 12 种，沉水植物 12 种，浮叶植物 3 种，漂浮植物 4 种。挺水植物优势种为芦苇（*Phragmites australis*）和莲（*Nelumbo nucifera*）；沉水植物优势种为穗状狐尾藻（*Myriophyllum spicatum*）和篦齿眼子菜（*Stuckenia pectinata*）；浮叶植物优势种为菱（*Trapa bispinosa*）和荇菜（*Nymphoides peltata*）；漂浮植物优势种为浮萍（*Lemna minor*）和水鳖（*Hydrocharis dubia*）。调查共记录到 2 种外来物种：伊乐藻（*Elodea canadensis*）和加拿大一枝黄花（*Solidago canadensis*）。

表 4-1　2016～2020 年洪泽湖水生植物名录

序号	纲	科	属	中文名	拉丁名	春季	夏季
1	单子叶植物纲	灯心草科	灯心草属	灯心草	*Juncus effusus*	√	√
2	单子叶植物纲	浮萍科	浮萍属	浮萍	*Lemna minor*	√	√
3	单子叶植物纲	茨藻科	茨藻属	大茨藻	*Najas marina*		√
4	单子叶植物纲	禾本科	稗属	稗	*Echinochloa crusgalli*	√	√
5	单子叶植物纲	禾本科	荻属	荻	*Miscanthus sacchariflorus*	√	√
6	单子叶植物纲	禾本科	菰属	菰	*Zizania latifolia*	√	√
7	单子叶植物纲	禾本科	假稻属	李氏禾	*Leersia hexandra*	√	√
8	单子叶植物纲	禾本科	芦苇属	芦苇	*Phragmites australis*	√	√
9	单子叶植物纲	禾本科	芦竹属	芦竹	*Arundo donax*	√	√
10	单子叶植物纲	金鱼藻科	金鱼藻属	金鱼藻	*Ceratophyllum demersum*	√	√
11	单子叶植物纲	水鳖科	黑藻属	黑藻	*Hydrilla verticillata*	√	√
12	单子叶植物纲	水鳖科	苦草属	苦草	*Vallisneria natans*	√	√
13	单子叶植物纲	水鳖科	水鳖属	水鳖	*Hydrocharis dubia*	√	√
14	单子叶植物纲	水鳖科	伊乐藻属	伊乐藻	*Elodea canadensis*	√	
15	单子叶植物纲	香蒲科	香蒲属	水烛	*Typha angustifolia*	√	√
16	单子叶植物纲	眼子菜科	眼子菜属	篦齿眼子菜	*Stuckenia pectinata*	√	
17	单子叶植物纲	眼子菜科	眼子菜属	竹叶眼子菜	*Potamogeton wrightii*	√	√
18	单子叶植物纲	眼子菜科	眼子菜属	微齿眼子菜	*Potamogeton maackianus*	√	√
19	单子叶植物纲	眼子菜科	眼子菜属	菹草	*Potamogeton crispus*	√	√
20	双子叶植物纲	菊科	一枝黄花属	加拿大一枝黄花	*Solidago canadensis*	√	√
21	双子叶植物纲	蓼科	蓼属	水蓼	*Polygonum hydropiper*	√	√
22	双子叶植物纲	菱科	菱属	菱	*Trapa bispinosa*	√	√
23	双子叶植物纲	龙胆科	荇菜属	荇菜	*Nymphoides peltata*	√	√
24	双子叶植物纲	睡莲科	莲属	莲	*Nelumbo nucifera*	√	√
25	双子叶植物纲	睡莲科	芡属	芡	*Euryale ferox*	√	√
26	双子叶植物纲	苋科	莲子草属	喜旱莲子草	*Alternanthera philoxeroides*		√
27	双子叶植物纲	小二仙草科	狐尾藻属	穗状狐尾藻	*Myriophyllum spicatum*	√	√

续表

序号	纲	科	属	中文名	拉丁名	春季	夏季
28	蕨纲	槐叶蘋科	槐叶蘋属	槐叶蘋	*Salvinia natans*	√	√
29	蕨纲	满江红科	满江红属	满江红	*Azolla pinnata*	√	√
30	轮藻纲	轮藻科	轮藻属	轮藻	*Chara* sp.		√
31	结合藻纲	双星藻科	水绵属	水绵	*Spirogyra communis*	√	√

　　植物群落的结构决定了其功能，间接反映群落的健康状况。植物群落的结构常用频度指标来衡量，指示植物群落的组成状况。近年来，洪泽湖水生植物的组成在时间和空间两个尺度上都有较大的波动，湖区优势种存在年际波动，植物频度的空间异质性大。

　　春季，2016 年优势种为菱、篦齿眼子菜和竹叶眼子菜；2018 年优势种依次为穗状狐尾藻、菱和苲草；2020 年优势种变更为菹草、穗状狐尾藻和篦齿眼子菜。春季穗状狐尾藻和菹草频度显著增加，而菱频度呈现下降趋势。近年来穗状狐尾藻和菹草的优势地位相对稳定，其他物种优势度排序变更较频繁（表 4-2）。夏季，2016 年优势种为竹叶眼子菜、篦齿眼子菜和菱；2018 年优势种依次为苲菜、穗状狐尾藻和菱；2020 年优势种变更为穗状狐尾藻、菱和金鱼藻（表 4-3）。由此可见，竹叶眼子菜和篦齿眼子菜频度显著降低，穗状狐尾藻频度显著增加，近年来穗状狐尾藻和菱的频度排序相对稳定，一直位于较高水平。

表 4-2　春季洪泽湖水生植物频度排序

频度排序	2016 年	2017 年	2018 年	2019 年	2020 年
1	菱	菹草	穗状狐尾藻	菹草	菹草
2	篦齿眼子菜	篦齿眼子菜	菱	穗状狐尾藻	穗状狐尾藻
3	竹叶眼子菜	苲菜	苲菜	菱	篦齿眼子菜
4	穗状狐尾藻	穗状狐尾藻	篦齿眼子菜	苲菜	苲菜
5	苲菜	黑藻	金鱼藻	篦齿眼子菜	菱

表 4-3　夏季洪泽湖水生植物频度排序

频度排序	2016 年	2017 年	2018 年	2019 年	2020 年
1	竹叶眼子菜	苲菜	苲菜	穗状狐尾藻	穗状狐尾藻
2	篦齿眼子菜	竹叶眼子菜	穗状狐尾藻	菱	菱
3	菱	穗状狐尾藻	菱	苲菜	金鱼藻
4	苲菜	篦齿眼子菜	金鱼藻	微齿眼子菜	竹叶眼子菜
5	穗状狐尾藻	菱	竹叶眼子菜	篦齿眼子菜	苲菜

　　综上所述，湖区优势种存在年际波动，春季优势种更迭相对频繁。与十年前（龙昊宇等，2020）相比，微齿眼子菜频度显著降低，而菱和穗状狐尾藻频度显著上升。以 2020 年为例，春季菹草、穗状狐尾藻和篦齿眼子菜的频度最高，分别达到了 28%、22% 和 17%。8 月，穗状狐尾藻出现频度最高，达到了 23%；菱和金鱼藻频度紧随其后，分别为 18%

和 16%（图 4-2）。微齿眼子菜常位于水柱中下层，对水质要求高；菱和穗状狐尾藻可在水面形成冠层，具备可持续伸长的茎叶，耐污程度高，适应能力强，能有效抵抗外界环境干扰。优势种的更替间接反映湖区水生态尚未出现明显转好趋势。

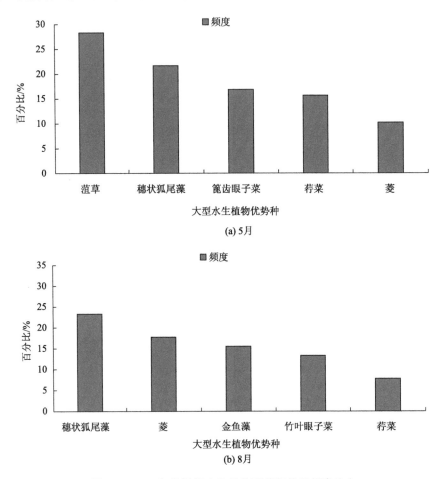

图 4-2　2020 年洪泽湖水生植物群落优势种频度分布

　　洪泽湖水生植物频度的空间异质性大，下面以成子湖、溧河洼及过水区为调研区域，观察各区域优势物种的变化。

　　春季成子湖水体透明度高，尤其是成子湖西部水域；夏季水体透明度空间分布特征与春季相似，局部地区受浮游植物增殖影响而显著降低。春季，成子湖物种频度由高至低依次为穗状狐尾藻、篦齿眼子菜和微齿眼子菜；夏季，物种频度由高至低依次为穗状狐尾藻、竹叶眼子菜和篦齿眼子菜（图 4-3）。

　　溧河洼曾经是围网养殖重点区域，在"退圩还湖"政策的指引下，溧河洼自由水面面积逐步扩大。原有围网区湖底积累了大量有机物和泥沙，而围网撤除后，风浪阻力显著降低，水体扰动强度高，导致该水域水体悬浮物居高不下，透明度维持在较低水平。受此影响，水生植物恢复进程较慢。调查期间，春季溧河洼物种频度由高至低依次为荇菜、菹草和穗状狐尾藻；夏季物种频度由高至低依次为穗状狐尾藻、菱和喜旱莲子草（图 4-4）。上述物种均可在水体表面形成冠层，对水下光环境要求较低，生态位较宽。

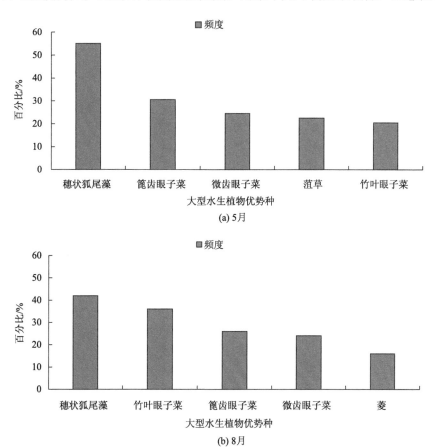

(a) 5月

(b) 8月

图 4-3 2020 年成子湖水生植物群落优势种频度分布

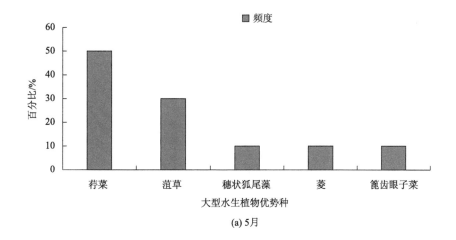

(a) 5月

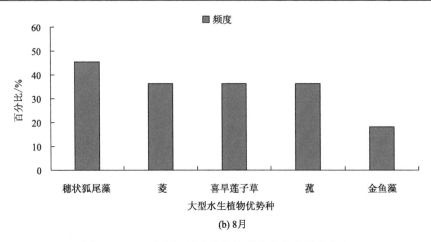

(b) 8月

图 4-4　2020 年溧河洼水生植物群落优势种频度分布

　　过水区多为敞水区，水体受风浪扰动强度高，水体透明度低，植物种类少，生物多样性低。调查期间，春季过水区物种频度由高至低依次为菹草、荇菜和菱；夏季物种频度由高至低依次为金鱼藻、菱和穗状狐尾藻（图 4-5）。

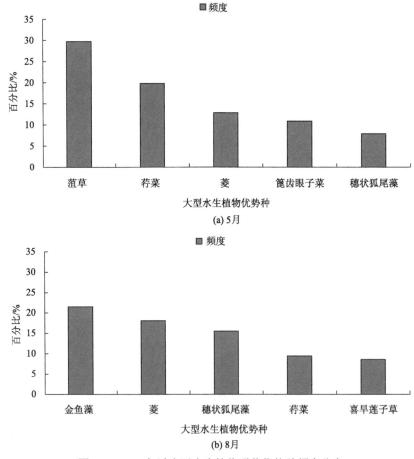

(a) 5月

(b) 8月

图 4-5　2020 年过水区水生植物群落优势种频度分布

不同生活型植物的优势度在洪泽湖也存在显著差异，沉水植物优势度最高，其次是浮叶植物和挺水植物，漂浮植物盖度处于较低水平。年际波动方面，2016～2020 年挺水植物盖度呈现先上升后稳定波动的趋势，浮叶植物盖度显著降低，沉水植物盖度也处于缓慢下降的趋势，而漂浮植物盖度始终处于较低水平（表 4-4）。空间分布特征方面，以 2020 年夏季为例，挺水植物主要分布在溧河洼和过水区，浮叶植物主要分布在过水区和成子湖，漂浮植物集中分布在成子湖，而沉水植物均匀分布在各湖区（表 4-5）。

表 4-4 不同植物生活型平均盖度年际波动特征　　　　（单位：%）

年份	挺水植物	浮叶植物	漂浮植物	沉水植物
2016	0.5	7.7	0.0	10.8
2017	1.8	5.6	0.0	10.6
2018	2.6	3.4	0.0	9.0
2019	1.9	1.9	0.0	6.2
2020	2.5	3.0	0.1	8.6

表 4-5 2020 年不同湖区各植物生活型盖度特征　　　　（单位：%）

湖区	挺水植物	浮叶植物	漂浮植物	沉水植物
成子湖	1.3	4.3	14.8	0.1
过水区	7.4	6.7	3.8	0.2
蒋坝	0.0	2.0	0.4	0.2
溧河洼	14.9	0.2	0.5	0.2

物种多样性指数综合表征了物种丰富度和均匀度。洪泽湖水生植物物种多样性的年际波动特征为：2018 年春季和 2017 年夏季植物多样性指数最高，分别为 0.154 和 0.129，最低值出现在 2019 年夏季。季节波动方面，除 2017 年外，夏季植物多样性指数均略低于春季（表 4-6）。在空间分布方面，植物多样性指数极不均匀，统计显示，无论是在哪个季节，成子湖植物多样性指数最高，蒋坝植物多样性指数最低；而过水区和溧河洼处于中等水平（表 4-7，图 4-6，图 4-7）。

表 4-6 洪泽湖水生植物多样性指数年际波动特征

年份	春季		夏季	
	均值	标准差	均值	标准差
2016	0.111	0.203	0.092	0.186
2017	0.111	0.207	0.129	0.224
2018	0.154	0.248	0.081	0.185
2019	0.075	0.168	0.071	0.171
2020	0.115	0.207	0.110	0.204

表 4-7　2020 年植物多样性指数空间分布特征

湖区	春季		夏季	
	均值	标准差	均值	标准差
成子湖	0.157	0.216	0.176	0.212
过水区	0.102	0.201	0.089	0.191
蒋坝	0.097	0.205	0.067	0.176
溧河洼	0.107	0.214	0.166	0.291

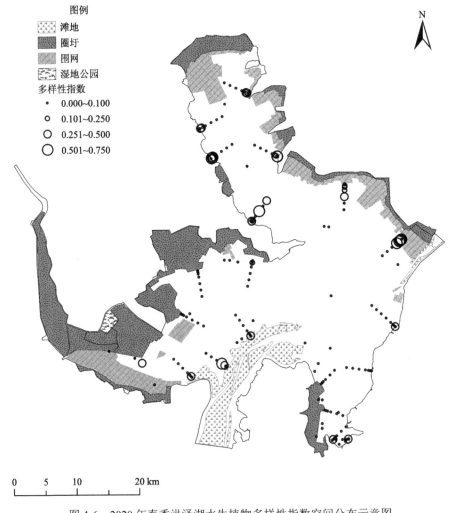

图 4-6　2020 年春季洪泽湖水生植物多样性指数空间分布示意图

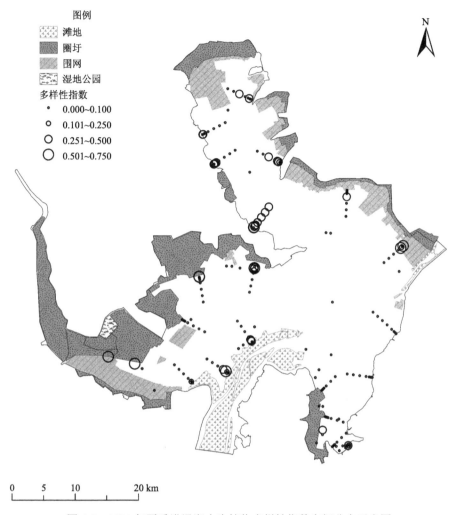

图 4-7 2020 年夏季洪泽湖水生植物多样性指数空间分布示意图

4.3 盖度及分布面积

洪泽湖所有植物调查样方数据的统计分析（表 4-8）显示，春季水生植物盖度呈现波动下降的趋势，盖度最大值分别出现在 2018 年和 2016 年，2019 年的植物盖度最低，均值为 9.1%；夏季水生植物盖度也呈现振荡下行的趋势，最大值出现在 2017 年（25.3%），最低值出现在 2019 年（10.8%）。

空间分布特征方面（表 4-9，图 4-8，图 4-9），2020 年春季植物盖度最高的三个湖区依次是成子湖、过水区和溧河洼；夏季植物盖度空间分布特征与春季基本相似，成子湖植物盖度最高（20.5%），而蒋坝植物盖度最低（2.7%）。

表 4-8　洪泽湖水生植物盖度均值年际波动　　　　　　　（单位：%）

年份	春季盖度均值	夏季盖度均值
2016	16.8	21.2
2017	10.7	25.3
2018	16.9	13.2
2019	9.1	10.8
2020	11.2	15.0

表 4-9　2020 年洪泽湖水生植物盖度空间分布特征　　　　（单位：%）

湖区	春季盖度均值	夏季盖度均值
成子湖	18.2	20.5
溧河洼	10.8	15.8
蒋坝	1.3	2.7
过水区	11.6	17.9

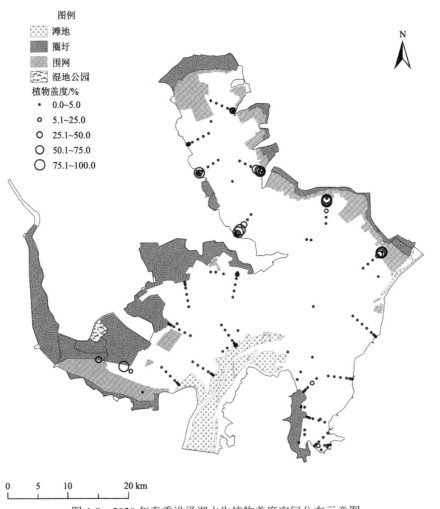

图 4-8　2020 年春季洪泽湖水生植物盖度空间分布示意图

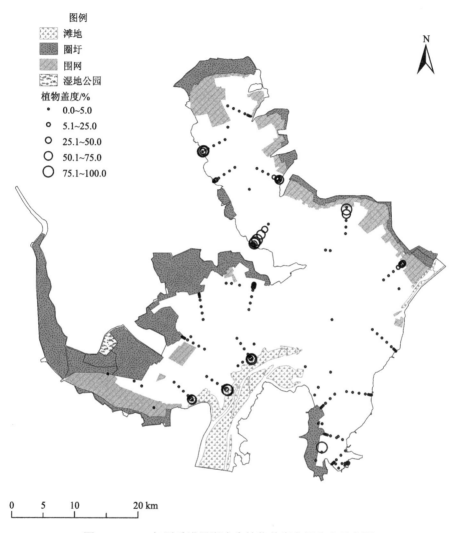

图 4-9　2020 年夏季洪泽湖水生植物盖度空间分布示意图

　　历经多年围湖垦殖，湖湾大面积水域已被分隔成大小不一的养殖场所；此外，湖区采砂作业破坏了原来平缓的湖床，导致沟壑纵横，部分区域水深超过 10 m，这对水生植物群落的发展造成了毁灭性的影响。据 2015～2020 年实测资料，夏季敞水区水生植物分布较少，植物主要分布在沿岸带，尤其是北部和西部湖湾的沿岸带，该区域水生植物通常成片分布，物种盖度沿垂直岸线方向逐步降低，水下地形坡降较小的水域，水生植物分布的面积较广，而在坡度较陡的岸带，水生植物分布宽度通常较小；东部岸带水生植物分布较少，通常只有菱、竹叶眼子菜和篦齿眼子菜零星分布在具有浅滩的水域。春季物种分布盖度及生物量明显低于夏季，主要原因是春季多数植物开始萌发，处于生长初期，植物个体小，盖度较低。

利用地理信息系统软件展布野外数据，通过克里金插值构建水生植物群落全湖盖度分布特征图，统计并分析洪泽湖全湖水生植物面积（图4-10，图4-11）。结果显示，2016～2020年洪泽湖湖区植物覆盖面积呈现先下降后缓慢上升的趋势。春季，2016年水生植物分布面积最大（233 km²），2017年分布面积最小；夏季，2016年和2017年水生植物分布面积均处于较高水平（图4-12）。与十年前（龙昊宇等，2020）相比，洪泽湖水生植物分布面积偏小。无论是春季还是夏季，植物盖度同比缓慢降低，且水生植物盖度高的水面有所减少。近年来，部分水面出现蓝藻水华强度有所增加的情况，一定程度上阻碍了大型水生植物的生长发育。

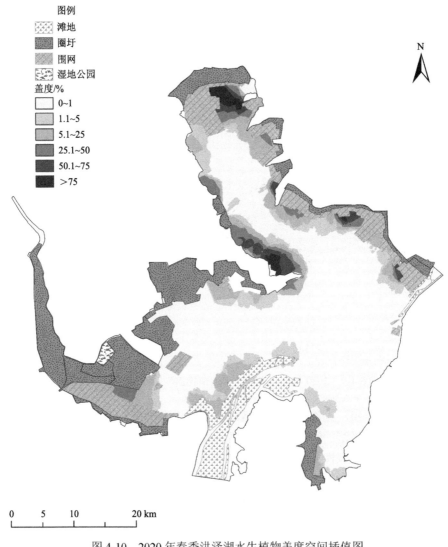

图4-10　2020年春季洪泽湖水生植物盖度空间插值图

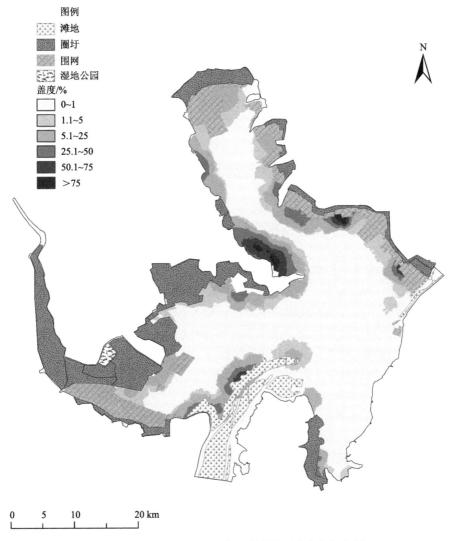

图 4-11 2020 年夏季洪泽湖水生植物盖度空间插值图

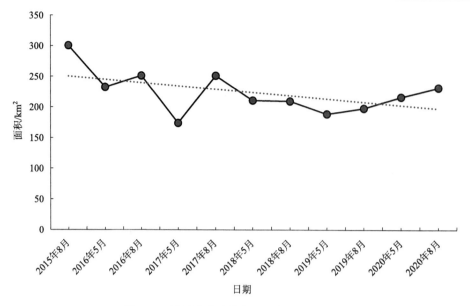

图 4-12　洪泽湖水生植物面积年际波动特征

4.4　植物群落结构演变

中华人民共和国成立初期,洪泽湖为草型湖泊,水生植物分布面积占该湖面积的90%以上,芦苇、水烛、李氏禾等不仅分布面积广,而且生长十分茂盛,湖中央面积约 200 km² 的大淤滩几乎全被芦苇占据,造成湖中难以行船(王国祥等,2014;张圣照,1992)。文献最早记载是朱松泉和窦鸿身对洪泽湖水生植物进行的系统调查(朱松泉和窦鸿身,1993),他们描述了水生植物的种类、生态分布、生物量等指标,共记录水生植物 81 种,隶属于36 科 61 属,并将它们划分为挺水植物带、浮叶植物带、沉水植物带。挺水植物带主要分布在 12~13 m(黄海基面,下同)高程的滩地上,优势种为菰、芦苇和水烛;浮叶植物带分布在 11.5~12 m 高程的滩地上,优势种为荇菜和菱;沉水植物带分布面积最大,主要分布在 11~11.5 m 高程的滩地上,优势种为竹叶眼子菜、菹草、金鱼藻和苦草,优势种面积约占群落总面积的 84%。本书调查发现水生植物种类 31 种,通过对比原文献资料,种类数目的差别主要是由于调查手段、植物种的鉴定依据及对水生植物概念的界定不同而形成的(刘伟龙等,2009)。与历史资料相比,洪泽湖水生植物的群落结构发生了较大变化(阮仁宗等,2005;王国祥等,2014;张圣照,1992):微齿眼子菜频度显著降低,而菱和穗状狐尾藻频度显著上升。

洪泽湖水生植物群落的主要分布特征没有太大变化。沉水植物不论是在种类还是数量上都占据着主导地位,分布范围广、数量众多,所形成的群落结构复杂、层次明显。其中分布面积较广、数量较大的有竹叶眼子菜、篦齿眼子菜、穗状狐尾藻等。沉水植物主要分布在成子湖湾内,优势种为篦齿眼子菜、微齿眼子菜和竹叶眼子菜,其中篦齿眼子菜和微齿眼子菜盖度与密度较大、生物量较高。其次是泗洪县境内的西北近岸带水域,优势种为篦齿眼子菜、竹叶眼子菜，篦齿眼子菜分布在靠近岸线的地方，而竹叶眼子菜则向敞水区分布较多。浮叶植物的主要植被是荇菜和菱，荇菜分布地区较广，一般呈斑块状分布或聚集成片大面积分布。在沿岸浅水、航道周围有大面积荇菜分布区域，一般在荇菜分布区域会有少量的菱和金鱼藻伴生。挺水植物主要的群丛有芦苇和菰，一般都是以单一物种成片出现，形成单优群丛，分布在沿岸带的浅水区或滩涂湿地上，泗洪洪泽湖湿地景区及洪泽湖西部沿岸带挺水植物较多，主要为芦苇和水烛。

1952 年以前，湖西区水生植被水草覆盖面积在 70%以上，某些河道和湖边由于芦苇等水生植被过于繁茂，船只都无法通行。到 20 世纪 70 年代末，湖区水生植被覆盖面积只有 15%（洪泽湖渔业史编写组，1990）。1965～1980 年，由于围湖垦殖共侵占滩地 332 km²，水生植被分布面积约为全湖面积的 34.44%（刘昉勋和唐述虞，1986）。根据文献记载（朱松泉和窦鸿身，1993），扣除芦苇群丛的面积，洪泽湖 1993 年水生植被面积为 524 km²。2020 年水生植被面积为 232 km²，约占全湖面积的 11%。由此可见，1993～2020 年，洪泽湖水生植被面积就减少 292 km²，减少了 56%。2016～2020 年，洪泽湖水生植物分布面积显著降低，这与遥感影像解译的结果基本一致（李娜等，2019；刘伟龙等，2009），表明洪泽湖大型水生植物出现明显衰退，水生植物面积的急剧缩减将破坏生态系统平衡，并影响湖中其他生物的生长和繁殖。

4.5　植物群落结构与环境因子的关系

对 2020 年春季、夏季及全年调查结果进行典范对应分析（canonical correspondence analysis，CCA），以反映不同种类水生植物受环境因子制约和影响的状况，从而揭示洪泽湖水生植物与水环境因子之间的关系。参与分析的环境因子为经过相关性分析的与水生植物生物量分布具有显著相关性（$p < 0.05$）的因子，解释率详见表 4-10。

表 4-10　环境因子对水生植物分布的解释率

春季			夏季			全年		
指标	解释率/%	p	指标	解释率/%	p	指标	解释率/%	p
TN/TP	18.6	0.002	TN/TP	12.5	0.002	TN/TP	10	0.002
TDP	16.6	0.002	pH	11.3	0.002	pH	5.9	0.002
氧化还原	6.6	0.028	TDN/TN	12.6	0.002	温度	5	0.002
Sec	6	0.064	TDP	10.2	0.002	PO_4-P	5	0.002
TDN/TN	5.4	0.06	NO_3-N	6.7	0.008	Chl a	4.5	0.002
TP-TDP	4.4	0.118	TP-TDP	8.8	0.002	TN	3.5	0.012
TN	3.9	0.188	Depth	6.5	0.004	Sec	3.5	0.016
TN-TDN	5.2	0.052	TN	2.8	0.082	Depth	3.5	0.014
PO_4-P	2.4	0.358	Sec	1.9	0.246	TDN/TDP	2.2	0.094

续表

	春季			夏季			全年	
指标	解释率/%	p	指标	解释率/%	p	指标	解释率/%	p
溶解氧	3.9	0.15	TN-TDN	2.5	0.124	TDP	2.4	0.03
			Chl a	2	0.144	NO₂-N	3.4	0.004
			溶解氧	1.1	0.456	溶解氧	2.1	0.106
						TP	1.6	0.224

注：TP，总磷；TDP，溶解性总磷；TN，总氮；TDN，溶解性总氮；Sec，透明度；PO_4-P，活性磷；NO_3-N，硝态氮；NO_2-N，亚硝态氮；Depth，水深；TP-TDP，颗粒态磷；TN-TDN，颗粒态氮；下同。

　　根据 CCA 的结果，春季植物生物量与环境关系的累计解释率为 73%，其中第一排序轴特征值为 0.95，解释率为 21.14%；第二排序轴特征值为 0.85，解释率为 18.75%。由图 4-13 可知，第一排序轴反映了水生植物群落立地的溶解氧、TN/TP 及颗粒态磷；第二排序轴表现出群落立地的溶解性总磷及氧化还原电位。从排序的结果可以得出，TN/TP 及 TDP 是所有环境因子中对水生植物群落生物量起重要作用的因素，解释率分别为 18.6%及 16.6%。洪泽湖春季水生植物大致可以分为三个类群：生物量受水体氮磷比影响的微齿眼子菜；受氧化还原电位及溶解性总磷影响的苲菜、穗状狐尾藻、竹叶眼子菜和轮藻等；受水体氮素含量影响的菹草、金鱼藻、篦齿眼子菜、伊乐藻及菱。

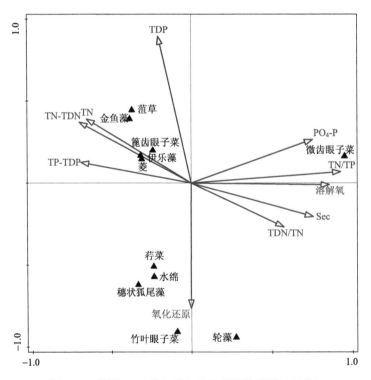

图 4-13　基于 CCA 的物种与环境变量排序图（春季）

　　夏季水生植物群落生物量与环境关系的累计解释率为 78.9%，其中第一排序轴特征值为 0.91，解释率为 18.67%；第二排序轴特征值为 0.82，解释率为 16.77%。由图 4-14 可知，第一排序轴反映了植物群落立地的水深及 Chl a；第二排序轴表现出群落立地的溶解氧、溶解性总磷及 pH。从排序的结果可以得出，TN/TP、pH、TDN/TN、溶解性总磷是所有环境因子中对水生植物群落生物量起重要作用的因素，解释率分别为 12.5%、11.3%、12.6% 及 10.2%。洪泽湖夏季水生植物大致可以分为三个类群：植物生物量受水体溶解性总磷影响的荇菜及金鱼藻；受颗粒态磷影响的穗状狐尾藻、苦草、竹叶眼子菜、喜旱莲子草、水鳖、槐叶蘋、浮萍、菱及莲；受水体水深影响的黑藻、微齿眼子菜及篦齿眼子菜。

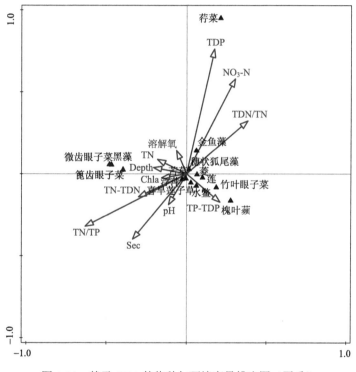

图 4-14　基于 CCA 的物种与环境变量排序图（夏季）

　　全年物种生物量与环境关系的累计解释率为 52.6%，其中第一排序轴特征值为 0.86，解释率为 11.72%；第二排序轴特征值为 0.72，解释率为 9.77%。由图 4-15 可知，第一排序轴反映了水生植物群落立地的 TP 及 TN/TP；第二排序轴表现出群落所在水环境 TN、TDP、Chl a 及 pH。从排序的结果可以得出，TN/TP 是所有环境因子中对水生植物群落生物量起重要作用的因素，解释率为 10%。穗状狐尾藻、篦齿眼子菜、菹草及荇菜与水体 TN/TP 呈负相关关系，透明度与微齿眼子菜及黑藻的分布呈正相关关系。多元统计分析显示，水体营养盐含量、叶绿素浓度和水位可能是影响水生植物分布的关键环境因子。

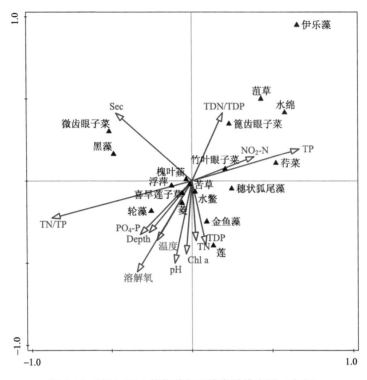

图 4-15　基于 CCA 的物种与环境变量排序图（全年）

　　水体中的氮、磷含量及氮磷比例是影响水生植物生长的重要环境因素。水环境变化通常引起植物群落组成和结构发生改变，其主要内在机理是不同植物对水质的适应阈值不同：贫营养物种适合在贫瘠水质中生长，富营养物种偏好在肥沃的生境中生长繁殖，物种在各自的最适生境中竞争能力最强。因而随着水体营养水平的改变，水生高等植物的优势物种发生更替（Duarte, 1995）。在洪泽湖水体没有显著改善之前，耐污种出现的相对频率理论上会有所增加。研究显示，随着水体富营养化程度的增加，水生植物通常会出现明显衰退，尤其是沉水植物（图 4-16）。洪泽湖水生植物盖度与水环境因子分析显示，湖区水生植物分布面积与水体富营养化程度呈现明显的负相关关系。

　　首先，自从 1953 年三河闸建成之后，洪泽湖的水位已不为入湖河流的水情所限，而是受人为控制，可以使其向有利于生产和生活的方向发展，综合满足灌溉、航运和渔业的需求，故湖水年内和年际变幅减小，并趋于规律性（图 4-17）。目前洪泽湖平均水位比建闸前抬高 2 m 以上，原湖中生长繁茂的植被多被淹死，分布面积和生物量骤减，敞水面因而扩大，水生植被的自然演替受到干扰和破坏。其次，为保证防洪和农田灌溉，洪泽湖水位调控一般在每年 8 月至翌年 4 月为增水期，水位被稳定控制在 12.5～13.0 m 的高程。其余月份为防洪，需在雨季洪峰到来之前启闸排水，腾空一部分库容，是为减水期，水位反而较低，一般在 12.0 m 上下，甚至更低。水位在年内的这种规律性变化，与该湖植物的生长与植被的发育是不相协调的（王国祥等，2014）。冬春季节湖水位较高不利于翌年春季植物的萌发及植物幼苗的快速发育。减水期则相反，水位下降导致有的地段滩地显露，使大型水生植物死亡。水位波动伴随着一系列生态因子的改变，如水下光环境等，这些因素通过影响植物光合作用而间接影响植物生长，从而极大地影响了水生高等植物的分布（Lougheed et al., 2001）。近年来，洪泽湖湖区水位波动剧烈，其中 2019年的年内波动幅度最大，且在夏季出现 2016~2020 年的最低水位，夏季正值水生植物生长旺盛期，长时间的低水位对植物生长发育产生严重抑制作用，使大面积沉水植物和挺水植物露滩枯死。

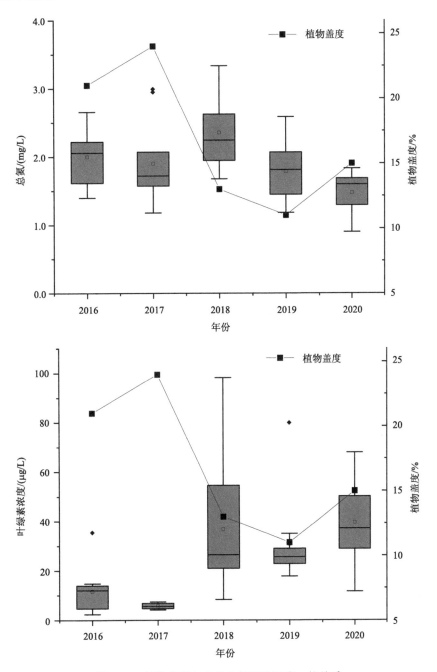

图 4-16　植物盖度与水体总氮及叶绿素 a 的关系

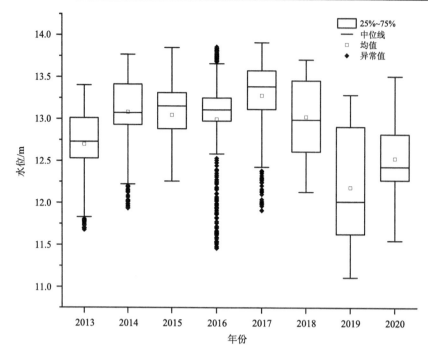

图 4-17　湖区水位年际波动箱式图

4.6　小　　结

　　洪泽湖湖区水生植物种类贫乏，群落结构简单，水生植被面积小于 250 km²。春季，大型水生植物频度由高至低依次为菹草、穗状狐尾藻和篦齿眼子菜。夏季，植物频度由高至低依次为穗状狐尾藻、菱和金鱼藻。从空间分布来看，成子湖西南侧水生植物群落分布面积较大。

　　与历史资料相比，洪泽湖大型水生植物分布面积呈显著波动减小趋势。在水生植物物种逐步衰退、分布面积日益缩小的同时，某些耐污能力强的物种得到了相应的大发展。如菱、穗状狐尾藻等原来均不占优势的物种均形成单优势群落。这类植物可适应水下弱光环境，能在上层水体形成冠层。洪泽湖是一个人为干扰强烈、影响因素复杂的大型湖泊，其水生植被演变机制受多方面因素调控，还需要进一步开展针对水生植被动态的研究工作。

　　为了有效地保护大型水生植物，建议采取如下对策：①降低污染负荷，削减水体营养盐负荷有助于抑制浮游植物生长，提高水体透明度，为沉水植物的健康发育创造条件；②调控水位，在保障防洪安全前提下，适当维持春季洪泽湖低水位运行，春季低水位有利于水生植物萌发及植物幼苗的快速发育，避免汛期水位快速抬升，减少水位波动对植物产生的负面效应；③优化鱼类结构，控制食草性鱼类，减少植物牧食压力，促进水生植物发育；④加强湖滨带生态修复，针对退圩还湖工程，应结合地形、水文与水质条件在现状湖盆地形基础上重塑湖滨带形态，恢复湖滨带生境，适当引种水生植物乡土物种，加速湖滨带健康生态系统的构建。

参 考 文 献

鲍建平, 缪为民, 李劫夫, 等. 1991. 太湖水生维管束植物及其合理开发利用的调查研究. 大连水产学院学报, 6(1): 13-20.

陈耀东, 马欣堂, 杜玉芬, 等. 2012. 中国水生植物. 郑州: 河南科学技术出版社.

方佩珍, 晁建颖. 2018. 洪泽湖生态系统演变趋势分析及生态安全问题诊断. 人民珠江, 39(3): 16-21.

付为国, 吴翼, 李萍萍, 等. 2015. 洪泽湖入湖河口滩涂植被分异特征. 湿地科学, 13(5): 569-576.

洪泽湖渔业史编写组. 1990. 洪泽湖渔业史. 南京: 江苏科学技术出版社.

姜汉侨, 段昌群, 杨树华, 等. 2010. 植物生态学. 北京: 高等教育出版社.

金相灿. 2001. 湖泊富营养化控制和管理技术. 北京: 化学工业出版社.

李娜, 施坤, 张运林, 等. 2019. 基于 MODIS 影像的洪泽湖水生植被覆盖时空变化特征及影响因素分析. 环境科学, 40(10): 4487-4496.

林勇, 刘述锡, 关道明, 等. 2014. 基于 GIS 的虾夷扇贝养殖适宜性综合评价——以北黄海大小长山岛为例. 生态学报, 34(20): 5984-5992.

刘昉勋, 唐述虞. 1986. 洪泽湖综合开发中水生植被的利用及其生态学任务. 生态学杂志, 5(5): 47-50.

刘建康. 1999. 高级水生生物学. 北京: 科学出版社.

刘伟龙, 邓伟, 王根绪, 等. 2009. 洪泽湖水生植被现状及过去 50 多年的变化特征研究. 水生态学杂志, 2(6): 1-8.

刘伟龙, 胡维平, 陈永根, 等. 2007. 西太湖水生植物时空变化. 生态学报, 27(1): 159-170.

龙昊宇, 翁白莎, 黄彬彬, 等. 2020. 1984~2017 年洪泽湖湿地植被覆盖度变化及对水位的响应. 水生态学杂志, 41(5): 98-106.

秦敬岚, 尹心安, 刘洪蕊, 等. 2020. 湖泊水位变化对挺水植物影响分析: 以洪泽湖为例. 环境工程, 38(10): 53-60.

邱东茹, 吴振斌. 1997. 富营养化浅水湖泊沉水水生植被的衰退与恢复. 湖泊科学, 9(1): 82-88.

阮仁宗, 冯学智, 肖鹏峰, 等. 2005. 洪泽湖天然湿地的长期变化研究. 南京林业大学学报(自然科学版), 29(4): 57-60.

孙成渤. 2004. 水生生物学. 北京: 中国农业出版社.

陶婷, 阮仁宗, 张楼香, 等. 2017. 洪泽湖湿地植被信息提取方法研究. 地理空间信息, 15(3): 93-96+99.

王国祥, 马向东, 常青. 2014. 洪泽湖湿地: 江苏泗洪洪泽湖湿地国家级自然保护区科学考察报告. 北京: 科学出版社.

颜素珠. 1983. 中国水生高等植物图说. 北京: 科学出版社.

翟水晶, 钱谊, 侯建兵. 2005. 洪泽湖湿地生态服务功能分区及其效益分析. 农村生态环境, 21(3): 71-73.

张圣照. 1992. 洪泽湖水生植被. 湖泊科学, 4(1): 63-70.

赵凯, 周彦锋, 蒋兆林, 等. 2017. 1960 年以来太湖水生植被演变. 湖泊科学, 29(2): 351-362.

朱松泉, 窦鸿身. 1993. 洪泽湖——水资源和水生生物资源. 合肥: 中国科学技术大学出版社.

Duarte C M. 1995. Submerged aquatic vegetation in relation to different nutrient regimes. Ophelia, 41(1): 87-112.

Liu X H, Zhang Y L, Shi K, et al. 2015. Mapping aquatic vegetation in a large, shallow eutrophic lake: A frequency-based approach using multiple years of MODIS data. Remote Sensing, 7(8): 10295-10320.

Lougheed V L, Crosbie B, Chow-Fraser P. 2001. Primary determinants of macrophyte community structure in 62 marshes across the Great Lakes basin: Latitude, land use, and water quality effects. Canadian Journal of Fisheries and Aquatic Sciences, 58(8): 1603-1612.

Zhang Y, Ji G D, Wang R J. 2015. Genetic associations as indices of nitrogen cycling rates in an aerobic denitrification biofilter used for groundwater remediation. Bioresource Technology, 194: 49-56.

第5章 浮游植物

浮游植物是水生态系统中重要的初级生产者及食物网的基础。相比其他水生生物而言，浮游植物生长周期短，对环境变化较为敏感，因此浮游植物现存量及群落结构能很好地反映湖泊现状及变化，特别是营养盐水平的变化。浮游植物群落组成可以用于指示湖泊的污染状态，如中营养湖泊中蓝藻、绿藻、硅藻和隐藻都占有一定比例，富营养湖泊常以绿藻和蓝藻占优势。因此，了解湖泊浮游植物群落结构及其长期变化规律，是研究湖泊生态系统变化的基础（胡鸿钧和魏印心，2006）。

洪泽湖为南水北调东线工程的主要输水线路和调蓄湖泊，同时在气候调节、防洪抗旱、多样性保护、文化休闲等方面有着重要的作用（卞宇峥等，2021）。2015 年以来，洪泽湖相继实施了禁止采砂、退圩还湖、"十年禁渔"等保护政策，湖泊生态系统也在逐步发生变化。本章基于 2015～2020 年浮游植物和水质逐月监测数据，探究近年来洪泽湖浮游植物群落结构变化规律及其与环境因子之间的关系，以期为洪泽湖生态环境保护与管理提供科学依据。

5.1 浮游植物种类

2015～2020 年洪泽湖浮游植物调查，鉴定到包括绿藻门（Chlorophyta）、硅藻门（Bacillariophyta）、蓝藻门（Cyanophyta）、裸藻门（Euglenophyta）、甲藻门（Pyrrophyta）、黄藻门（Xanthophyta）、隐藻门（Cryptophyta）、金藻门（Chrysophyta）共计 8 门 102 属约 300 种。其中绿藻门 39 属、硅藻门 26 属、蓝藻门 19 属、裸藻门 6 属、甲藻门 4 属、黄藻门 3 属、隐藻门 3 属、金藻门 2 属（图 5-1）。

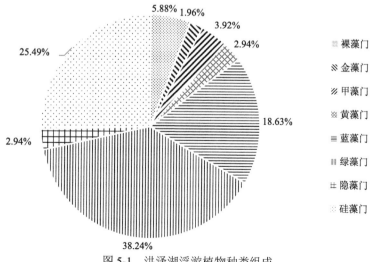

图 5-1 洪泽湖浮游植物种类组成

浮游植物优势门类主要为绿藻门和硅藻门，其次为蓝藻门和隐藻门。绿藻门优势属有栅藻属（*Scenedesmus*，优势度 0.049，下同）、四角藻属（*Tetraedron*，0.019）、小球藻属（*Chlorella*，0.011）；硅藻门优势属有直链藻属（*Melosina*，0.048）、小环藻属（*Cyclotella*，0.021）；蓝藻门优势属有微囊藻属（*Microcystis*，0.012）、长孢藻属（*Dolichospermum*，0.007）；隐藻门优势属有隐藻属（*Cryptomonas*，0.046）。

5.2　浮游植物生物量和丰度长期变化趋势

2015～2020 年浮游植物细胞丰度年平均值在 374 万～1054 万个/L，平均为 635 万个/L（图 5-2）。细胞丰度在 2015～2018 年持续增加，2015 年细胞丰度（374 万个/L）主要由绿藻门和蓝藻门贡献，分别占总丰度的 63.45%、32.16%，之后蓝藻门丰度持续增加。2018 年蓝藻门细胞丰度达到最大值（占比 57.21%），同时硅藻门细胞丰度（28.35%）也显著增加，成为第二大贡献门类。2019 年细胞丰度显著下降，细胞丰度主要由蓝藻门和绿藻门贡献，分别占总丰度的 45.19%、48.23%，硅藻门细胞丰度（占比 6.23%）显著下降。2020 年绿藻门重新成为优势门类，占总丰度的 59.83%。

2015 年，藻类生物量主要由绿藻门（0.56 mg/L）贡献，绿藻门占比为 58.84%，2016 年藻类生物量（2.28 mg/L）是 2015 年藻类生物量（0.95 mg/L）的两倍多，主要由硅藻门（0.78 mg/L，占比 34.28%）和绿藻门（0.62 mg/L，占比 27.24%）共同贡献。2017 年藻类生物量（1.53 mg/L）有所下降，蓝藻门的生物量增多，硅藻门生物量减少，主要由绿藻门（0.59 mg/L，占比 38.68%）和蓝藻门（0.31 mg/L，占比 20.65%）贡献。2018 年总生物量（2.50 mg/L）最大，硅藻门成为优势门类（生物量 1.54 mg/L），贡献了 61.5%的生物量。2019 年和 2020 年硅藻门生物量逐渐减少，绿藻门生物量逐步增长，成为优势门类（图 5-2）。

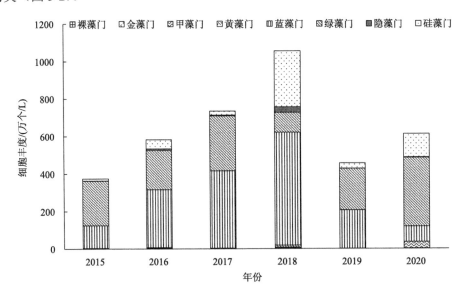

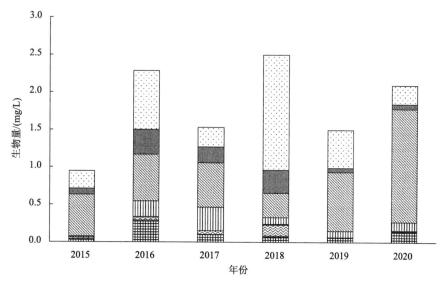

图 5-2 洪泽湖浮游植物长期变化趋势

5.3 浮游植物组成的季节变化

从季节变化上看，春季优势种主要包括直链藻（优势度 0.091，下同）、栅藻（0.038）、隐藻（0.017）和长孢藻（0.016），夏季优势种主要包括栅藻（0.069）、小环藻（0.045）、隐藻（0.027）、直链藻（0.026），秋季优势种主要包括隐藻（0.074）、栅藻（0.071）、蓝隐藻（*Chroomonas*）（0.035）、盘星藻（*Pediastrum*）（0.032）、小球藻（0.021），冬季优势种主要包括隐藻（0.055）、直链藻（0.038）、栅藻（0.037）、小环藻（0.027）、四角藻（0.026）。

从细胞丰度的季节变化（图 5-3）角度来看，春季平均细胞丰度为 456.99 万个/L，其中绿藻门 239.94 万个/L，在 5 月份细胞丰度主要由绿藻门和硅藻门贡献，并且春季蓝藻门的细胞丰度持续增加；夏季平均细胞丰度为 1397.97 万个/L，其中蓝藻门最高，为 759.98 万个/L，其次为绿藻门，为 437.76 万个/L；秋季平均细胞丰度为 611.01 万个/L，蓝藻门为 290.82 万个/L，绿藻门 183.18 万个/L；冬季平均细胞丰度为 119.58 万个/L，绿藻门为 63.28 万个/L。

从生物量的季节变化（图 5-4）角度上看，春季生物量平均值为 2.69 mg/L，其中硅藻门为 1.13 mg/L，绿藻门为 0.86 mg/L；夏季平均生物量为 2.20 mg/L，其中绿藻门最高 0.99 mg/L，硅藻门次之 0.62 mg/L；秋季生物量平均值为 1.54 mg/L，绿藻门生物量最高 0.84 mg/L，其次为隐藻门和硅藻门，生物量分别为 0.27 mg/L、0.26 mg/L；冬季平均生物量为 1.28 mg/L，硅藻门 0.55 mg/L，其次是绿藻门 0.39 mg/L。春夏季水温上升、光照条件改善，是浮游植物的生长季节，因此浮游植物生物量较高，在 3 月份生物量达到最大值，但是 3 月份的细胞丰度较低，主要原因是 3 月份藻类中绿藻门物种较多，导致生物量较大。

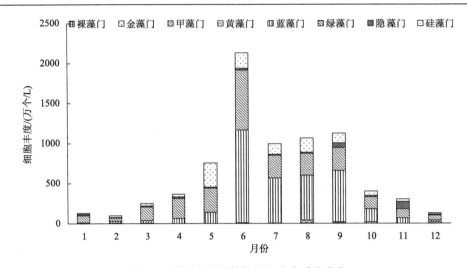

图 5-3　洪泽湖浮游植物细胞丰度季节变化

3~5 月为春季；6~8 月为夏季；9~11 月为秋季；12 月~次年 2 月为冬季；下同

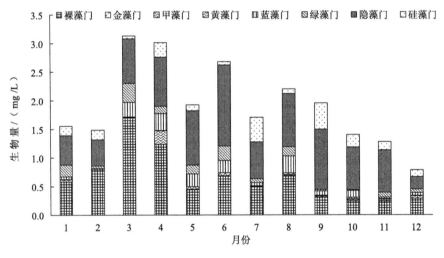

图 5-4　洪泽湖浮游植物生物量逐月变化

5.4　浮游植物组成的空间差异

2015~2020 年洪泽湖浮游植物空间分布差异明显，总体上成子湖浮游植物生物量最高，其次是过水区，溧河洼浮游植物平均生物量最低。

从各点位的细胞丰度来看，所有湖区均值从高到低依次是成子湖、过水区和溧河洼（图 5-5）。其中成子湖细胞丰度最高，均值为 1041.33 万个/L；过水区各点分布不均，细胞丰度均值为 556.41 万个/L，过水区 HZ2 点位细胞丰度最高，为 1058.37 万个/L，最低值（HZ6）为 350.54 万个/L；溧河洼细胞丰度均值为 536.47 万个/L，其中 HZ9 点位细胞丰度是其余两个采样点的两倍多。所有湖区的细胞丰度主要由蓝藻门和绿藻门贡献。

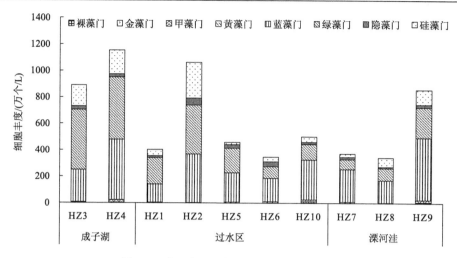

图 5-5 洪泽湖浮游植物细胞丰度点位分布

从生物量上来看，2015～2020 年生物量均值从高到低的湖区依次为成子湖、溧河洼和过水区（图 5-6）。成子湖年均生物量为 3.32 mg/L；溧河洼年均生物量为 1.73 mg/L，最大值在 HZ9 点位，为 3.41 mg/L，最小值（HZ7）为 0.76 mg/L；过水区分布不均匀，年均生物量为 1.52 mg/L，最大值在 HZ2 点位，为 3.08 mg/L，最小值（HZ6）为 0.82 mg/L。

基于各采样点的细胞丰度和生物量结果可以得知，成子湖细胞丰度主要由蓝藻门和绿藻门贡献，硅藻门次之，而生物量主要是由绿藻门和硅藻门贡献，成子湖总体生物量较高主要因为细胞体积较大，细胞丰度较高，其群落主要由绿藻门和硅藻门构成。

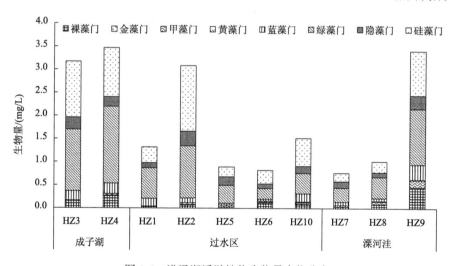

图 5-6 洪泽湖浮游植物生物量点位分布

5.5 浮游植物空间分布的季节差异

2015～2020 年，冬季洪泽湖平均细胞丰度为 119.58 万个/L，其中成子湖细胞丰度较高，可达 189.77 万个/L[图 5-7（a）]；其次为溧河洼，平均细胞丰度为 109.61 万个/L，最大值出现在 HZ9 采样点，细胞丰度为 161.08 万个/L，最小值为 57.11 万个/L；过水区平均细胞丰度为 101.20 万个/L，最大值为 114.14 万个/L，最小值为 57.35 万个/L。冬季各采样点的细胞丰度主要由绿藻门贡献。

春季洪泽湖平均细胞丰度为 456.99 万个/L，成子湖浮游植物细胞丰度为全湖最高，均值为 921.43 万个/L，细胞丰度主要由绿藻门和硅藻门贡献；过水区空间分布不均匀，平均细胞丰度为 315.69 万个/L，最大值为 674.25 万个/L，最小值为 120.75 万个/L，细胞丰度主要由绿藻门贡献；溧河洼平均细胞丰度为 315.37 万个/L，最大值在 HZ9 采样点，细胞丰度为 722.48 万个/L，细胞丰度主要由蓝藻门和绿藻门贡献[图 5-7（b）]。

夏季洪泽湖平均细胞丰度为 1397.97 万个/L，全湖细胞丰度最高的点位是过水区的 HZ2 采样点，细胞丰度为 2306.63 万个/L；成子湖平均细胞丰度较高，为 1730.3 万个/L；溧河洼平均细胞丰度为 1289.03 万个/L。细胞丰度主要由蓝藻门贡献，其次是绿藻门[图 5-7（c）]。

秋季洪泽湖平均细胞丰度为 611.01 万个/L，成子湖浮游植物细胞丰度最高，均值为 1169.34 万个/L；其次是过水区，均值 499.72 万个/L，最大值为 808.76 万个/L，最小值为 213.99 万个/L；溧河洼细胞丰度均值为 470.64 万个/L，最大值为 782.66 万个/L。细胞丰度主要由蓝藻门贡献，其次是绿藻门[图 5-7（d）]。

冬季浮游植物平均生物量为 1.28 mg/L，其中过水区的 HZ2 采样点生物量最高，为 3.16 mg/L，过水区分布不均匀，平均生物量为 1.21 mg/L，最低值 0.50 mg/L[图 5-8（a）]；成子湖浮游植物生物量较高，平均生物量为 2.02 mg/L；溧河洼平均生物量为 0.99 mg/L，最高值为 2.09 mg/L。生物量主要由硅藻门贡献。

春季浮游植物平均生物量为 2.69 mg/L，成子湖浮游植物生物量较高，均值为 4.43 mg/L；溧河洼平均生物量为 2.63 mg/L，最大值为 5.40 mg/L；过水区生物量分布不均匀，平均生物量为 2.10 mg/L，最大值为 4.26 mg/L，最小值为 0.69 mg/L。生物量主要由硅藻门贡献，其次是绿藻门[图 5-8（b）]。

夏季浮游植物平均生物量为 2.20 mg/L，成子湖浮游植物生物量较高，均值为 4.19 mg/L；溧河洼生物量平均值为 1.96 mg/L，最大值为 3.83 mg/L；过水区生物量分布不均匀，均值为 1.71 mg/L，最大值为 2.81 mg/L，最小值为 0.99 mg/L。生物量主要由绿藻门贡献，其次为硅藻门[图 5-8（c）]。

秋季浮游植物平均生物量为 1.54 mg/L，成子湖浮游植物生物量较高，均值为 2.92 mg/L；溧河洼生物量平均值为 1.77 mg/L，最大值为 3.38 mg/L；过水区生物量分布不均匀，均值为 1.24 mg/L，最大值为 2.19 mg/L，最小值为 0.69 mg/L。生物量主要由绿藻门贡献，隐藻门的贡献比例增加[图 5-8（d）]。

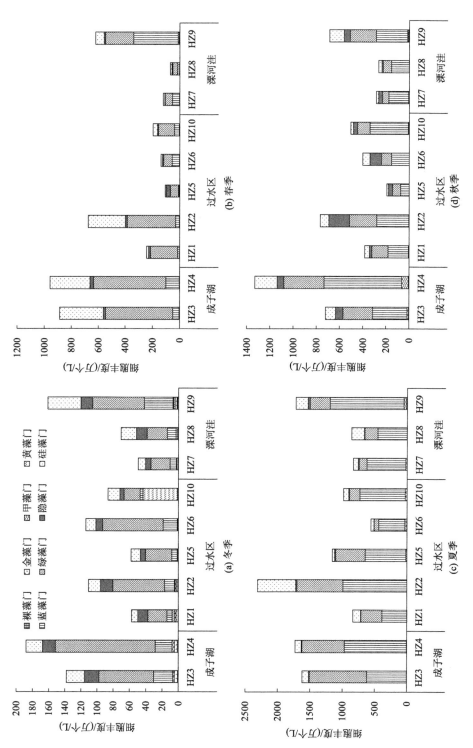

图 5-7 洪泽湖 2015～2020 年不同湖区浮游植物平均细胞丰度组成差异

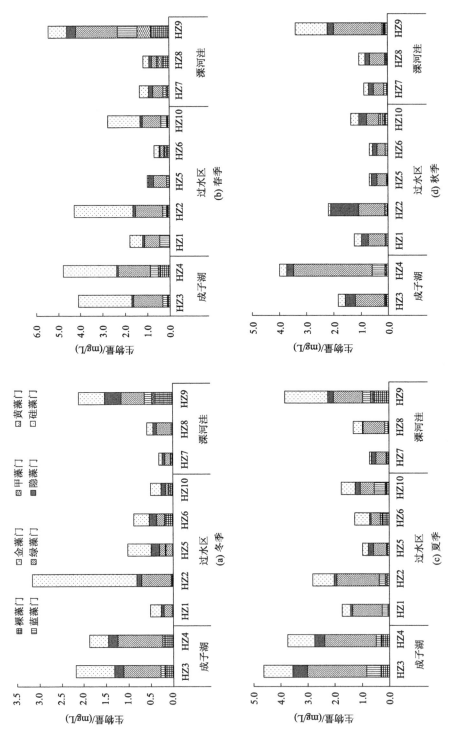

图 5-8　洪泽湖 2015～2020 年不同湖区浮游植物平均生物量组成差异

5.6 洪泽湖水质生物学评价

使用浮游植物群落的 Shannon-Wiener 多样性指数、Margalef 丰富度指数对洪泽湖 2015～2020 年水质时间变化及不同点位的空间差异进行水质生物评价。洪泽湖 2015～2020 年浮游植物 Shannon-Wiener 多样性指数为 1.26～1.51，平均值为 1.37；Margalef 丰富度指数为 0.99～1.31，平均值为 1.14[图 5-9（a）]。对于不同点位，浮游植物 Shannon-Wiener 多样性指数为 1.13～1.63，平均值为 1.37；Margalef 丰富度指数为 0.74～1.69，平均值为 1.14[图 5-9（b）]。根据评价标准发现，洪泽湖目前处于 β-中污型，但不同时间和不同点位仍有较大差异（图 5-9），且 Shannon-Wiener 多样性指数逐年降低。

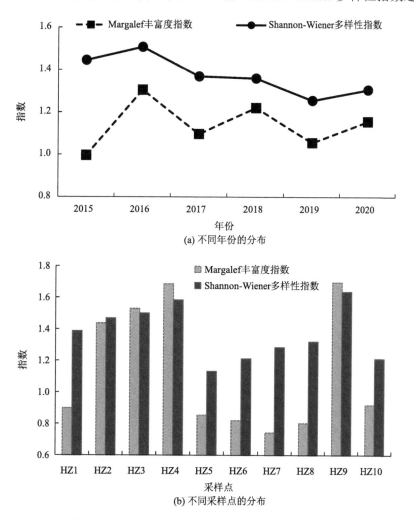

图 5-9　洪泽湖浮游植物 Shannon-Wiener 多样性指数和 Margalef 丰富度指数分布

不同采样点之间水质差异较大。从采样点位来看，成子湖及溧河洼部分采样点多样性指数较高，最高值出现在溧河洼 HZ9，该采样点多样性和丰富度指数均为最高，表明该采样点浮游植物群落组成较为复杂且丰富度较高,该采样点水质为β-中污型,属于中度污染向轻度污染过渡状态。位于湖心过水区的采样点的多样性指数和丰富度指数均较低,多样性指数最低值出现在过水区 HZ5 点位,丰富度指数最低值出现在溧河洼 HZ7 点位,表明这些区域浮游植物群落结构简单,且优势种明显,水质生物评价表明这些区域属于重污染型水域,处于β-中污型向α-中污型水质过渡的状态。

5.7 洪泽湖浮游植物群落的动态变化

自 20 世纪 90 年代以来,洪泽湖区域经济高速发展导致湖区水质和环湖土壤带受到不同程度的污染(叶春等,2011)。洪泽湖浮游植物主要受水产养殖和洪泽湖区周边工业制造的负面影响(徐嘉兴等,2011)。2000 年韩爱民等(2002)在对洪泽湖生态特性和富营养状态进行调查时发现,在洪泽湖设立的 10 个采样点中,藻细胞丰度为 4.62 万~16.5 万个/L,洪泽湖达到富营养状态,绿藻和黄藻等藻类生长很快。2002 年调查发现洪泽湖藻类共有 8 门 141 属 165 种,其中以绿藻门、硅藻门和蓝藻门的种类最多(戴洪刚和杨志军,2002)。对洪泽湖浮游藻类变化动态及影响因素的研究(舒卫先等,2016)表明,2011~2013 年在两个监测周期中浮游藻类年平均细胞丰度分别达到 157 万个/L 和604 万个/L,2011 年比 2008 年细胞丰度增长近一倍。洪泽湖富营养化状态与多数浅水湖泊一致,水华的优势种都是蓝藻(秦伯强,2002)。2015 年 8 月~2016 年 7 月对洪泽湖浮游植物进行了鉴定(吴天浩等,2019),共有浮游植物 8 门 147 种,其中绿藻门、硅藻门、蓝藻门物种最多,年平均细胞丰度为 4670 万~5350 万个/L。此次调查的 2015~2020 年浮游植物细胞丰度在 374 万~1051 万个/L,平均为 635 万个/L。浮游植物细胞丰度在近几年有下降的趋势。从生物量角度来说,研究期间洪泽湖浮游植物群落组成由 2015 年的以硅藻门和绿藻门为主,转变到 2016 年和 2017 年的以硅藻门和绿藻门为主、隐藻门、裸藻门和蓝藻门为辅的浮游植物群落结构,再转变到 2018 年的以硅藻门为绝对优势的浮游植物群落结构,最后在 2019~2020 年又回到以硅藻门和绿藻门为主的结构。

洪泽湖浮游植物生物量和细胞丰度在空间上也有明显差异。浮游植物生物量在不同湖区有明显的差异,在 2015~2020 年调查期间,生物量均值从高到低依次是成子湖、溧河洼和过水区。成子湖出入湖河流较少,水体流动性差,并且营养水平在洪泽湖整个湖区中最高(李颖等,2021),因此浮游植物生物量较大。而在过水区浮游植物生物量较少,可能是由于出湖区水流速度过快不利于藻类的生长繁殖(李亚军等,2019)。同样,细胞丰度的空间分布差异也跟水动力要素有关。成子湖浮游植物细胞丰度最高,过水区靠近出湖口的几个采样点浮游植物细胞丰度较低,因为这些点位过水性都很强。因此不同采样点浮游植物细胞丰度差异可能与洪泽湖独特的过水性质有关,即过水性越强、水流速度越快,越不利于水华暴发(郭赟等,2021)。

5.8 环境因子对洪泽湖浮游植物组成的影响

浮游植物由于其生长周期短，可以对环境变化做出快速的响应。之前的研究表明，温度、营养盐、光照强度、生物因素等对浮游植物丰度、群落结构及演替有着非常重要的影响（何书晗等，2021）。非度量多维标度（NMDS）分析表明，水温、总氮、总磷、水深和透明度是影响洪泽湖浮游植物群落变化的主要因素。

NMDS 分析结果显示，不同年份、不同季节及不同采样区域的浮游植物群落结构组成有明显差异（图 5-10）。2015～2018 年普遍位于第一轴正半轴，且 2018 年明显分开，2019 年和 2020 年位于第一轴负半轴，说明排序轴第一轴可代表洪泽湖群落结构的年际变化，其中 TN 与第一轴呈正相关关系，TP、水温与第二轴呈正相关关系，水深、透明度与第一轴呈正相关关系、与第二轴呈负相关关系。浮游植物群落从 2015 年的状态演替到 2018 年总氮升高的方向，2018 年后，由于总氮降低，浮游植物群落在 2019 年存在与 2015 年类似的群落结构，而后又朝着新的方向演替。总氮和水深与浮游植物群落结构显著相关（$p<0.05$）。

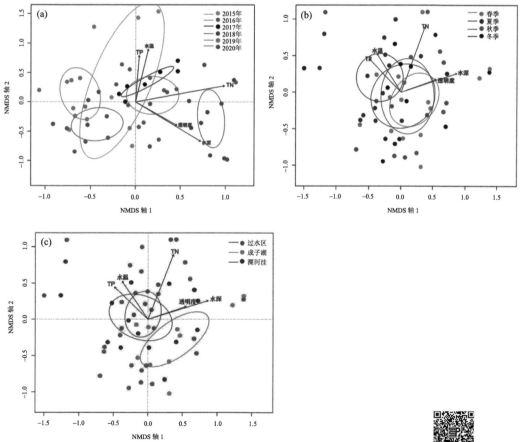

图 5-10 非度量多维标度分析排序结果

扫一扫看彩图

洪泽湖春季、秋季、冬季浮游植物群落结构类似,夏季由于温度升高、总磷浓度增加,浮游植物群落结构发生变化(图5-10)。总氮是影响浮游植物群落组成的主要因素,总氮和水深与浮游植物群落结构显著相关($p<0.05$)。水温是影响季节性群落结构组成的重要因素。

对洪泽湖不同湖区的分析表明,过水区浮游植物群落组成与溧河洼类似,而成子湖表现出明显的区别(图5-10)。综合来看,NMDS分析结果表明,TN、TP、水温、水深、透明度等环境因子是浮游植物群落变化的主要因素,其中TN是最显著的影响因素。

浮游植物群落结构从2015年经过2016年演替到2018年新的群落结构,最后又回到与2015年浮游植物群落结构相似的状态,这一过程与总氮浓度、水深及透明度的变化有着很强的关系。2015年、2016年、2018年硅藻门生物量持续增加,在2018年硅藻门成为优势门类,这可能是由于TN浓度增加促进了浮游植物群落的生长繁殖,与其他的研究结论一致(任杰等,2016;张庆吉等,2020)。较高的TN在一定程度上促进了硅藻的生长(崔嘉宇等,2021),当TN达到一定浓度时,会引起特定的藻类占据生长优势,使浮游植物群落结构趋于简单化,稳定性程度降低(曾茹等,2021)。2018年之后,TN浓度急剧下降,水深及透明度也显著下降,使得浮游植物群落结构回到了与2015年相似的状态。NMDS结果表明,TN、水深与浮游植物群落结构演替显著相关($p<0.05$)。

水温是影响浮游植物生长非常重要的环境因子,也是影响浮游植物群落结构动态变化的重要影响因素(Liu et al.,2011)。不同浮游植物的耐受温度范围不同,这些不同的耐受范围决定了不同季节处于优势地位的浮游植物种类的差异。水温变化对于洪泽湖浮游植物群落结构尤其是季节变化存在较大影响,从图5-10可以看出,水温与第二轴呈现正相关关系。水温在时间尺度上可以表现为浮游植物的季节演替,夏季浮游植物群落结构的变化主要由温度升高引起。同时,夏季TP浓度相对较高,浮游植物细胞丰度增大,随着冬季和春季TP浓度降低,蓝藻生长受到限制,绿藻和硅藻逐渐取得竞争优势(王远飞等,2021)。因此,水温和营养成分等是驱动洪泽湖浮游植物季节演替的主要因子。

透明度降低会影响水体中的光照强度,进而影响浮游植物的生长和繁殖。透明度的高低与浮游植物及其分泌物质,以及水体中的有机悬浮物、无机悬浮物浓度密切相关(陶敏等,2021)。在对大型浅水湖泊浮游植物与环境因素的相关研究中发现,透明度在很大程度上决定了浮游植物能够利用的有效光源(何书晗等,2021)。一方面降水及入湖水流会影响水深和水体透明度,研究表明水位上升会促进蓝藻的生长(郭赟等,2021)。水位的变化直接通过"浓缩"或"稀释"作用影响浮游植物。从NMDS排序结果可以看出,透明度和水深对浮游植物群落结构的影响在同一水平上,但没有水深的影响大。另一方面,降水及入湖水也是营养盐的主要来源。因此营养盐、透明度及水深对浮游植物群落结构的影响在一定程度上可归结为气候水文条件变化给浮游植物群落结构带来的影响。

从不同湖区的NMDS排序结果可以看出,环境因子的变化尤其是总磷和水温的降低主导了成子湖区域浮游植物演替过程,促进了硅藻门和绿藻门的生长繁殖,使其占据了优势地位。当然,这与成子湖水体流动性差也有关。

5.9 小　结

2015~2020 年，洪泽湖共鉴定浮游植物 8 门 102 属约 300 种，其中以绿藻门、硅藻门和蓝藻门为主要优势门类。洪泽湖浮游植物群落结构在 2015 年以硅藻门和绿藻门为主，2016 年和 2017 年以硅藻门和绿藻门为主、隐藻门、裸藻门和蓝藻门为辅，2018 年以硅藻门为绝对优势，2019~2020 年又以硅藻门和绿藻门为主，总氮浓度、水深及透明度的变化与洪泽湖浮游植物群落结构变化关系显著。2015~2020 年洪泽湖浮游植物的 Shannon-Wiener 多样性指数平均值为 1.37，Margalef 丰富度指数平均值为 1.14，说明洪泽湖浮游植物多样性水平总体不高，水体处于中度污染的状态。

参 考 文 献

卞宇峥, 薛滨, 张风菊. 2021. 近三百年来洪泽湖演变过程及其原因分析. 湖泊科学, 33(6): 1844-1856.

崔嘉宇, 郭蓉, 宋兴伟, 等. 2021. 洪泽湖出入河流及湖体氮、磷浓度时空变化（2010~2019 年）. 湖泊科学, 33(6): 1727-1741.

戴洪刚, 杨志军. 2002. 洪泽湖湿地生态调查研究与保护对策. 环境科学与技术, 23(2): 37-39+50.

郭赟, 潘越, 黄晓峰, 等. 2021. 水动力方式对太湖蓝藻的抑制效果研究. 环境科技, 34(2): 38-43.

韩爱民, 杨广利, 张书海, 等. 2002. 洪泽湖富营养化和生态状况调查与评价. 环境监测管理与技术, 14(6): 18-20.

何书晗, 欧阳添, 赵璐, 等. 2021. 三峡库区支流浮游植物群落稳定性及其驱动因子分析. 环境科学, 42(7): 3242-3252.

胡鸿钧, 魏印心. 2006. 中国淡水藻类——系统、分类及生态. 北京: 科学出版社.

李亚军, 张海涛, 肖晶, 等. 2019. 筑坝河流水动力条件对浮游植物动态变化的影响. 地球与环境, 47(6): 857-863.

李颖, 张祯, 程建华, 等. 2021. 2012~2018 年洪泽湖水质时空变化与原因分析. 湖泊科学, 33(3): 715-726.

秦伯强. 2002. 长江中下游浅水湖泊富营养化发生机制与控制途径初探. 湖泊科学, 14(3): 193-202.

任杰, 周涛, 朱广伟, 等. 2016. 苏南水库硅藻群落结构特征及其控制因素. 环境科学, 37(5): 1742-1753.

舒卫先, 张云舒, 韦翠珍. 2016. 洪泽湖浮游藻类变化动态及影响因素. 水资源保护, 32(5) : 115-122.

陶敏, 熊钰, 李斌, 等. 2021. 嘉陵江四川段浮游植物群落时空分布及其环境影响因子. 长江流域资源与环境, 30(7): 1680-1694.

王远飞, 周存通, 赵增辉, 等. 2021. 亚热带水库浮游植物季节动态及其与环境因子的关系. 生态学报, 41(10): 4010-4022.

吴天浩, 刘劲松, 邓建明, 等. 2019. 大型过水性湖泊——洪泽湖浮游植物群落结构及其水质生物评价. 湖泊科学, 31(2): 440-448.

徐嘉兴, 李钢, 渠俊峰, 等. 2011. 洪泽湖地区土地利用与景观格局演变. 长江流域资源与环境, 20(10): 1211-1216.

叶春, 李春华, 王博, 等. 2011. 洪泽湖健康水生态系统构建方案探讨. 湖泊科学, 23(5): 725-730.

曾茹, 李亚军, 何金曼, 等. 2021. 陵水湾春秋两季浮游植物群落结构及水质调查. 热带生物学报, 12(2):

167-175.

张庆吉, 王业宇, 王金东, 等. 2020. 骆马湖浮游植物演替规律及驱动因子. 环境科学, 41(4): 1648-1656.

Liu X, Lu X H, Chen Y W. 2011. The effects of temperature and nutrient ratios on *Microcystis* blooms in Lake Taihu, China: An 11-year investigation. Harmful Algae, 10(3): 337-343.

第6章 浮游动物

浮游动物是一类在水中营浮游生活的异养型无脊椎动物和脊索动物幼体的总称。浮游动物在水层中的分布也较广，无论是在淡水，还是在海水的浅层和深层，都有典型的代表。浮游动物的种类极多，在分类上属于不同的门，如原生动物、腔肠动物、轮虫、甲壳动物、腹足动物等，由于腔肠动物、脊索动物幼体等只偶尔少量出现在浮游生物群落中，也较少引起注意，因此湖泊水生态研究中通常涉及四大类群，包括原生动物、轮虫、枝角类和桡足类。其中，最原始和低等的要数单细胞原生动物，又以种类繁多、数量极大、分布又广的桡足类最为突出（章宗涉和黄祥飞，1991）。浮游动物是水生生态系统的重要组成部分，在渔业养殖、环境监测和生态评估中发挥着重要作用（Zhang et al.，2019; Li and Chen, 2020），因此，开展浮游动物的群落结构及其与环境因子间的相互关系研究对于深入了解水生态系统结构特点，科学评估生态系统健康状态，维持水质与水生态安全具有重要意义。本章基于 2017～2020 年洪泽湖全湖 10 个样点共计 4 年的逐月调查监测，并结合历史数据，分析浮游动物群落结构的演变规律，讨论该变化格局的影响因素。

6.1 种 类 组 成

2020 年，洪泽湖 10 个采样点共采集到浮游动物 54 种，其中原生动物 14 种、轮虫18 种、枝角类 12 种和桡足类 10 种，在种类组成上轮虫占优势（32.7%）。其中有 11 个物种在洪泽湖 10 个采样点均有分布，包括侠盗虫、螺形龟甲轮虫、曲腿龟甲轮虫、针簇多肢轮虫、简弧象鼻溞、老年低额溞、脆弱象鼻溞、微型裸腹溞、汤匙华哲水蚤、广布中剑水蚤和中华哲水蚤。其中，优势种包括原生动物的叉口砂壳虫、侠盗虫和大弹跳虫，轮虫中的针簇多肢轮虫、螺形龟甲轮虫、矩形龟甲轮虫、曲腿龟甲轮虫、角突臂尾轮虫、萼花臂尾轮虫、剪形臂尾轮虫、长三肢轮虫和裂足臂尾轮虫，枝角类的简弧象鼻溞、老年低额溞和长肢秀体溞，以及桡足类的中华窄腹剑水蚤、汤匙华哲水蚤和广布中剑水蚤。这些优势种在 4 年的调查期间均有出现。

2017～2020 年，洪泽湖浮游动物物种数目有先微量增加后明显减少的趋势，物种总数分别为 78 种、81 种、83 种和 54 种，其中 2017 年原生动物 16 属 18 种、轮虫 12 属23 种、枝角类 13 属 19 种、桡足类 14 属 18 种，轮虫占比最高（29.5%）；2018 年原生动物 18 属 25 种、轮虫 8 属 20 种、枝角类 9 属 15 种、桡足类 16 属 21 种，原生动物占比最高（30.9%）；2019 年原生动物 21 属 25 种、轮虫 7 属 19 种、枝角类 10 属 18 种、桡足类 17 属 21 种，原生动物占比最高（30.1%）；2020 年原生动物 11 属 14 种、轮虫 9属 18 种、枝角类 8 属 12 种、桡足类 9 属 10 种，轮虫占比最高（33.3%）（图 6-1）。比较发现，2017～2019 年洪泽湖的原生动物物种数增加明显，桡足类有少量增加，而轮虫与枝角类物种数目较为稳定；至 2020 年，原生动物、枝角类和桡足类物种数显著减少。根据浮游藻类的调查结果，2018 年浮游植物的总丰度和总生物量均最大，蓝藻门细胞丰度达到最大值，生物量上硅藻门成为优势门，贡献 61.5%的生物量，藻类的过量繁殖，造成初级生产力高，一些浮游动物偶见种（尤其是枝角类和桡足类中的一些耐污种）得以发生；此外，2018 年，管理部门对洪泽湖非法圈圩等进行了深入治理，这些保护措施到 2020 年逐渐产生成效，水体趋于健康，因此浮游动物四大类群的物种数逐渐减少。

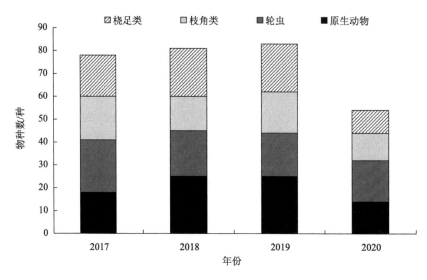

图 6-1　洪泽湖浮游动物的物种数目（2017～2020 年）

　　据《洪泽湖——水资源和水生生物资源》（朱松泉等，1993）所述，1989 年 9 月采集的定性水样中鉴定得到浮游动物 87 种，加上 1987 年 12 月至 1989 年 11 月在另外两个采样点（1 号和 5 号）发现的僧帽溞（*Daphnia cucullata*）、长刺溞（*Daphnia longispina*）、锥肢蒙镖水蚤（*Mongolodiaptomus birulai*）和草绿刺剑水蚤（*Acanthocyclops viridis*），则共有浮游动物 91 种，其中原生动物 18 属 21 种、轮虫 24 属 37 种、枝角类 10 属 19 种、桡足类 11 属 14 种。原生动物占浮游动物出现总数的 23.1%，轮虫占 40.7%，枝角类占 20.9%，桡足类占 15.4%，出现种类最多的是臂尾轮属（*Brachionus*），多达 6 种。相比较而言，2017～2020 年浮游动物物种总数有所减少，尤其是轮虫的物种数减少最为明显，相反，桡足类物种数增加。在 2017 年和 2020 年，轮虫占比最高，而 2018～2019 年是原生动物占比最高，与 20 世纪 90 年代较为相似。

6.2　空间分布格局

　　2020 年，无论是密度还是生物量，洪泽湖各点位间浮游动物空间分布都不太均匀。年平均密度最高出现在溧河洼水域（866.5 个/L），最低出现在洪泽湖湖心敞水区（344.9 个/L），此外蒋坝水域的密度也较低（421.0 个/L）。年平均生物量的大小却和年平均密度有一定差别，最高生物量出现在半城镇水域（2201.3 μg/L），其次是高良涧闸出湖水域（1868.8 μg/L），最低生物量出现在老子山北部水域（977.9 μg/L），而与年平均密度分布相似，洪泽湖湖心敞水区和蒋坝水域的生物量也较低（1008.0 μg/L 和 1270.2 μg/L）。据《洪泽湖——水资源和水生生物资源》（朱松泉等，1993）记载，各采样点间的空间分布差异将洪泽湖分为了湖湾/湖滨沿岸带和敞水区两大块，两者间的种类数经 t 检验得到的检验差异显著，可以看出洪泽湖湖滨沿岸带的原生动物和轮虫物种数在各采样点占该点浮游动物总数的比例较高，在敞水区枝角类和桡足类物种数占该点浮游动物总数的百分比之和较原生动物和轮虫的百分比之和高，其差值随该点位与敞水区的位置不同而不同，采样点越靠近敞水区，枝角类和桡足类所占百分比之和就越大，与原生动物和轮虫百分比之和的差异也越大。在本书中，2020 年洪泽湖湖心敞水区的浮游动物密度是最低的，生物量也相对较低，这是浮游植物的密度和生物量大幅降低导致的。

　　2017～2020 年，从空间分布上来看，洪泽湖各点位间浮游动物空间分布不均匀，且历年间存在不一致的现象（图 6-2）。就原生动物密度而言，4 年平均密度最高值出现在洪泽湖湖心敞水区，最低值出现在半城镇水域；轮虫密度的最高值位于溧河洼水域，最低值在蒋坝水域；枝角类密度最高值出现在成子湖高渡镇水域，最低值也在蒋坝水域；桡足类的密度最高值在高良涧闸出湖水域，密度最低值在主湖区的老子山北部水域（图 6-3）。

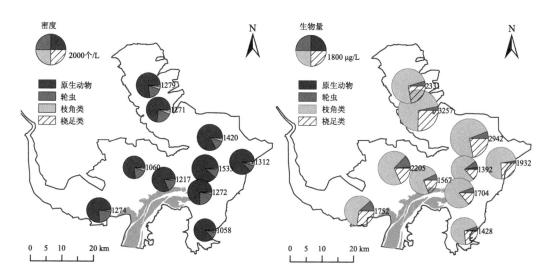

图 6-2　洪泽湖浮游动物各类群年平均密度和生物量（2017～2020 年）

　　年平均生物量的空间布局往往由枝角类或桡足类的比重所决定。其中，原生动物最高生物量位于洪泽湖湖心敞水区，最低生物量在成子湖北部水域；轮虫最高值出现在半城镇水域，最低值出现在高良涧闸出湖水域；枝角类最高点在成子湖高渡镇水域，蒋坝水域生物量最低；桡足类的生物量最高值也出现在成子湖高渡镇水域，洪泽湖湖心敞水区生物量最低（图 6-4）。

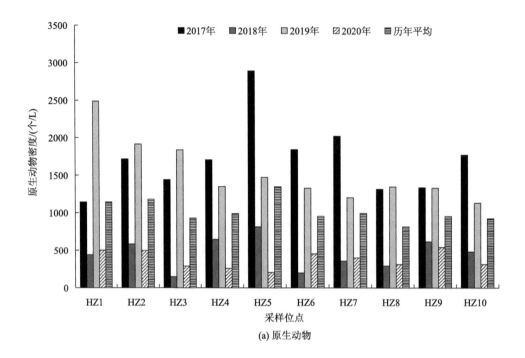

(a) 原生动物

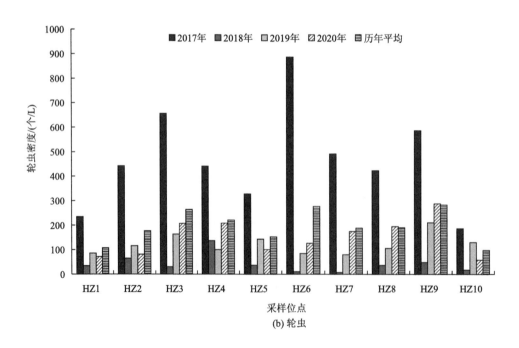

(b) 轮虫

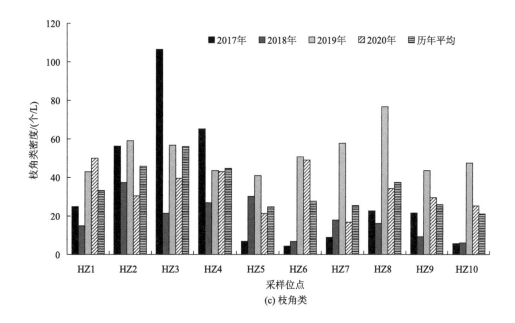

(c) 枝角类

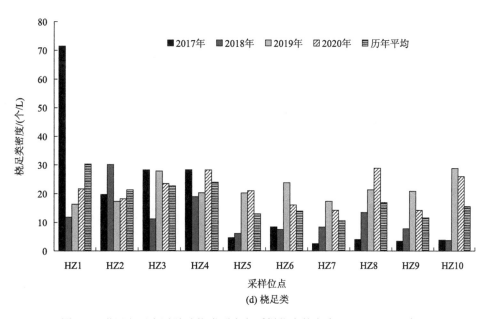

(d) 桡足类

图 6-3　洪泽湖四大浮游动物类群在各采样位点的密度（2017～2020 年）

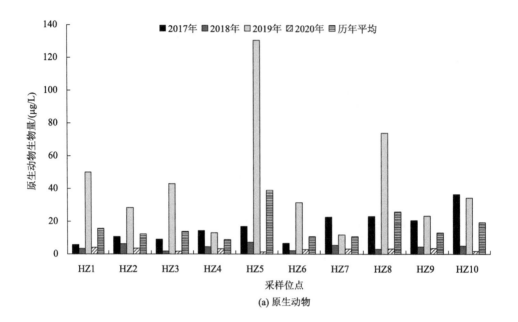

(a) 原生动物

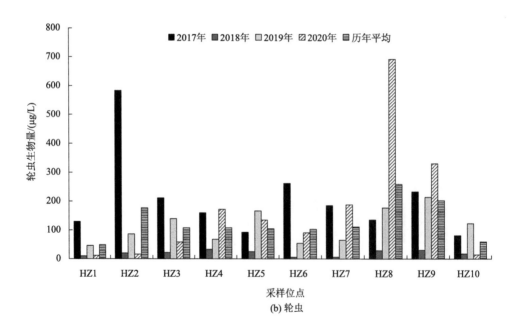

(b) 轮虫

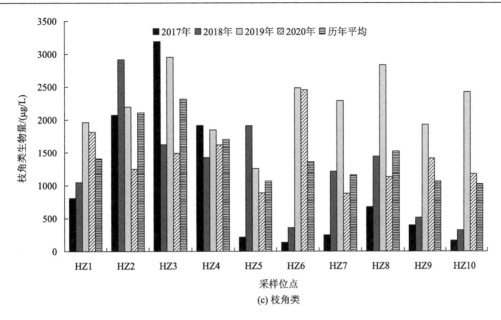

(c) 枝角类

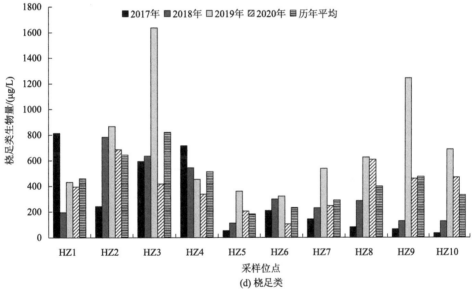

(d) 桡足类

图 6-4 洪泽湖四大浮游动物类群在各采样位点的生物量（2017～2020 年）

由上述内容可见，浮游动物密度和生物量的空间分布存在较大变化，总体而言，密度在高良涧闸出湖水域、溧河洼水域、成子湖高渡镇水域和洪泽湖湖心敞水区较高，而蒋坝水域和半城镇水域的密度较低；然而，浮游动物生物量与密度的空间格局存在较大变化，成子湖和半城镇水域的生物量高，湖心敞水区生物量低。造成浮游动物密度和生物量空间分布不均的主要因素可能有：①与洪泽湖的水文特征和水域功能密切相关，如溧河洼水域流速慢，水文特征稳定，因此浮游动物密度保持在较高的水平，生物量较高；而蒋坝水域为重要过水性区域，具有含沙量大、流速快、腐殖质少等特征，这些环境条件对浮游生物的生存产生较大压力，因此现存浮游动物密度和生物量均较低（陈媛媛等，2016）。②不同物种对环境因子的偏好差异较大，其中水温和食物资源是影响浮游动物群落结构的重要生态因子（林青等，2014）。优势种在不同点位的差异分布造成了点位间密度和生物量的不均匀分布。

据《洪泽湖——水资源和水生生物资源》（朱松泉等，1993）所述，洪泽湖的浮游动物种类在不同湖区出现比较显著的种类差异，根据各采样点出现的种类数均值的差异可以将洪泽湖区分成两部分：一是湖湾、湖滨沿岸带；二是洪泽湖的敞水区。浮游动物在食物链中属次级生产者，其数量的多寡除取决于初级生产力丰歉外，还与捕食者（如鱼等）的捕食压力有关，与湖泊环境也有着密切的关系，如水生植物和湖水的温度、透明度、溶解氧含量等。浮游动物中各类生物之间数量差异也很大，如原生动物的数量可达 $10^2 \sim 10^5$ 个/L，一般为 $10^3 \sim 10^4$ 个/L；轮虫的数量在 $10 \sim 10^4$ 个/L 之间，一般为 $10^2 \sim 10^3$ 个/L；枝角类和桡足类的数量在 $10^0 \sim 10^3$ 个/L，本节结果与其一致。

6.3　浮游动物的季节演替

洪泽湖为暖温带半湿润气候区的浅水湖泊，具有显著的季风气候特征，因此四季分明，水温呈周年变化，冬季有封冻现象。不同区域的周期性变化随环境不同而异，其中入湖河流的河口附近流速较大，透明度较小，演替更加显著，但在湖湾和多水草湖区流速小，透明度大，湖区的这些特性对浮游动物种类演替和数量变化等有着显著的影响。

2020 年，洪泽湖浮游动物中原生动物和轮虫的密度和生物量季节变化大致相似，均有两个密度高峰；而枝角类和桡足类两者间较为相似，有一个主要的密度峰。原生动物的密度最高峰出现在 4 月和 8 月，2 月最低，且在 12 月有个明显的低谷。轮虫的高峰期为 6 月和 9 月，冬季（11 月）和春季（3～5 月）的密度较低。枝角类密度高峰出现在秋季（9 月），但春夏季也相对较高（4～8 月），冬季最低。桡足类在夏季的 6 月呈现高峰期，而冬季也是最低的。从四个类群的相对密度来看，原生动物相对密度在 2 月、3 月、9 月之外的其他月份都是较高的（35.3%～87.0%），而桡足类的相对密度较低（平均为 3.67%）。在生物量上，原生动物在春季和夏季（4 月和 8 月）有两个显著的高峰值，但占比较小，约占全年的 0.16%；轮虫的生物量高峰在 6 月，8 月也有一个小高峰，其他时间段生物量均较低；与密度相似，枝角类的生物量也有两个峰值，分别在 4 月和 9 月，而 10 月至翌年的 3 月，生物量极低；与 2019 年相似，桡足类在 4 月有个生物量峰值，但夏季时生物量却显著回落。

2017～2020 年，从密度来看，原生动物的密度季节间波动最小，2017 年密度高峰值发生在春夏季，2018 年主要是夏季，2019 年高峰期是夏秋季，2020 年是春夏季，各年份的冬季密度均较低，这与当年的气候和优势种发生顺序密切相关。轮虫和枝角类在任何年份均于秋季出现高峰，桡足类是夏秋季出现密度高峰（图 6-5）。然而，就生物量而言，不一致现象比较普遍，如原生动物的生物量在春季和春夏之交更高，且在夏末也有一次高峰；而轮虫生物量在 2017 年的夏初和秋季有两个高峰[主要贡献者是螺形龟甲轮虫（*Keratella cochlearis*）和矩形龟甲轮虫（*K. quadrata*）]，在 2018～2020 年均在夏季出现高峰[主要贡献者是萼花臂尾轮虫（*Brachionus calyciflorus*）和镰状臂尾轮虫（*B. falcatus*）]；枝角类的生物量高峰值分布与密度特征较为相似，均出现在秋季；桡足类的生物量高峰期也在春夏之交，这与一些大型种类的优势种[如兴凯侧突水蚤（*Epischura chankensis*）、锯缘真剑水蚤（*Eucyclops serrulatus*）和中华哲水蚤（*Sinocalanus sinensis*）等]在春末的爆发性增殖有关（图 6-6）。此外，浮游动物的季节变化明显与水温和摄食饵料藻类的季节性波动相关，冬季水温偏低，且叶绿素浓度低，食物量少，造成冬季浮游动物生物量明显降低。但原生动物的密度和生物量在冬季却不受饵料藻类的制约，而更多地受到水体理化指标（如 pH、氨氮和总磷等）的影响。

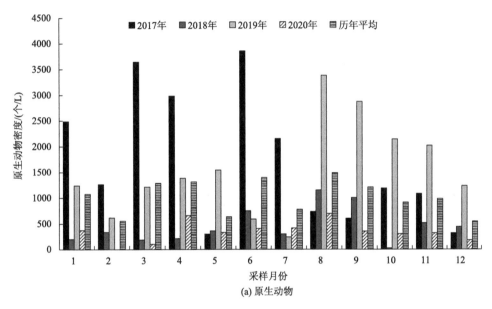

(a) 原生动物

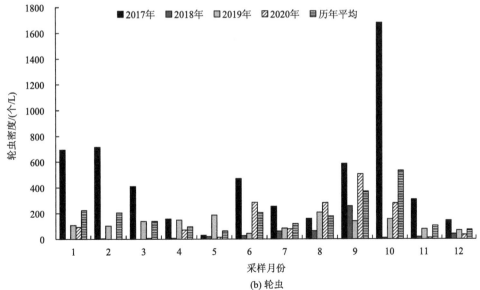

(b) 轮虫

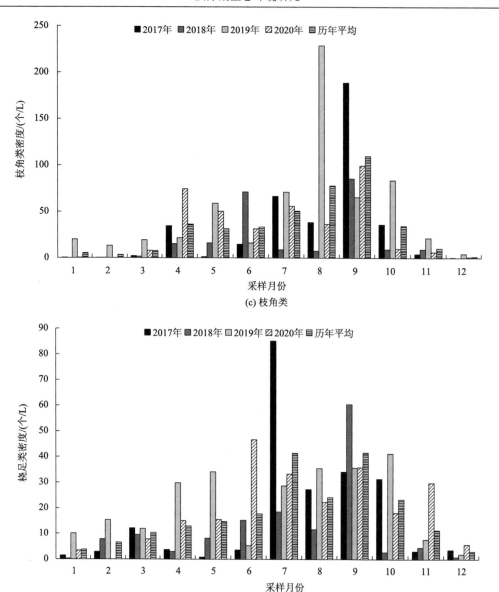

图 6-5 不同月份洪泽湖四大浮游动物类群的密度（2017～2020 年）

据《洪泽湖——水资源和水生生物资源》（朱松泉等，1993）所述，洪泽湖浮游动物（尤其是浮游甲壳类）的周年变化是显著的。张立于 1974～1975 年对成子湖区的研究资料表明，12 月至翌年 2 月是浮游动物种类最少的时期，出现的种类大多数是全年出现的种类（中国科学院南京地理研究所湖泊室，1982）。枝角类和桡足类的一些种类会随水环境因子的季节变动而相应地发生变化，有些种类终年可见，如简弧象鼻溞（*Bosmina coregoni*）、圆形盘肠溞（*Chydorus sphaericus*）、汤匙华哲水蚤（*Sinocalanus dorrii*）、指状许水蚤（*Schmackeria inopinus*）和中华窄腹剑水蚤（*Limnoithona sinensis*）等，其他种类是季节性出现的，造成这种现象的原因也是多方面的，如水温的季节变动对浮游动物变化的影响最大，此外，溶解氧、透明度和浮游植物的变化也与浮游动物的发生明显相关。2020 年浮游植物生物量的季节变化分析表明，春季绿藻门生物量为 0.86 mg/L，夏季绿藻门最高为 0.99 mg/L，秋季绿藻门生物量最高为 0.84 mg/L，这与浮游动物的生物量演替格局一致；此外，夏秋季水温高、光照强，是浮游植物的生长季节，因此浮游植物生物量较高，从而也间接造成夏秋季浮游动物的高丰度（丁娜等，2014）。

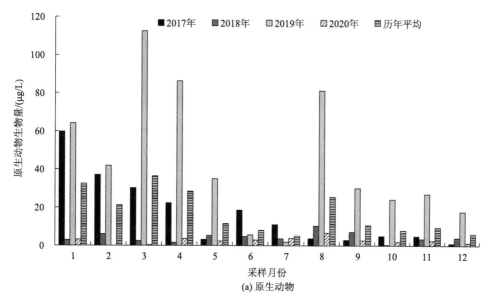

(a) 原生动物

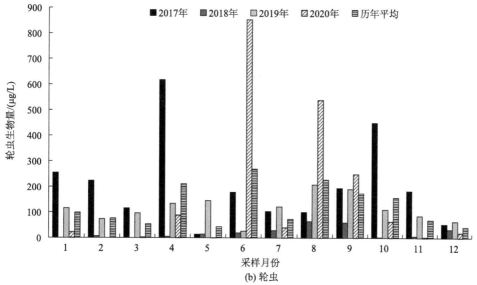

(b) 轮虫

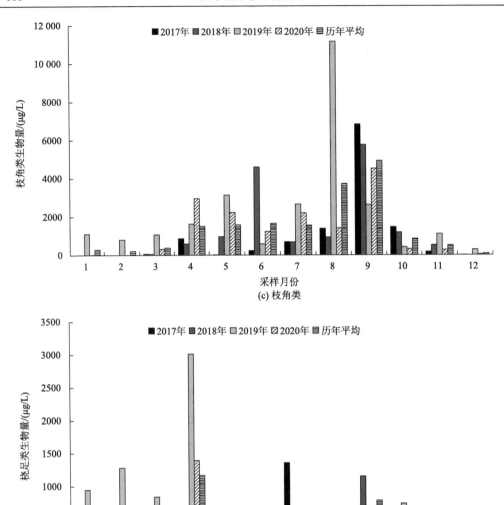

图 6-6　不同月份洪泽湖四大浮游动物类群的生物量（2017～2020 年）

6.4　浮游动物密度和生物量的年际变化

　　浮游动物种类组成也有呈周年变化的现象，其中表现较为突出的是原生生物，其 2017 年和 2019 年各点位均值较高，为 1718 个/L 和 1539 个/L，而 2018 年和 2020 年则 为 456 个/L 和 375 个/L，四年平均为 1022 个/L（图 6-7）。可见浮游动物的密度存在明显 的年际波动，尤其是受到原生动物的动态影响，因为原生动物虽然跟其他三类浮游动物 间不存在竞争关系，但是原生动物可以作为其他浮游动物的食物。浮游动物在湖泊生态系统中处于承上启下的位置，其种类和数量变化会导致整个水生态系统结构和功能的改变；浮游动物种类繁多，生活史复杂，依据浮游动物体型大小及其在生态系统中的功能作用和地位，可以推断其年际间周期性波动与水体中作为食物的饵料藻类和鱼类有关。

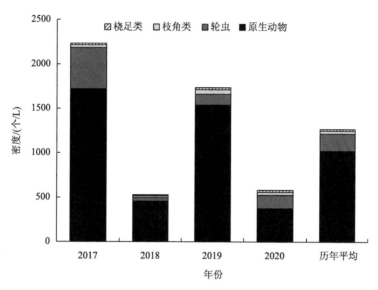

图 6-7　洪泽湖四大浮游动物类群的密度年际间变化（2017～2020 年）

原生动物生物量低，其密度的高低对整个浮游动物生物量不具有明显影响，因此，2019 年的生物量最高，其他年份生物量较为相似。相反，枝角类和桡足类个体大，对整体生物量的贡献大（图 6-8）。枝角类的一些种类会随水环境因子的季节变动而相应地发生变化，有些种类终年可见，如洪泽湖中的简弧象鼻溞、老年低额溞和长肢秀体溞等，其他种类则是季节性出现的。桡足类与枝角类相似，在洪泽湖终年可见的种类有中华窄

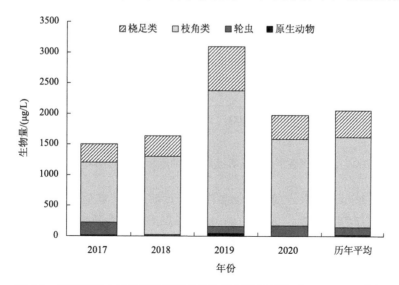

图 6-8　洪泽湖四大浮游动物类群的生物量年际间变化（2017～2020 年）

腹剑水蚤、汤匙华哲水蚤和广布中剑水蚤，其他种类则为季节性出现，这些种类与《洪泽湖——水资源和水生生物资源》（朱松泉等,1993）中的描述基本一致。造成这种现象的原因也是多方面的，尤其是受到水体温度、溶解氧含量和透明度的显著制约。据陈伟民和郭晓鸣（1988）在苏州澄湖对浮游甲壳类周年变化的研究表明，水温的季节变动对浮游动物变化的影响最大，同时水温变化还深刻地影响着浮游动物的生活史。

6.5　浮游动物生物多样性

　　2020 年，洪泽湖 10 个采样点的 Shannon-Wiener 浮游动物生物多样性指数总平均值为 1.20，处于 α-中污染状态，各点位的多样性指数差别不明显，仅老子山东部水域和蒋坝水域的多样性偏低（小于 1），为重度污染。从时间上来看，冬季的多样性最低（1 月、11 月和 12 月），指数小于 1，其他月份的多样性指数均大于 1，其中 9 月高达 1.70。

　　在 2017~2020 年，主湖区的老子山东部水域的生物多样性为最低或较低（图 6-9），究其原因，水体营养盐是重中之重。洪泽湖南部（老子山东部水域和蒋坝水域）长期以来一直保持着较高的总氮、总磷含量，而龙集镇东部水域的营养盐含量每年均较低。可见，洪泽湖浮游动物生物多样性主要与水体中的总氮、总磷等营养盐相关。年际间，2017年和 2018 年的生物多样性最低，而 2019 年生物多样性最高，这可能与洪泽湖采取的水环境治理措施相关。

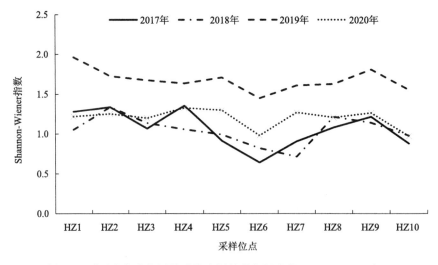

图 6-9　洪泽湖各点位浮游动物多样性的年际变化（2017~2020 年）

　　总体而言，每年冬季洪泽湖的生物多样性均逐渐降低，直至 12 月达到最低，此时的水体温度低，生物繁殖率低，优势种少；随着温度的逐渐升高和饵料食物的逐渐丰富，次年夏季浮游动物多样性达到最高（图 6-10）。

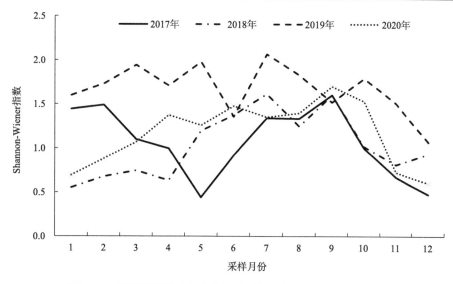

图 6-10 洪泽湖浮游动物多样性的时间变化（2017～2020 年）

6.6 小 结

2017～2020 年，洪泽湖共记录到浮游动物 146 种（属），其中原生动物种（属）类数最多（47 种），其他分别为轮虫 37 种、枝角类 32 种和桡足类 30 种。2017～2020 年，物种总数分别为 78 种、81 种、83 种和 54 种，其中 2017 年轮虫 12 属 23 种，占比最高（29.5%）；2018 年原生动物 18 属 25 种，占比最高（30.9%）；2019 年原生动物 21 属 25 种，占比最高（30.1%）；2020 年轮虫 9 属 18 种，占比最高（33.3%）。2017～2019 年洪泽湖的原生动物物种数增加明显，桡足类有少量增加，而轮虫与枝角类物种数目较为稳定；至 2020 年，原生动物、枝角类和桡足类物种数显著减少。无论是密度还是生物量，洪泽湖各点位间浮游动物空间分布都不太均匀。2020 年平均密度最高出现在溧河洼水域（866.5 个/L），最低出现在洪泽湖湖心敞水区（344.9 个/L）。最高生物量出现在半城镇水域（2201.3 μg/L），最低出现在老子山北部水域（977.9 μg/L）。2019 年，年平均密度最高出现在高良涧闸出湖水域（3029.8 个/L），最低出现在老子山北部水域（1297 个/L），年平均生物量的最高值出现在成子湖高渡镇水域（5688.2 μg/L），最低值出现在洪泽湖湖心敞水区（2222.6 μg/L）。2018 年，平均密度最高出现在成子湖北部水域（1100.9 个/L），最低值出现在老子山东部水域（224.4 个/L），最高生物量出现在龙集镇东部水域（329.7 μg/L），最低值出现在蒋坝水域（73.6 μg/L）。浮游动物种类组成也有呈周年变化的现象，其中表现较为突出的是原生生物，其 2017 年和 2019 年各点位均值较高，为 1718 个/L 和 1539 个/L，而 2018 年和 2020 年则为 456 个/L 和 375 个/L，四年平均为 1022 个/L。2017～2020 年洪泽湖的生物多样性指数呈现先增后减的变化规律，分别为 1.07、1.04、1.67 和 1.20，这与水体中的总氮、总磷等营养盐及洪泽湖采取的水环境治理措施相关。

近年来，洪泽湖的原生动物和轮虫在一定范围内波动，枝角类和桡足类显著增加。

浮游动物总密度的消长完全受原生动物数量的支配，原生动物密度大，在整个浮游动物群落中占比极高。随着时间的推移，轮虫的密度呈降低趋势，而枝角类和桡足类相对稳定。洪泽湖的湖湾区环境相对封闭，沉水植物比较丰富，水体交换比较缓慢，营养物质的滞留时间比较长，导致浮游动物的数量比较多；敞水区风浪大，水环境不稳定，小型浮游动物轮虫等较少，枝角类和桡足类相对偏多。

参 考 文 献

陈伟民, 郭晓鸣. 1988. 澄湖浮游甲壳类周年变化特点及其与理化因素的相互关系. 南京地理与湖泊研究所集刊, 5: 50-58.

陈媛媛, 王益昌, 沈红保, 等. 2016. 黄河陕西段浮游动物群落结构特征研究. 河北渔业, 8: 29-31.

丁娜, 周彦锋, 周游, 等. 2014. 庐山西海夏秋季浮游植物群落结构及多样性分析. 水生态学杂志, 35(5): 60-67.

林青, 由文辉, 徐凤洁, 等. 2014. 滴水湖浮游动物群落结构及其与环境因子的关系. 生态学报, 34(23): 6918-6929.

章宗涉, 黄祥飞. 1991. 淡水浮游生物研究方法. 北京: 科学出版社.

中国科学院南京地理研究所湖泊室. 1982. 江苏湖泊志. 南京: 江苏科学技术出版社.

朱松泉, 窦鸿身, 等. 1993. 洪泽湖——水资源和水生生物资源. 合肥: 中国科学技术大学出版社.

Li Y, Chen F Z. 2020. Are zooplankton useful indicators of water quality in subtropical lakes with high human impacts? Ecological Indicators, 113: 1-9.

Zhang C Q, Zhong R, Wang Z S, et al. 2019. Intra-annual variation of zooplankton community structure and dynamics in response to the changing strength of bio-manipulation with two planktivorous fishes. Ecological Indicators, 101: 670-678.

第7章 大型底栖动物

底栖动物是指生活史的全部或大部分时间生活于水体底部的水生动物类群，且通常将不能通过 500 μm 孔径筛网的底栖动物称为大型底栖动物（刘建康，1999）。其作为湖泊等淡水生态系统中重要的生物类群，其中常见的类群包括节肢动物门、软体动物门、环节动物门等（刘建康，1999）。底栖动物对环境变化较为敏感，是监测和评估湖泊生态系统结构、功能及其健康状况的重要指示生物（Poikane et al., 2016; 陈凯等，2018）。因此，研究底栖动物的种类组成、群落结构、时空变化及生物多样性等特征（Morse et al., 2007; 蔡永久等，2010），对掌握湖泊生态状况、合理利用湖泊资源、维持湖泊健康具有重要意义。

长期以来，随着湖泊流域社会经济的发展，人类活动对湖泊的干扰不断加强，湖泊底栖动物资源开发利用和受影响程度也在不断加深（Brönmark and Hansson, 2002; 杨桂山等，2010），洪泽湖也面临着相同的困境（高方述等，2010）。早在 20 世纪 70 年代，洪泽湖的螺类外贸出口引起底栖资源量和群落结构发生改变（朱松泉等，1993）; 20 世纪 80 年代后期，洪泽湖水产养殖业规模不断扩大（魏文强等，2019; 段海昕等，2021），至 2018 年洪泽湖圈圩、围网养殖面积约占全湖总面积的 30%（蔡永久等，2020）。此外，20 世纪 90 年代开始，来自淮河流域的生活污水与工业废水对湖体水质造成负面影响（韩爱民等，2002）; 加之 2006～2016 年的大规模采砂（严登余，2015; 蔡永久等，2020），洪泽湖水生态环境长期受到不同程度的人为影响，因此有必要对底栖动物的群落结构和资源状况进行系统分析。本章介绍 2016～2020 年对洪泽湖全湖 10 个样点进行的为期 5 年的逐月调查监测结果，并结合历史数据，分析洪泽湖底栖动物群落演变特征和影响因素。

7.1 种 类 组 成

2016～2020 年洪泽湖共记录到底栖动物 55 种（属），其中节肢动物门种类最多，共计 23 种，包括昆虫纲 17 种和甲壳纲 6 种，分别占总物种数的 31% 和 11%; 软体动物门种类次之，共 22 种，其中双壳纲和腹足纲分别发现 13 种和 9 种，占比分别为 24% 和 16%; 环节动物门种类最少，为 10 种，其中寡毛纲和多毛纲均发现 4 种，而蛭纲仅发现 2 种（图 7-1）。各样点物种数介于 18～31 种，平均值为 23.3 种，其中老子山北部水域（HZ7）、洪泽湖湖心敞水区（HZ5）和高良涧闸出湖水域（HZ1）的物种数相对较少，溧河洼水域（HZ9）物种数最多。从物种组成来看，水生昆虫在多数样点发现的物种数最多，且样点间的差异也最大，各样点物种数介于 3～9 种，均值为 6 种; 其次是双壳纲，各样点物种数介于 3～7 种，且以成子湖水域发现的物种数较少; 多毛纲在全湖分布，各样点差异较小（介于 3～4 种），均值为 3.7 种; 甲壳纲和腹足纲在各样点的物种数差异也较大，各样点甲壳纲物种数介于 2～5 种，而腹足纲介于 1～4 种，两者物种数高值均出现在溧河洼水域（HZ8 和 HZ9）；蛭纲则仅在少数样点有发现，且多出现在溧河洼水域（图 7-2）。总体而言，洪泽湖底栖动物种类丰富度不高，多为长江中下游浅水湖泊常见种类（蔡永久等，2010）。多毛纲一般分布于海洋，少数种类生活在盐度较低的河口或淡水中（Chao et al., 2012），洪泽湖在 20 世纪 80 年代之前未见沙蚕等多毛纲的报道，但在 1987～1990 年的调查，以及此后的多次调查中均有沙蚕出现，多毛纲在洪泽湖的分布可能与南水北调工程有关（周万平等，1994），因为这一情况不仅在洪泽湖出现，在调水线路上的高邮湖、骆马湖也采集到寡鳃齿吻沙蚕。

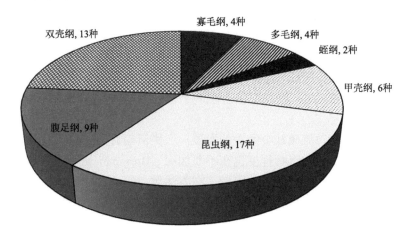

图 7-1   2016～2020 年洪泽湖底栖动物种类组成

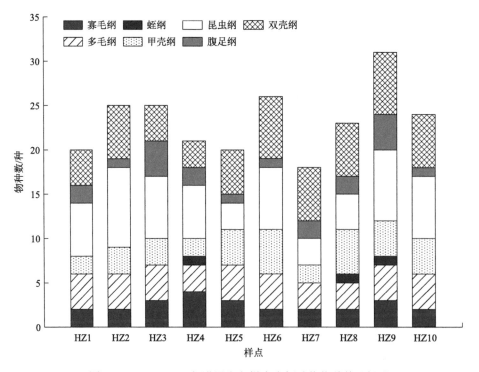

图 7-2   2016～2020 年洪泽湖各样点底栖动物物种数及组成

　　洪泽湖底栖动物的密度和生物量被少数种类所主导（表 7-1）。密度方面，甲壳纲的大螯蜚、寡毛纲的霍甫水丝蚓、双壳纲的河蚬、多毛纲的寡鳃齿吻沙蚕和背蚓虫的优势度较高，平均密度分别为 27.50 个/m²、16.46 个/m²、14.89 个/m²、13.34 个/m² 和 10.84 个/m²，分别占总密度的 22.75%、13.61%、12.32%、11.03% 和 8.97%。生物量方面，由于软体动物个体较大，河蚬、褶纹冠蚌和铜锈环棱螺占据绝对优势，平均生物量分别为 28.7948 g/m²、11.7299 g/m² 和 5.9727 g/m²，分别占总生物量的 49.71%、20.25% 和 10.31%。从这 55 个种（属）在 5 个调查年份各月份的不同样点中的出现频率来看，背蚓虫、寡鳃齿吻沙蚕、河蚬、大螯蜚、拟背尾水虱、霍甫水丝蚓、苏氏尾鳃蚓和中国淡水蛏在洪泽湖中是常见的种（属），其在不同年份各月份的大部分采样点均能采集到，表明在全湖分布广泛。出现频率低于 10% 的物种数达 44 种，占总物种数的 80%。综合底栖动物的密度、生物量及各物种的出现频率，利用重要性指数确定优势种类，结果表明洪泽湖 2016～2020 年底栖动物的优势种（属）主要为河蚬、大螯蜚、寡鳃齿吻沙蚕、背蚓虫和霍甫水丝蚓等。可见洪泽湖现阶段的优势类群主要为双壳纲、甲壳纲、多毛纲和寡毛纲。

表 7-1　2016～2020 年洪泽湖底栖动物密度和生物量

种类	平均密度 / (个/m²)	相对密度 /%	平均生物量 / (g/m²)	相对生物量 /%	出现频率 /%	重要性指数
寡毛纲						
霍甫水丝蚓	16.46	13.61	0.0277	0.05	25.95	**354.42**
克拉泊水丝蚓	0.28	0.23	0.0003	<0.01	0.34	0.08
巨毛水丝蚓	0.50	0.42	0.0011	<0.01	2.58	1.08
苏氏尾鳃蚓	5.07	4.20	0.0481	0.08	20.79	88.99
多毛纲						
寡鳃齿吻沙蚕	13.34	11.03	0.0813	0.14	40.72	**454.98**
日本沙蚕	0.74	0.61	0.0032	0.01	6.01	3.70
背蚓虫	10.84	8.97	0.1986	0.34	47.94	**446.49**
尖刺缨虫	1.00	0.83	0.0057	0.01	6.53	5.46
蛭纲						
宽身舌蛭	0.07	0.05	0.0025	<0.01	0.52	0.03
拟扁蛭	0.02	0.02	0.0004	<0.01	0.34	0.01
甲壳纲						
拟背尾水虱	3.65	3.02	0.0579	0.10	26.98	84.13
哈氏浪漂水虱	0.02	0.02	0.0001	<0.01	0.34	0.01
细足米虾	0.50	0.42	0.0349	0.06	0.69	0.33
秀丽长臂虾	0.07	0.05	0.0299	0.05	0.86	0.09
蜾蠃蜚	6.47	5.35	0.0670	0.12	7.39	40.38
大螯蜚	27.50	22.75	0.1157	0.20	35.05	**804.41**
昆虫纲						
黄色羽摇蚊	2.57	2.13	0.0451	0.08	10.82	23.85
林间环足摇蚊	0.09	0.07	0.0001	<0.01	0.69	0.05

种类	平均密度 / (个/m²)	相对密度 /%	平均生物量 / (g/m²)	相对生物量 /%	出现频率 /%	重要性指数
中国长足摇蚊	0.46	0.38	0.0011	<0.01	2.58	0.99
多巴小摇蚊	5.17	4.28	0.0032	0.01	14.43	61.82
软铗小摇蚊	0.20	0.16	0.0002	<0.01	0.86	0.14
浅白雕翅摇蚊	0.09	0.07	0.0001	<0.01	0.52	0.04
暗绿二叉摇蚊	0.04	0.03	<0.0001	<0.01	0.52	0.02
凹狭隐摇蚊	0.72	0.59	0.0017	<0.01	7.04	4.21
花翅前突摇蚊	0.02	0.02	<0.0001	<0.01	0.34	0.01
红裸须摇蚊	0.17	0.14	0.0012	<0.01	1.72	0.25
菱跗摇蚊	0.04	0.03	0.0001	<0.01	0.52	0.02
梯形多足摇蚊	0.04	0.03	<0.0001	<0.01	0.34	0.01
小云多足摇蚊	0.19	0.16	0.0001	<0.01	1.72	0.27
拟突摇蚊	0.01	0.01	<0.0001	<0.01	0.17	<0.01
划蝽科	0.01	0.01	<0.0001	<0.01	0.17	<0.01
蟌科	0.12	0.10	0.0019	<0.01	0.34	0.03
纹石蚕	0.01	0.01	0.0003	<0.01	0.17	<0.01
腹足纲						
纹沼螺	0.04	0.03	0.0059	0.01	0.17	0.01
大沼螺	0.08	0.06	0.0649	0.11	1.03	0.18
铜锈环棱螺	2.71	2.25	5.9727	10.31	9.62	120.82
梨形环棱螺	0.02	0.02	0.1215	0.21	0.17	0.04
方格短沟蜷	0.14	0.12	0.0496	0.09	1.37	0.28
光滑狭口螺	0.32	0.27	0.0037	0.01	4.30	1.17
椭圆萝卜螺	0.05	0.04	0.0518	0.09	0.52	0.07
赤豆螺	0.73	0.60	0.0773	0.13	0.69	0.50
大脐圆扁螺	0.02	0.02	0.0005	0.00	0.17	<0.01
双壳纲						
河蚬	14.89	12.32	28.7948	49.71	35.57	**2206.15**
豌豆蚬	0.01	0.01	0.0004	<0.01	0.17	<0.01
湖球蚬	2.83	2.34	0.1838	0.32	17.01	45.23
中国淡水蛏	1.93	1.60	0.2284	0.39	17.70	35.30
淡水壳菜	0.34	0.29	0.0992	0.17	3.26	1.49
短褶矛蚌	0.05	0.04	0.0324	0.06	0.69	0.07
背角无齿蚌	0.06	0.05	3.6211	6.25	0.69	4.33
光滑无齿蚌	0.02	0.02	0.0021	0.00	0.17	0.00
扭蚌	0.07	0.06	1.6005	2.76	1.03	2.91
三角帆蚌	0.03	0.03	2.5208	4.35	0.52	2.26
圆顶珠蚌	0.02	0.02	0.0001	<0.01	0.52	0.01
洞穴丽蚌	0.02	0.02	2.0340	3.51	0.17	0.61
褶纹冠蚌	0.02	0.02	11.7299	20.25	0.34	6.97

注：相对密度和相对生物量分别为某一物种（属）占总密度和总生物量的百分比，出现频率为某物种（属）出现的次数占所有样品数（本章 5 个年份的样品数总计为 582 个）的百分比，重要性指数=（相对密度+相对生物量）×出现频率。加粗的数据表示优势类群。

7.2 时 空 格 局

从洪泽湖底栖动物年际平均密度和生物量的空间分布格局（图 7-3）可以看出，密度和生物量的空间分布具有一定差异，且总体而言生物量较密度的空间差异更大。各样点底栖动物年平均密度均值介于 34～271 个/m²，平均值为 120.4 个/m²，密度高值出现在溧河洼水域（HZ9）和成子湖高渡镇水域（HZ3），而过水区的高良涧闸出湖水域（HZ1）密度较低。各样点年际总生物量均值介于 2.5～130.3 g/m²，最高值约为最低值的 52 倍，平均总生物量为 60.09 g/m²，生物量空间格局与密度空间格局差异较大，生物量高值出现在过水区的老子山北部水域（HZ7）和溧河洼区域（HZ8 和 HZ9），低值多数出现在东部沿岸的过水区（高良涧闸出湖水域和蒋坝水域）和成子湖北部水域（HZ4）。

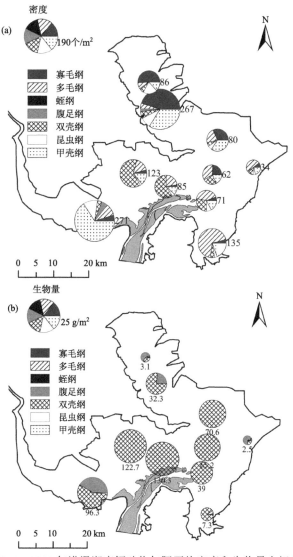

图 7-3 2016～2020 年洪泽湖底栖动物年际平均密度和生物量空间分布格局

　　从底栖动物不同类群组成来看，密度组成的空间差异较大（图 7-3 和图 7-4），其中各样点平均密度占比最高的类群为甲壳纲，均值达 39.0 个/m²，占总密度的 32%，高值主要出现在溧河洼水域（HZ9）和成子湖高渡镇水域（HZ3）；其次为多毛纲，多分布在东部的过水区，可见其空间差异很可能与南水北调工程有关（周万平等，1994），各样点密度均值达 26.2 个/m²，占比总密度的 22%；寡毛纲密度占比较高的样点主要分布在成子湖水域（HZ3 和 HZ4）和龙集镇东部水域（HZ2），各样点密度均值为 23.6 个/m²，占比总密度的 19%；双壳纲密度占比较高的样点主要分布在老子山北部和溧河洼区域（HZ7 和 HZ8），各样点密度均值为 20.7 个/m²，占比总密度的 17%。生物量方面，生物量较高的样点均为双壳纲（主要是河蚬）所主导，而腹足纲生物量占据优势主要出现在成子湖（HZ4）和溧河洼水域（HZ9）。双壳纲密度和生物量同时占据优势的样点出现在老子山北部和溧河洼区域（HZ7 和 HZ8），可能是这些水域的风浪扰动强烈，底质粒径较粗，水体溶解氧含量较高，更有利于对溶氧含量要求较高的双壳纲生存，而湖湾一般风浪较小，底质多为淤泥，不利于双壳纲的滤食（Von Bertrab et al.，2013）。

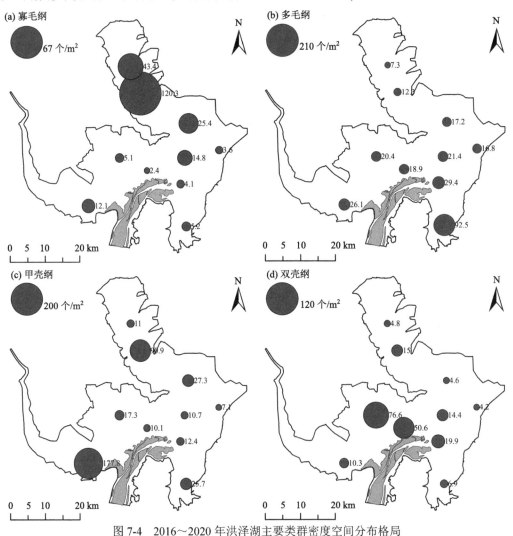

图 7-4　2016～2020 年洪泽湖主要类群密度空间分布格局

　　空间格局分析结果表明，洪泽湖底栖动物现存量空间具有异质性（图 7-3 和图 7-4），并表现出一定的年际变化（图 7-5）。具体地，从各个调查年份来看，2016 年各样点底栖动物年平均总密度介于 47.2～648.3 个/m^2，平均值为 163.7 个/m^2，为各年份调查中的最高值。密度的空间分布趋势同年际总密度均值的空间格局基本一致，即密度高值出现在溧河洼水域（HZ9）和成子湖高渡镇水域（HZ3），而高良涧闸出湖水域（HZ1）密度较低。年均总生物量介于 0.63～349.74 g/m^2，最高值约为最低值的 555 倍，年平均总生物量为 73.30 g/m^2，生物量空间格局与年际总生物量均值的空间分布格局有所差异，最高值出现在龙集镇东部水域（HZ2），其次是湖心敞水区（HZ5），低值则多出现在东部沿岸的过水区（HZ1 和 HZ10）和成子湖北部水域（HZ4）。

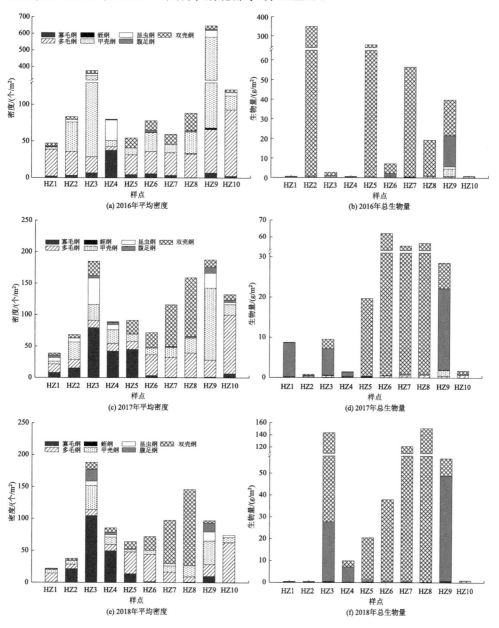

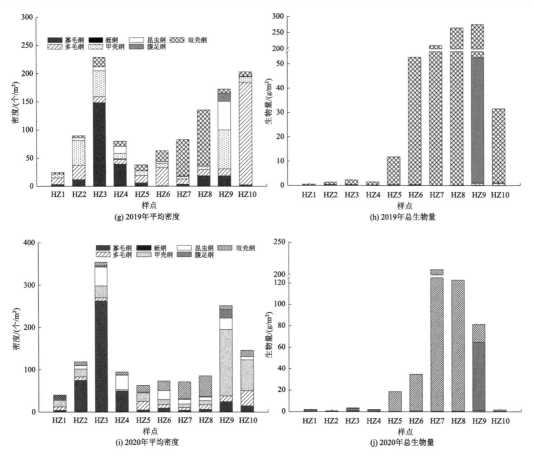

图 7-5　2016～2020 年洪泽湖底栖动物年平均密度和生物量样点分布格局

2017 年各样点底栖动物年均总密度介于 38.9～187.2 个/m²，平均值为 113.8 个/m²，密度的空间分布同年际总密度均值的空间分布格局相似，即密度高值同样出现在成子湖高渡镇水域（HZ3）和溧河洼水域（HZ9），而低值出现在过水区的高良涧闸出湖水域（HZ1）。年均总生物量介于 0.84～62.22 g/m²，最高值约为最低值的 74 倍，年平均总生物量为 24.37 g/m²，为各年份调查中的最低值。生物量空间格局与年际总生物量均值的空间分布格局略有差异，其中生物量高值出现在老子山东部水域（HZ6）、老子山北部水域（HZ7）和半城镇水域（HZ8），低值多数出现在东部沿岸的过水区（HZ2 和 HZ10）和成子湖北部水域（HZ4）。

2018 年密度和生物量的空间分布格局与 2016 年和 2017 年有所不同。各样点底栖动物年均总密度介于 22.1～188.0 个/m²，平均值为 88.3 个/m²，为各年份调查中的最低值。密度高值主要出现在成子湖（HZ3）和溧河洼水域（HZ8），而高良涧闸出湖水域（HZ1）和龙集镇东部水域（HZ2）密度较低。年均总生物量介于 0.41～150.8 g/m²，最高值约为最低值的 368 倍，年平均总生物量为 54.26 g/m²，生物量空间格局与其密度空间格局基本相同，即高值主要出现成子湖和溧河洼水域，低值则多出现在东部湖区的过水区。

2019 年各样点底栖动物年均总密度介于 24.2～229.1 个/m²，平均值为 111.8 个/m²，密度高值同样出现在成子湖高渡镇水域（HZ3），其次是蒋坝水域（HZ10）和溧河洼水域（HZ9），而过水区的高良涧闸出湖水域（HZ1）和洪泽湖湖心敞水区（HZ5）的密度值则较低。年均总生物量介于 0.58~274.73 g/m²，最高值约为最低值的 474 倍，年均总生物量为 85.16 g/m²，为各年份调查中的最高值。生物量空间格局与年际总生物量均值的空间分布有些相似，即高值出现在过水区的溧河洼区域（HZ8 和 HZ9）和老子山北部水域（HZ7），低值主要出现在东部湖区的过水区（HZ1 和 HZ2）和成子湖水域（HZ3 和 HZ4）。

2020 年密度和生物量的空间分布格局与年际总密度和生物量均值的空间格局相似。密度方面，各样点底栖动物年均总密度介于 40.0~353.9 个/m²，平均值为 129.5 个/m²，高值同样出现在成子湖高渡镇水域（HZ3）和溧河洼水域（HZ9），而过水区的高良涧闸出湖水域（HZ1）则较低。年均总生物量介于 0.73~208.02 g/m²，最高值约为最低值的 285 倍，年平均总生物量为 47.57 g/m²，高值出现在过水区的老子山北部水域（HZ7）和溧河洼区域（HZ8 和 HZ9），低值多数出现在东部湖区的过水区（HZ1 和 HZ2）和成子湖水域（HZ3 和 HZ4）。

相比于密度空间分布的年际差异，不同样点密度组成的年际变化也非常明显（图 7-5和图 7-6）。总体来看，密度较高的样点以寡毛纲、甲壳纲为主。寡毛纲主要分布于成子湖水域（HZ3 和 HZ4），从 2016 年至 2020 年各样点平均密度分别为 7.2 个/m²、20.2个/m²、20.2 个/m²、25.3 个/m² 和 45.2 个/m²，各年密度占比为 4%、18%、23%、23%和35%，密度占比有逐年升高的趋势；甲壳纲主要分布在溧河洼水域（HZ9），自 2016 年至 2020 年，各样点密度均值依次为 97.4 个/m²、27.3 个/m²、14.4 个/m²、21.4 个/m² 和34.6 个/m²，分别占对应年份总密度的 60%、24%、16%、19%和27%，总体上密度占比有逐年降低的趋势；多毛纲在全湖分布较广，且主要分布在东部湖区的过水区（HZ10），自 2016 年以来，各年份样点均值依次为 36.8 个/m²、28.8 个/m²、22.3 个/m²、31.4 个/m²和 11.9 个/m²，除了 2020 年（仅占比 9%），其他各年份占比介于 23%~28%；双壳纲主要集中在半城镇水域（HZ8）和老子山北部水域（HZ7），自 2016 年以来，各年份样点均值依次为 11.3 个/m²、25.6 个/m²、24.3 个/m²、24.0 个/m² 和 18.4 个/m²，除了 2016 年（仅 7%），其他各年份占比介于 14%~28%。生物量方面，双壳纲（主要是河蚬）总体上

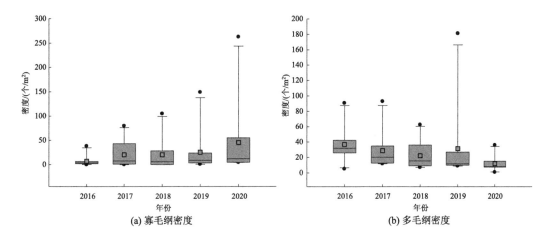

(a) 寡毛纲密度   (b) 多毛纲密度

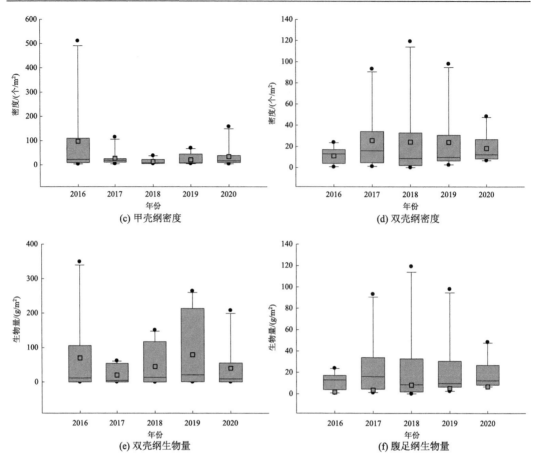

图 7-6　2016～2020 年洪泽湖底栖动物主要类群密度和生物量变化

在各年份的样点均值明显高于其他类群，且高值主要出现在老子山北部水域（HZ7）和半城镇水域（HZ8），自 2016 年至 2020 年各样点生物量均值分别为 70.25 g/m² 、20.00 g/m² 、45.47 g/m² 、79.58 g/m² 和 40.30 g/m² ，分别占对应年份总生物量的 96%、82%、84%、93% 和 85%；腹足纲生物量高值主要出现在溧河洼水域（HZ9），自 2016 年以来，各年份样点均值依次为 1.74 g/m² 、3.64 g/m² 、8.23 g/m² 、5.41 g/m² 和 6.74 g/m² ，除了 2016 年（仅 2%）和 2019 年（仅 6%），其他各年份占比在 15% 左右。

7.3　季节动态

2016～2020 年洪泽湖底栖动物月平均密度和生物量的季节性差异也较为明显（表 7-2 和图 7-7）。各个月份中，生物量较密度的年际变化更大，表现为各月份生物量的变异系数均高于密度的变异系数。整体而言，密度和生物量均呈现出冬季大于其他三个季节的格局，冬季密度和生物量均值分别达 170.7 个/m² 和 98.74 g/m² ，其中 12 月密度最高，各年份均值达 217.7 个/m² ，生物量最高值则出现在 2 月，各年份均值为 201.29 g/m² ；密度和生物量低值分别出现在夏季和秋季，均值分别为 84.5 个/m² 和 31.58 g/m² ，其中密度最低值出现在夏季的 7 月，各年份均值仅为 69.3 个/m²，生物量最低值则出现在秋季的 10 月，各年份均值仅为 22.85 g/m²。

表 7-2　2016～2020 年洪泽湖底栖动物月平均密度和生物量变化

月份	密度/（个/m²）			变异系数/%	生物量/（g/m²）			变异系数/%
	最小值	最大值	平均值		最小值	最大值	平均值	
1	63.3	266.7	137.5	56.6	3.21	58.69	31.74	83.2
2	118.0	233.3	157.0	33.0	2.41	721.52	201.29	172.6
3	142.0	202.7	168.4	16.6	11.91	128.39	55.03	85.6
4	46.0	114.1	72.2	41.2	3.79	300.34	82.37	150.7
5	49.2	136.7	92.0	40.9	20.47	137.64	65.04	67.7
6	35.7	127.3	78.7	55.6	0.60	109.41	42.15	112.8
7	34.7	108.7	69.3	47.3	3.45	110.61	58.67	70.3
8	51.9	178.0	105.6	47.1	10.30	48.06	26.88	54.7
9	46.7	174.0	117.3	48.1	4.17	88.18	39.45	84.4
10	49.7	159.3	85.9	52.0	0.71	43.68	22.85	68.2
11	75.3	182.7	143.2	29.9	19.07	44.24	32.42	33.2
12	70.4	490.0	217.7	76.7	6.25	179.72	63.19	110.9
均值	65.2	197.8	120.4	45.4	7.20	164.21	60.09	91.2

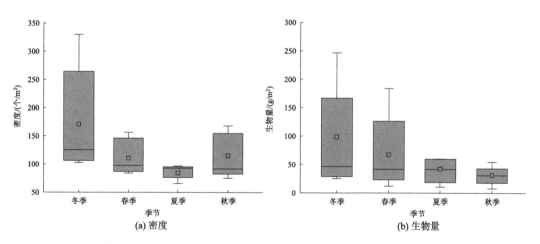

图 7-7　2016～2020 年洪泽湖底栖动物不同季节密度和生物量差异

春季为 3～5 月；夏季为 6～8 月；秋季为 9～11 月；冬季为 12 月～次年 2 月；下同

优势类群密度和生物量的季节变化（图 7-8）显示，各优势类群密度的季节变化以甲壳纲最大，从冬季至秋季，各年份均值依次为 77.7 个/m²、31.7 个/m²、18.9 个/m² 和 26.6 个/m²；寡毛纲密度的季节性变化也较大，秋、冬季寡毛纲性成熟并进行繁殖（Verdonschot, 1996），从而密度较高，分别为 30.3 个/m² 和 27.8 个/m²，春、夏季密度较低，分别为 21.5 个/m² 和 13.0 个/m²；多毛纲和双壳纲密节的季节性变化较小，其中多毛纲各季度密度介于 23.0～32.6 个/m²，而双壳纲密度介于 14.7～26.8 个/m²。生物量方面，各优势类群的季节性变化以双壳纲最大，且生物量各季节占比最高，从冬季到秋季，各年份均值依次为 82.46 g/m²、60.28 g/m²、35.24 g/m² 和 23.32 g/m²，分别占总生物量的 83.5%、89.2%、83.5% 和 81.0%。

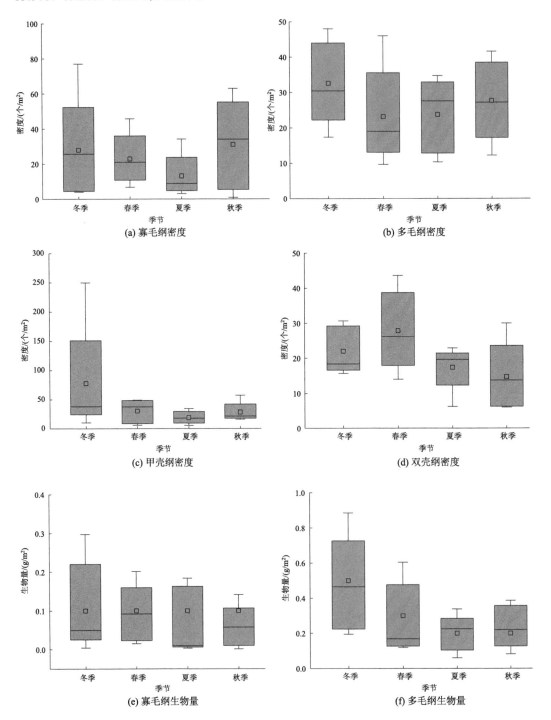

(a) 寡毛纲密度　(b) 多毛纲密度

(c) 甲壳纲密度　(d) 双壳纲密度

(e) 寡毛纲生物量　(f) 多毛纲生物量

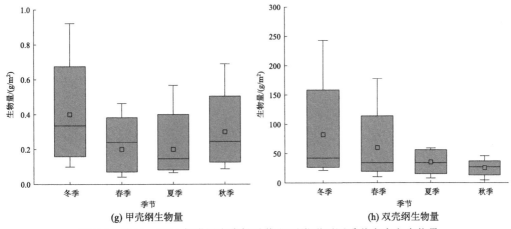

(g) 甲壳纲生物量   (h) 双壳纲生物量

图 7-8   2016～2020 年洪泽湖底栖动物主要类群不同季节密度和生物量

底栖动物现存量的季节变化在不同年份也存在着差异（图 7-9）。具体来看，各年份密度高值主要出现在秋、冬两季，其中 2016 年、2018 年和 2020 年三个年份冬季密度最高，分别达 330.0 个/m²、109.6 个/m² 和 199.0 个/m²，而 2017 年和 2019 年则在秋季出现最高值，密度分别达 168.2 个/m² 和 141.4 个/m²；密度的季节低值年际波动幅度较小，2016～2020 年分别为 96.9 个/m²、87.1 个/m²、65.8 个/m²、89.5 个/m² 和 95.2 个/m²。生物量方面，各年份高值主要出现在冬、春两季，其中 2016 年和 2018 年冬季生物量最高，分别达 246.48 g/m² 和 86.89 g/m²，2017 年、2019 年和 2020 年最高值均出现在春季，分别为 34.06 g/m²、184.14 g/m² 和 68.15 g/m²。

相比于密度季节波动的年际差异，不同季节密度组成的年际变化也非常明显（图 7-9）。主要类群中，寡毛纲密度较高的季节主要出现在各年份的秋、冬两季，秋季各年份密度介于 0.9～62.9 个/m²，平均值为 30.3 个/m²，占总密度的 26.7%，冬季密度则介于 4.0～77.0 个/m²，且从 2016 年至 2020 年有逐年升高的趋势，平均值为 27.8 个/m²，占总密度的 16.0%；甲壳纲同样主要出现在各年份的冬季，密度介于 10.2～249.8 个/m²，平均为 77.7 个/m²，占总密度的 44.8%，而各年份的夏季密度相对较低，介于 5.6～34.7 个/m²；多毛纲同样在各年份的冬季密度较高，介于 17.3～48.0 个/m²，平均值为 32.6 个/m²，占

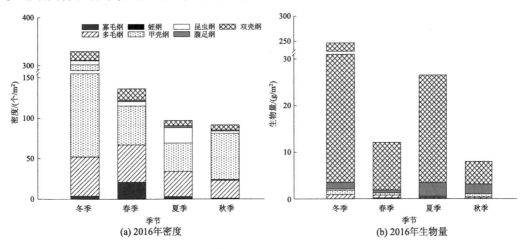

(a) 2016年密度   (b) 2016年生物量

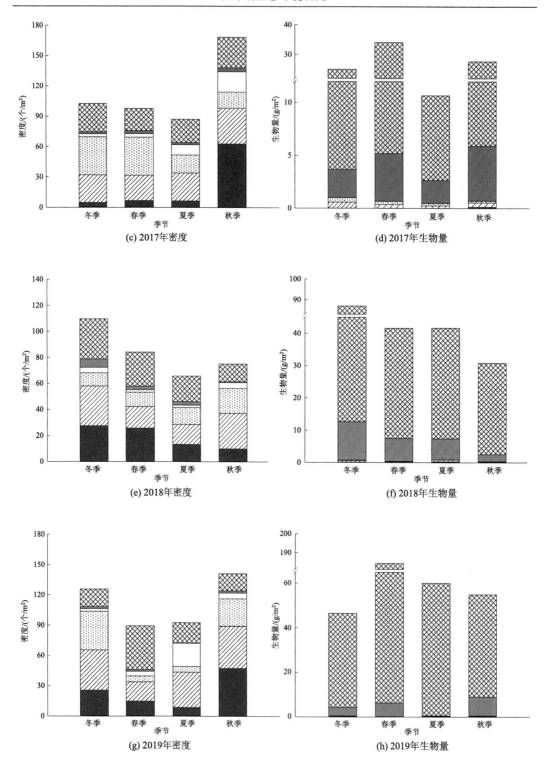

(c) 2017年密度

(d) 2017年生物量

(e) 2018年密度

(f) 2018年生物量

(g) 2019年密度

(h) 2019年生物量

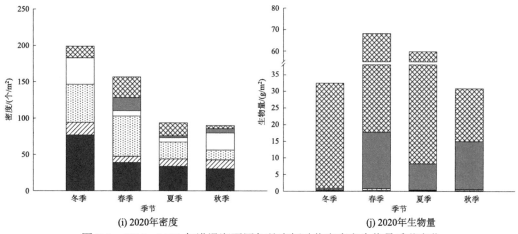

图 7-9　2016～2020 年洪泽湖不同年份底栖动物密度和生物量季节变化

总密度的 18.8%，且总体上各年份该类群在各季节的密度占比差异较小；双壳纲则主要出现在各年份的春季，密度介于 14.0～43.6 个/m²，平均值为 26.8 个/m²，占总密度的 28.1%，而各年份秋季密度相对较低。生物量组成上，双壳纲在各年份不同季节的生物量均占主要优势，冬季生物量介于 21.37～242.95 g/m²，平均值最高，其次是春季和夏季，各年份的秋季则较低，生物量介于 4.82～45.90 g/m²；腹足纲仅在 2017 年和 2018 年各季节的生物量相对较高。

7.4　底栖动物生物多样性

2016～2020 年各监测样点物种数空间差异较大[图 7-10（a）]，各样点介于 18～31 种，平均为 23.3 种，最高值出现在溧河洼水域（HZ9）。Shannon-Wiener 多样性指数和 Simpson 优势度指数基本呈现出相似的空间差异[图 7-10（b）、（c）]，其中 Shannon-Wiener 多样性指数各样点介于 1.60～2.36，均值为 1.99，Simpson 优势度指数则介于 0.66～0.89，均值为 0.77，两个多样性指数高值均出现在过水区的湖心敞水区（HZ5）和老子山东部水域（HZ6），而低值则主要出现在过水区的老子山北部水域（HZ7）和半城镇水域（HZ8）。Pielou

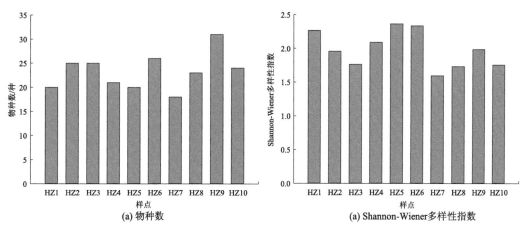

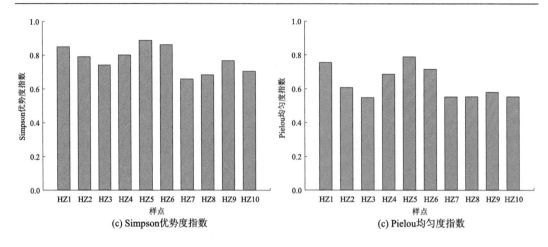

图 7-10　2016～2020 年洪泽湖各样点底栖动物多样性均值

均匀度指数介于 0.55～0.79，均值为 0.63，高值同样出现在过水区的湖心敞水区（HZ5）、老子山东部水域（HZ6）及东部湖区的高良涧闸出湖水域（HZ1），而其他样点 Pielou 均匀度指数差异较小[图 7-10（d）]。总体而言，洪泽湖现阶段底栖动物多样性并不高。

　　底栖动物物种数和多样性指数的空间差异在各年份也存在波动（表 7-3 和图 7-11）。各年份总体上以物种数的空间差异最大，而 Simpson 优势度指数的空间差异最小，表现为各年份物种数的样点变异系数均高于其他多样性指数的变异系数（2019 年除外）。具体而言，各年份样点物种数平均值介于 9.7～14.6 种，除 2020 年最高值出现在成子湖（HZ3）外，其他年份物种数高值出现在溧河洼水域（HZ9），2016～2019 年最高值依次为 19 种、21 种、14 种和 18 种；而各年份物种数低值主要出现在过水区的老子山北部水域（HZ7）及高良涧闸出湖水域（HZ1）。多样性指数方面（表 7-3），2016～2020 年各样点 Shannon-Wiener 多样性指数平均值分别为 1.67、1.87、1.49、1.63 和 1.79，Simpson 优势度指数平均值历年来依次为 0.70、0.78、0.67、0.67 和 0.73，Pielou 均匀度指数平均值则分别为 0.68、0.71、0.66、0.65 和 0.67。可以看出，底栖动物多样性指数在 2016～2020 年较为平稳。

表 7-3　2016～2020 年洪泽湖底栖动物多样性变化

项目	参数	2016 年	2017 年	2018 年	2019 年	2020 年	均值
物种数	最小值/种	8	11	6	8	11	8.8
	最大值/种	19	21	14	18	20	18.4
	平均值/种	12.7	14.1	9.7	12.9	14.6	12.8
	变异系数/%	28.0	22.5	28.8	22.7	18.6	24.1
Shannon-Wiener 多样性指数	最小值	0.83	1.44	0.75	0.97	1.32	1.1
	最大值	2.29	2.38	1.99	2.23	2.26	2.2
	平均值	1.67	1.87	1.49	1.63	1.79	1.7
	变异系数/%	25.43	14.49	26.6	29.5	15.2	22.2

续表

项目	参数	2016 年	2017 年	2018 年	2019 年	2020 年	均值
Simpson 优势度指数	最小值	0.31	0.68	0.34	0.40	0.64	0.5
	最大值	0.87	0.88	0.82	0.87	0.87	0.9
	平均值	0.70	0.78	0.67	0.67	0.73	0.7
	变异系数/%	24.40	7.69	22.6	27.0	10.9	18.5
Pielou 均匀度指数	最小值	0.31	0.60	0.36	0.38	0.53	0.4
	最大值	0.89	0.88	0.83	0.94	0.83	0.9
	平均值	0.68	0.71	0.66	0.65	0.67	0.7
	变异系数/%	27.43	13.27	21.1	30.9	16.2	21.8

从不同年份多样性指数的空间差异（图 7-11）来看，2016 年和 2020 年 Shannon-Wiener 多样性指数、Simpson 优势度指数和 Pielou 均匀度指数的高值主要出现在过水区的老子山东部水域（HZ6），而低值则基本出现在成子湖水域（HZ3 或 HZ4）；而 2017～2019 年各指数的高值则主要出现在过水区的湖心敞水区（HZ5）、溧河洼水域（HZ9）及高良涧闸出湖水域（HZ1）等不同水域，低值多数出现在老子山北部水域（HZ7）。

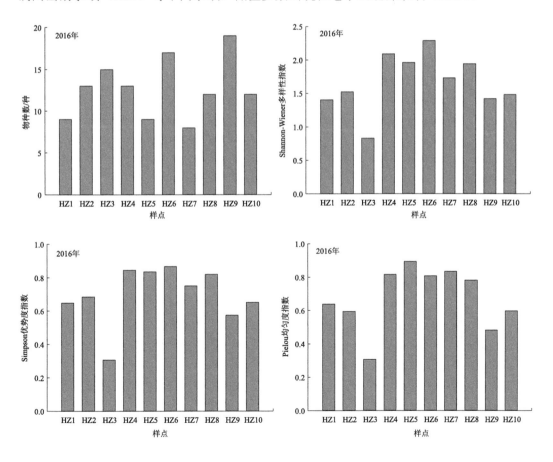

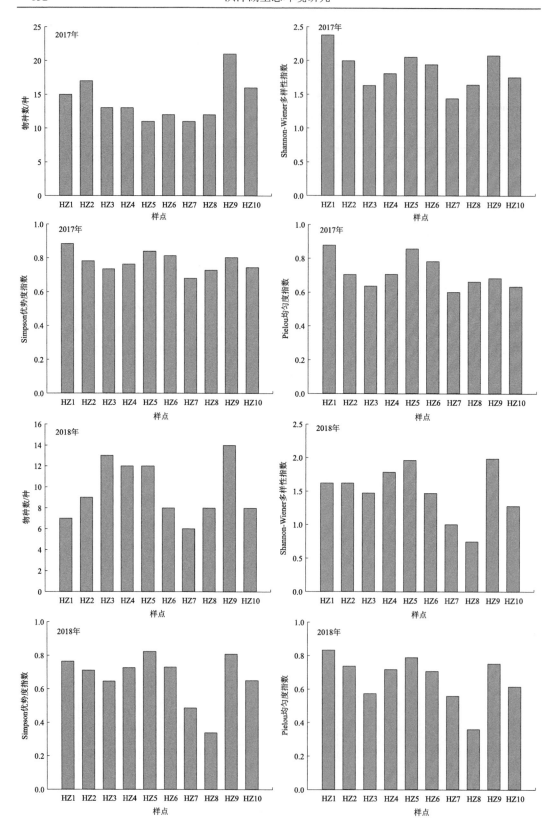

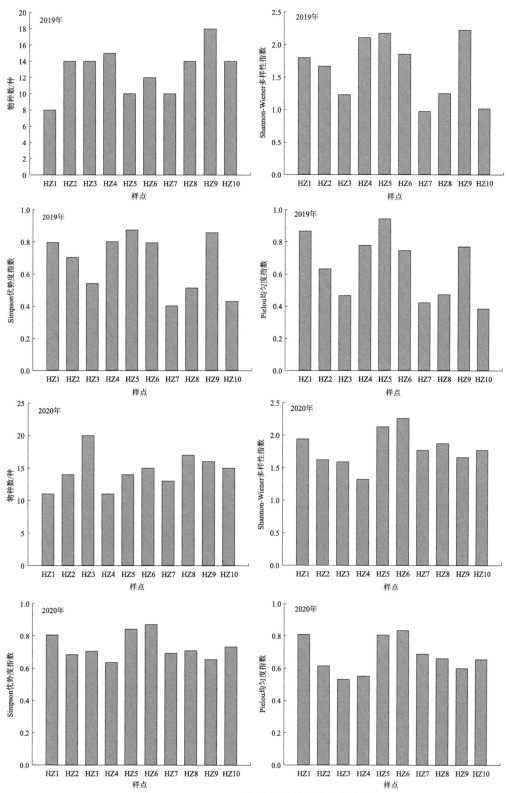

图 7-11　2016～2020 年洪泽湖底栖动物多样性

7.5　演变特征及影响因素

尽管洪泽湖底栖动物的调查工作可以追溯到 20 世纪 60 年代，但较为系统的调查是在 20 世纪 90 年代初，朱松泉等（1993）报道称洪泽湖底栖动物共有 75 种，其中环节动物 3 纲 6 科 7 属 7 种，软体动物 2 纲 11 科 25 属 43 种，节肢动物 3 纲 22 科 25 属 25 种；高方述等（2010）报道洪泽湖底栖动物在 1988～2003 年期间减少了 25 种，为 2003 年的 50 种；随后在中国科学院南京地理与湖泊研究所的相继调查中，2012～2013 年、2016 年、2017 年、2018 年、2019 年和 2020 年分别采集到底栖动物 30 种、32 种、32 种、27 种、30 种和 37 种。对比历次调查结果可以发现，2012～2020 年物种数较 20 世纪 90 年代和 21 世纪初均有明显减少，且以软体动物减少最多，物种数相差最多的年份之前可达 33 种（2012～2013 年相比 20 世纪 90 年代）；其次节肢动物的物种数也减少明显，减少种数达 16 种（相比 2018 年），而环节动物的总物种数基本保持不变（图 7-12）。分析不同时间底栖动物的优势种可知，2005 年之前洪泽湖底栖动物优势类群主要为软体动物，即以螺蚬为主，2012 年以来，除了河蚬一直为优势种外，螺蚬的出现频次有所减少，寡毛纲的耐污种、多毛纲和甲壳纲等部分物种的出现频次在不断升高（表 7-4）。

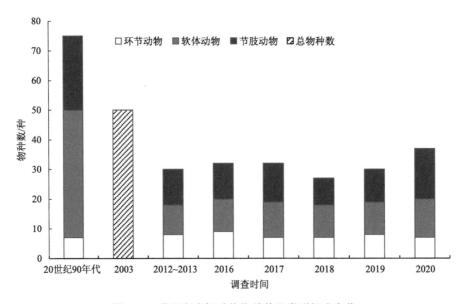

图 7-12　洪泽湖底栖动物物种数及类群组成变化

表 7-4　洪泽湖底栖动物优势种组成变化

优势种	1989[1]	2000[2]	2005[3*]	2010～2011[4]	2012～2013	2015[5*]	2016	2017	2018	2019	2020
河蚬	+	+	+	+	+	+	+	+	+	+	+
湖球蚬							+	+			
淡水壳菜	+										
扭蚌			+								

续表

优势种	1989[1]	2000[2]	2005[3]*	2010~2011[4]	2012~2013	2015[5]*	2016	2017	2018	2019	2020
中华圆田螺		+									
铜锈环棱螺	+		+			+			+		+
赤豆螺			+								
短沟蜷			+								
霍甫水丝蚓				+		+	+		+	+	+
苏氏尾鳃蚓				+		+					+
寡鳃齿吻沙蚕					+		+	+	+	+	+
背蚓虫					+		+	+	+		
黄色羽摇蚊				+		+					
大螯蜚					+		+	+	+	+	+
拟背尾水虱							+			+	
蜾蠃蜚					+						

注：1.朱松泉等,1993；2.韩爱民等,2002；3.严维辉等,2007；4.张超文等,2012；5.高鸣远等,2017；
*为 2005 年和 2015 年分别仅为 6 月份和 4 月份调查的数据。

根据历史资料和近几年的监测结果可以得出，底栖动物的总密度和生物量总体上呈降低趋势，但该趋势在不同类群之间的差异也较大（表 7-5）。其中以软体动物的减少最为明显，密度从 2005 年 287.5 个/m² 降低至 2020 年的 21.1 个/m²，对应年份生物量也从 431.50 g/m² 降至 47.04 g/m²。其中优势种河蚬的密度和生物量一度从 2008 年的 140.3 个/m² 和 195.07 g/m² 分别降低至 2016 年的 1.9 个/m² 和 10.38 g/m²，随后又略有回升，至 2020

表 7-5　洪泽湖底栖动物密度和生物量演变特征

调查时间	软体动物		环节动物		节肢动物		总量		来源
	密度 /(个/m²)	生物量 /(g/m²)	密度 /(个/m²)	生物量 /(g/m²)	密度 /(个/m²)	生物量 /(g/m²)	密度 /(个/m²)	生物量 /(g/m²)	
1981~1982	161.7	172.02	9.5	0.33	3.3	0.05	174.5	172.40	朱松泉等,1993
1989	101.1	89.87	13.3	0.31	24.3	1.66	138.7	91.85	朱松泉等,1993
1990~1991	137.0	123.96	/	/	/	/	/	/	袁永浒等,1994
2005	287.5	431.50	0.8	0.20	/	/	288.3	431.70	严维辉等,2007
2010~2011	24.8	49.55	7.0	0.60	13.8	2.28	45.5	52.43	张超文等,2012
2012~2013	34.6	42.34	260.6	2.12	152.7	1.03	447.8	45.49	本书
2014	/	/	/	/	/	/	193.0	/	袁哲等,2017
2015	/	/	/	/	/	/	186.0	/	袁哲等,2017
2016	12.8	71.99	44.3	0.59	106.5	0.68	163.7	73.26	本书
2017	28.4	23.64	49.0	0.43	36.4	0.30	113.8	24.37	本书
2018	28.0	53.71	42.5	0.36	17.8	0.21	88.3	54.28	本书
2019	25.6	84.72	56.8	0.24	29.4	0.20	111.8	85.16	本书
2020	21.1	47.04	57.2	0.25	51.3	0.28	129.5	47.57	本书

年分别为 15.3 个/m² 和 30.93 g/m²（图 7-13）。环节动物和节肢动物的密度则有先升高再降低的变化趋势，其中环节动物的变化更为明显，密度从 20 世纪 80 年代的 9.5 个/m² 增至 2012～2013 年的 260.6 个/m²（主要是多毛纲密度的骤增），随后密度介于 42.5～57.2 个/m²；节肢动物则从 20 世纪 80 年代的 3.3 个/m² 增至 2012～2013 年的 152.7 个/m²，2016～2020 年则介于 17.8～106.5 个/m²。

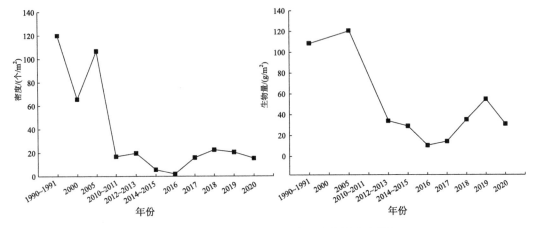

图 7-13　洪泽湖优势种河蚬密度和生物量演变特征

底栖动物栖息场所固定、活动范围小、生活周期较长，对环境变化也较为敏感（Covich et al., 1999；丁建华等, 2017），因此在受到水体污染、水产养殖、采砂等因素影响时（Cai et al., 2016；蔡永久等, 2020），其种类组成、群落结构等特征都会发生变化。洪泽湖双壳纲较其他动物门类的物种数和现存量降低最为突出，说明双壳纲一直处于严重的干扰状态，其中人为干扰因素如过度捕捞、富营养化、采砂等（周万平等, 1994；张彤晴等, 2017；魏文强等, 2019）可能是主要原因。一方面，可能是由于双壳纲运动能力较弱、生长缓慢（Haag and Rypel, 2011）；另一方面，尽管管理部门的执法力度加大，采砂、围网养殖和乱捕等人类活动大幅度减少，但是由于底质生境恢复时间短、恢复缓慢，双壳纲可能仍处于受干扰状态（刘燕山等, 2021）。

早在 20 世纪七八十年代，蚌、螺捕捞对软体动物的直接影响及水产养殖（主要是河蟹）过程中产生的大量污染物对水体的间接影响，均导致洪泽湖底栖动物等生物群落结构发生变化。如 1973～1974 年因外贸需求，出口螺肉达 264 t，螺类和部分蚌类成为渔民的捕捞对象，而河蚬被捕甚少，导致蚌、螺类数量减少，河蚬数量增加（朱松泉等, 1993）。水产养殖的影响也是长久和深远的，早在 20 世纪 60 年代，当时沿湖居民利用干旱时湖水位较低的有利时机，在高程 12.5 m 以下的滩地进行圈圩养殖。20 世纪 80 年代后期以来，河蟹养殖的热潮更是迫使大量的天然湿地被围垦（葛绪广和王国祥, 2008），1979～2002 年洪泽湖湿地丧失了 6.46 km²（阮仁宗等, 2005），甚至到了 2018 年，洪泽湖圈圩、网围养殖面积占全湖总面积的 30%（蔡永久等, 2020）。水产养殖的纵深发展，一方面会阻碍湖泊水体的自由交换，损坏水体自净能力，降低环境容量；另一方面长期集约式养殖使围网内、外的水生植被严重衰退（刘伟龙等, 2009），依赖水生植被生存及庇护的底栖物种也遭到破坏,底栖动物群落结构也趋于简单化(蔡永久等,2020;段海昕等,2021)。近年来,洪泽湖大力推进退圩还湖,虽然清退后的生态恢复可能存在滞后效应(段海昕等,2021),但从软体动物及优势种河蚬的密度和生物量自 2017 年后略有恢复的态势来看,退渔还湖、退圩还湖、生态修复工作仍需统筹推进。

洪泽湖作为过水性湖泊,拥有优质黄砂资源,受暴利驱使,黄砂开采曾一度频发,沿湖非法采砂行为也屡禁不止。洪泽湖采砂船从 2007 年初的几艘,到 2013 年高峰期时,达到 1000 多艘(严登余,2015)。采砂对湖泊生态系统有致命的影响,高强度的采砂活动不仅改变了原有的湖盆地貌,加深水体深度,使水体浑浊,导致水体底层光照不足,水生植物构建的底栖动物栖息生境可能遭受毁灭性的破坏。根据长期遥感监测研究结果,近年来的采砂是洪泽湖水下光场条件变差的主要驱动因素之一(Cao et al., 2017),水体浊度增加,会影响浮游植物和着生藻类的光合生长,进而影响以取食浮游植物或着生藻类为生的底栖动物的存活(李燕等,2021)。此外,采砂对底栖动物也存在直接性的生存威胁,对沉积物的频繁干扰,不利于底栖动物的栖息和繁殖;且采砂区水深往往超出双壳纲(尤其是优势种河蚬)生长的最适水深(张彤晴等,2017),深层溶解氧不足,不利于底栖动物的呼吸、摄食等生理活动,直接影响它们的存活和分布。历史数据中优势种河蚬的密度和生物量在 2008 年之后出现骤减可能就与采砂有一定关联。2012 年全面禁止采砂后,洪泽湖底栖动物资源种类河蚬的密度和生物量呈恢复趋势,但与 2008 年相比仍存在差距。

7.6　底栖动物生物学评价

利用洪泽湖 2016～2020 年底栖动物各类群密度的年际均值,计算各样点的生物学指数(图 7-14)。结果显示,寡毛纲年均密度均值除了在成子湖高渡镇水域(HZ3)大于100 个/m²,处于轻污染状态外,其他各样点密度均值均低于 100 个/m²,从寡毛纲数量判断各样点水质基本处于无污染状态。Goodnight 指数在各样点中介于 0.03～0.51,样点均值为 0.18,高值出现在成子湖水域(HZ4 和 HZ3),且各样点指数值均低于 0.6,处于轻污染状态。生物学污染指数(biological pollution index, BPI)介于 0.27～0.80,样点均值为 0.46,除龙集镇东部水域(HZ2)和成子湖水域(HZ3 和 HZ4)BPI 指数值高出 0.5,

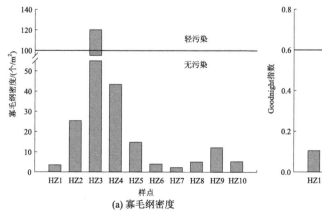

(a) 寡毛纲密度

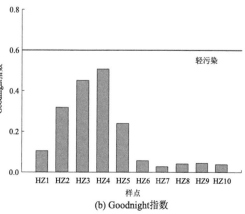

(b) Goodnight指数

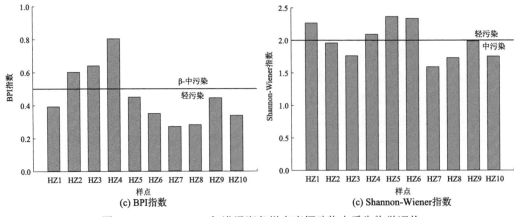

图 7-14　2016～2020 年洪泽湖各样点底栖动物水质生物学评价

处于 β-中污染外,其他各样点均处于轻污染状态。各样点 Shannon-Wiener 指数介于 1.60～2.36,均值为 1.99,除了过水区的高良涧闸出湖水域(HZ1)、洪泽湖湖心敞水区(HZ5)、老子山东部水域(HZ6)及成子湖北部水域(HZ4)的 Shannon-Wiener 指数值大于 2.0,处于轻度污染外,其余各样点指数值均处于 1.0～2.0 范围内,处于中污染状态。综合三种生物学指数评价结果,表明 2016～2020 年洪泽湖水环境一直处于轻污染—中污染水平。

从各年份水质生物学评价(表 7-6)来看,自 2016 年至 2020 年洪泽湖各样点寡毛纲密度均值分别为 7.2 个/m²、20.2 个/m²、20.2 个/m²、25.3 个/m² 和 45.2 个/m²,Goodnight 指数历年来依次为 0.08、0.19、0.21、0.19 和 0.25,BPI 指数分别为 0.38、0.44、0.42、0.44 和 0.57,而 Shannon-Wiener 指数则分别 1.70、1.87、1.49、1.63 和 1.79。可以看出,

表 7-6　2016～2020 年洪泽湖底栖动物水质生物学评价变化

项目	参数	2016 年	2017 年	2018 年	2019 年	2020 年	均值
寡毛纲密度	最小值/(个/m²)	0.0	0.0	0.0	0.6	4.2	1.0
	最大值/(个/m²)	37.8	79.4	104.7	148.5	262.5	126.6
	平均值/(个/m²)	7.2	20.2	20.2	25.3	45.2	23.6
	变异系数/%	151.5	131.9	165.5	176.9	176.4	160.4
Goodnight 指数	最小值	0.00	0.00	0.00	0.01	0.06	0.0
	最大值	0.47	0.49	0.58	0.65	0.74	0.6
	平均值	0.08	0.19	0.21	0.19	0.25	0.2
	变异系数/%	171.67	105.1	126.3	112.1	105.6	124.1
BPI 指数	最小值	0.17	0.13	0.13	0.20	0.32	0.2
	最大值	1.09	0.73	0.77	0.74	1.08	0.9
	平均值	0.38	0.44	0.42	0.44	0.57	0.4
	变异系数/%	66.89	49.3	55.0	42.9	45.1	51.9
Shannon-Wiener 指数	最小值	0.83	1.44	0.75	0.97	1.32	1.1
	最大值	2.29	2.38	1.99	2.23	2.26	2.2
	平均值	1.70	1.87	1.49	1.63	1.79	1.7
	变异系数/%	24.76	14.5	26.6	29.5	15.2	22.1

寡毛纲密度在这 5 次监测中总体上呈现上升趋势；对应 Goodnight 指数从 2016 年开始，在 2017～2020 年保持着相对较高的值；BPI 指数同寡毛纲密度的年际变化相似，在近几次监测中一直处于缓慢增长的趋势；而 Shannon-Wiener 指数则在 2017 年出现一次低峰值，随后的 2 次监测中又出现上升的态势。

7.7　小　　结

2016～2020 年洪泽湖共记录到底栖动物 55 种（属），群落结构中以节肢动物门昆虫纲分布最广，包括昆虫纲 17 种和甲壳纲 6 种，其次是软体动物门，即双壳纲 13 种和腹足纲 9 种，环节动物门最少，其中寡毛纲和多毛纲均记录到 4 种，而蛭纲仅 2 种。空间差异上以溧河洼水域的物种数最高，而老子山北部水域、洪泽湖湖心敞水区和过水区高良涧闸出湖水域的物种数相对较低。优势物种主要为河蚬、大螯蜚、寡鳃齿吻沙蚕、背蚓虫和霍甫水丝蚓等。各样点多年总密度均值介于 34～271 个/m²，平均值为 120.4 个/m²，多年总生物量均值介于 2.5～130.3 g/m²，平均值为 60.09 g/m²。空间分布中密度和生物量均为高值的样点出现在溧河洼水域，低值则出现在过水区的高良涧闸出湖水域。季节差异方面，密度和生物量总体上均呈现出冬季大于其他三个季度的格局，低值则分别出现在夏季和秋季。多样性方面，各样点物种数介于 18～31 种，最高值出现在溧河洼水域，而底栖动物多样性指数较高的样点多集中在过水区的湖心敞水区和老子山东部水域。生物学指数评价结果表明，2016～2020 年水环境一直处于轻污染—中污染水平。

20 世纪 90 年代初以来洪泽湖底栖动物发生显著变化，物种数出现明显减少，且以软体动物减少最多，物种数缩减最多的年份可达 33 种（2012～2013 年相比 20 世纪 90 年代）。底栖动物优势种类群也发生了较大变化，2005 年之前底栖动物优势门类以软体动物的螺蛳为主，而 2012 年以来，优势种类群中螺蛳出现的频次不断降低，寡毛纲的耐污种、多毛纲和甲壳纲部分物种的优势度则在升高。密度和生物量方面，同样以软体动物的减少最为突出，密度从 2005 年 287.5 个/m² 降低至 2020 年的 21.1 个/m²，相应年份生物量也从 431.50 g/m² 降至 47.04 g/m²。优势种河蚬的密度和生物量一度从 2008 年的 140.3 个/m² 和 195.07 g/m² 分别降低至 2016 年的 1.9 个/m² 和 10.38 g/m²，禁止采砂后略有回升，至 2020 年分别为 15.3 个/m² 和 30.93 g/m²。

过度捕捞、水产养殖、前期无序采砂等人为干扰可能是影响洪泽湖底栖动物资源量和多样性的重要因素，其中以软体动物的物种数和现存量降低最为明显，受干扰程度最为严重。虽然河蚬一直占据优势地位，但其现存量一度骤减，且有研究表明其体型也呈现出小型化趋势（刘燕山等，2021）。随着全面禁止采砂、十年禁渔、退圩还湖、生态修复的实施，洪泽湖人类活动压力强度明显减小，但是由于底质生境恢复时间短、恢复缓慢，短期内效果还不明显，因此仍需坚持湖泊生态修复和保护工作，促进洪泽湖底栖动物多样性和资源量的恢复。

参 考 文 献

蔡永久, 姜加虎, 张路, 等. 2010. 长江中下游湖泊大型底栖动物群落结构及多样性. 湖泊科学, 22(6):

811-819.

蔡永久, 张祯, 唐荣桂, 等. 2020. 洪泽湖生态系统健康状况评价和保护. 江苏水利, 7: 1-7+13.

陈凯, 陈求稳, 于海燕, 等. 2018. 应用生物完整性指数评价我国河流的生态健康. 中国环境科学, 38(4): 1589-1600.

丁建华, 周立志, 邓道贵. 2017. 淮河干流大型底栖动物群落结构及水质生物学评价. 长江流域资源与环境, 26(11): 1875-1883.

段海昕, 毛志刚, 王国祥, 等. 2021. 洪泽湖养殖网围拆除生态效应. 湖泊科学, 33(3): 706-714.

高方述, 钱谊, 王国祥. 2010. 洪泽湖湿地生态系统特征及存在问题. 环境科学与技术, 33(5): 1-5.

高鸣远, 刘俊杰, 蒋咏. 2017. 浅析洪泽湖水生态环境现状及其藻类水华防控措施. 治淮, 12: 60-61.

葛绪广, 王国祥. 2008. 洪泽湖面临的生态环境问题及其成因. 人民长江, 39(1): 28-30.

韩爱民, 杨广利, 张书海, 等. 2002. 洪泽湖富营养化和生态状况调查与评价. 环境监测管理与技术, 14(6): 18-20+22.

李燕, 汪露, 张敏, 等. 2021. 洪泽湖底栖动物群落结构及水质季节变化分析. 四川环境, 40(2): 103-115.

刘建康. 1999. 高级水生生物学. 北京: 科学出版社.

刘伟龙, 邓伟, 王根绪, 等. 2009. 洪泽湖水生植被现状及过去 50 多年的变化特征研究. 水生态学杂志, 30(6): 1-8.

刘燕山, 张彤晴, 殷稼雯, 等. 2021. 洪泽湖双壳类调查. 水产学杂志, 34(1): 60-67.

阮仁宗, 冯学智, 肖鹏峰, 等. 2005. 洪泽湖天然湿地的长期变化研究. 南京林业大学学报(自然科学版), 29(4): 57-60.

魏文强, 胡继刚, 王春霞. 2019. 洪泽湖退圩(围)还湖规划研究. 江苏水利, S2: 21-24.

严登余. 2015. 洪泽湖采砂管理分析. 江苏科技信息, 31: 49-50.

严维辉, 潘元潮, 郝忱, 等. 2007. 洪泽湖底栖生物调查报告. 水利渔业, 27(3): 65-66.

杨桂山, 马荣华, 张路, 等. 2010. 中国湖泊现状及面临的重大问题与保护策略. 湖泊科学, 22(6): 799-810.

袁永浒, 王兴元, 陈安来, 等. 1994. 洪泽湖螺蚬资源调查报告. 水产养殖, 6: 15-16.

袁哲, 奚璐翔, 吴燕. 2017. 洪泽湖流域生态环境现状调查与研究. 给水排水, 53(S1): 77-80.

张超文, 张堂林, 朱挺兵, 等. 2012. 洪泽湖大型底栖动物群落结构及其与环境因子的关系. 水生态学杂志, 33(3): 27-33.

张彤晴, 唐晟凯, 李大命, 等. 2017. 洪泽湖河蚬空间分布及资源量研究. 江苏农业科学, 45(20): 180-187.

周万平, 郭晓鸣, 陈伟民, 等. 1994. 南水北调东线一期工程对洪泽湖水生生物及生态环境影响的预测. 湖泊科学, 6(2): 131-135.

朱松泉, 窦鸿身, 等. 1993. 洪泽湖——水资源和水生生物资源. 合肥: 中国科学技术大学出版社.

Brönmark C, Hansson L-A. 2002. Environmental issues in lakes and ponds: current state and perspectives. Environmental Conservation, 29(3): 290-307.

Cai Y J, Lu Y J, Liu J S, et al. 2016. Macrozoobenthic community structure in a large shallow lake: Disentangling the effect of eutrophication and wind-wave disturbance. Limnologica, 59: 1-9.

Cao Z G, Duan H T, Feng L, et al. 2017. Climate- and human-induced changes in suspended particulate matter over Lake Hongze on short and long timescales. Remote Sensing of Environment, 192: 98-113.

Chao M, Shi Y R, Quan W M, et al. 2012. Distribution of benthic macroinvertebrates in relation to environmental variables across the Yangtze River Estuary, China. Journal of Coastal Research, 28(5): 1008-1019.

Covich A P, Palmer M A, Crowl T A. 1999. The role of benthic invertebrate species in freshwater ecosystems: Zoobenthic species influence energy flows and nutrient cycling. BioScience, 49(2): 119-127.

Haag W R, Rypel A L. 2011. Growth and longevity in freshwater mussels: evolutionary and conservation implications. Biological Reviews, 86(1): 225-247.

Morse J C, Bae Y J, Munkhjargal G, et al. 2007. Freshwater biomonitoring with macroinvertebrates in East Asia. Frontiers in Ecology and the Environment, 5(1): 33-42.

Poikane S, Johnson R K, Sandin L, et al. 2016. Benthic macroinvertebrates in lake ecological assessment: A review of methods, intercalibration and practical recommendations. Science of the Total Environment, 543: 123-134.

Verdonschot P F M. 1996. Oligochaetes and eutrophication: An experiment over four years in outdoor mesocosms. Hydrobiologia, 334: 169-183.

Von Bertrab M G, Krein A, Stendera S, et al. 2013. Is fine sediment deposition a main driver for the composition of benthic macroinvertebrate assemblages? Ecological Indicators, 24: 589-598.

第8章 鱼类和渔业

作为水生态系统食物网的重要环节，鱼类是影响湖泊生态服务功能的重要组成部分（刘建康，1999），鱼类群落的结构变化可以反映人类干扰等因素对湖泊生态系统的影响，对于湖泊生态系统的健康具有重要指示意义（谷孝鸿等，2018）；同时，鱼类作为重要的经济类群，对粮食安全和经济发展也意义重大（王静香等，2022）。洪泽湖是中国第四大淡水湖，湖泊水域广阔，沿湖水生植物丰盛，浮游生物和底栖生物等饵料资源丰富多样，是鱼类生长繁殖的理想场所，是国家重要的渔业生产基地。

洪泽湖鱼类种类与区系组成的研究始于20世纪60年代，长江水产研究所、江苏省淡水水产研究所等单位进行了综合调查（孙坚等，1990）；其后中国科学院南京地理与湖泊研究所于1989~1990年进行了水生生物等相关调查（朱松泉等，1993）；2010年以来中国科学院水生生物研究所（林明利等，2013）、南京农业大学（刘孝珍，2015）、中国科学院南京地理与湖泊研究所（毛志刚等，2019）等单位分别在洪泽湖进行了鱼类资源的相关调查研究。近几十年来，随着流域经济的发展、污染物排放量增加、水利工程建设，导致水体富营养化严重，加之过度捕捞等因素的影响，洪泽湖鱼类群落结构发生巨大变化。为了解洪泽湖鱼类群落结构的变化趋势，本章通过对洪泽湖鱼类历史文献资料的梳理，结合近几年的调查结果，分析洪泽湖鱼类群落结构及其长期变化趋势，以期为洪泽湖渔业资源保护提供支撑。

8.1 种 类 组 成

根据《江苏湖泊志》记载，1982年以前洪泽湖有鱼类81种，但是具体名录不详；根据林明利等（2013）的研究，1982年之前有明确记录的鱼类物种共计78种，这与《江苏湖泊志》中记载的物种数略有差异，但提供了完整的鱼类物种信息；根据林明利等（2013）的整理，洪泽湖主要鱼类类群为鲤科和鳘科（当时命名为鮊科）鱼类。朱松泉等（1993）在1989~1990年的调查中采集到鱼类16科65种，其中新增记录3种，包括鲤科鱼类中的贝氏䲟（*Hemiculter bleekeri*）、亮银鮈（*Squalidus nitens*），以及鳅科鱼类中的紫薄鳅（*Leptobotia taeniops*）。2008年张胜宇等（2010）开展的渔业资源调查，由于调查周期较短，仅监测到鱼类33种，其中新记录1种，为无须鱊（*Acheilognathus gracilis*）。

2010年10月和2011年6月，中国科学院水生生物研究所共调查到鱼类63种，隶属17科44属，其中鲤科鱼类40种，占鱼类总数的63%，其他各科均在5种以下（林明利等，2013）。该次调查新记录鱼类7种，分别为鲤科鱼类中的细鳞斜颌鲴（*Plagiognathops microlepis*）、点纹银鮈（*Squalidus wolterstorffi*）、彩副鱊（*Paracheilognathus imberbis*）、方氏鳑鲏（*Rhodeus fangi*），鲻科鱼类中的鲻（*Mugil cephalus* Linnaeus），鮨科鱼类中的大眼鳜（*Siniperca kneri*），以及鰕虎鱼科中的波氏吻鰕虎鱼

（*Rhinogobius cliffordpopei*）。林明利等（2013）根据洪泽湖鱼类历史文献资料，整理出较为详细、完整的名录，研究表明截至 2011 年共有鱼类 19 科 89 种，其中鲤科鱼类 48 种，占总种数的 54%；其次为鳢科鱼类 9 种，占 10%；再次是鳅科鱼类 7 种，占总种数的 8%；银鱼科鱼类 4 种，占 5%；其他科种类数均小于 3 种。

2014 年 5 月和 8 月南京农业大学对洪泽湖进行了两次水生态调查，当年共监测到鱼类 41 种（刘孝珍，2015），其中新记录 1 种，为鲤科鱼类中的中华鳑鲏（*Rhodeus sinensis*）。2017～2018 年，中国科学院南京地理与湖泊研究所毛志刚等（2019）记录到鱼类 51 种，隶属 10 目 16 科 44 属，其中新纪录鱼类 2 种，为匙吻鲟科鱼类中的长吻鲟（*Polyodon spathula*）及鲤科鱼类黄尾鲴（*Xenocypris davidi*）。2019 年，中国水产科学研究院淡水渔业研究中心在洪泽湖调查到鱼类 48 种，隶属于 7 目 14 科 37 属，无新增物种记录。最近一次系统调查由中国科学院南京地理与湖泊研究所于 2021 年进行，当年在洪泽湖水域采集到鱼类合计 40 种，隶属 10 科，其中鲤科鱼类 28 种，占调查物种总数的 70%；其次是鳢科（3 种）和银鱼科（2 种），分别占总数的 7.5% 和 5.0%；鳀科、鱨科、鳅科、沙塘鳢科、鰕虎鱼科、鳢科、鮨科各 1 种，分别占总数的 2.5%；该次调查表明，现阶段洪泽湖以湖泊定居性鱼类占绝对优势（内部资料）。近年来，江苏省洪泽湖渔业管理委员会办公室、江苏省淡水水产研究所和中国水产科学院淡水渔业研究中心分别对洪泽湖的鱼类资源进行了常规监测，种类维持在 40～50 种。

8.2　鱼　类　区　系

洪泽湖鱼类以典型的平原静水性鱼类为主，缺少热带平原鱼类、高原性鱼类、北方冷水性鱼类或山区激流性鱼类——洪泽湖鱼类区系属于全北区华东江河平原亚区，由以下 4 个区系复合体组成。

1. 江河平原鱼类区系复合体

该复合体由南亚热带迁入我国长江、淮河、黄河平原地区，许多种类逐渐演化为中国特有鱼类，包括鲤科中的 [鱼丹] 亚科、雅罗鱼亚科 [除尖头鱥（*Rhynchocypris oxycephalus*）外]、鲌亚科、鲴亚科、鲢亚科、**鮈亚科**（除麦穗鱼属外）、鳅鮀亚科和鳑鲏亚科，以及鮨科的鳜属（*Siniperca sp.*）鱼类。该类群鱼类很大部分产漂流性鱼卵，一部分鱼虽产黏性卵但黏性不大，卵产出后附着在水草等物体上，不久即脱离，顺水漂流并发育；该复合体的鱼类都对水位变动敏感，许多种类在水位升高时从湖泊进入江河产卵，幼鱼和产过卵的亲鱼入湖泊育肥。该类群鱼类中不少种类食物单纯，生长迅速，如草鱼（*Ctenopharyngodon idellus*）主食植物碎屑，青鱼（*Mylopharyngodon piceus*）主食贝类。洪泽湖中代表性鱼类有草鱼、鲢（*Hypophthalmichthys molitrix*）、鳙（*Aristichthys nobilis*）、红鳍原鲌（*Cultrichthys erythropterus*）、鳌等。

2. 热带平原鱼类区系复合体

该区系的鱼类原产于南岭以南的热带、亚热带平原区各水系，包括鳉形目、合鳃鱼目全部鱼类，鲇形目的鳗科鱼类，鲈形目的斗鱼科、鳢科全部鱼类，以及沙塘鳢科 2 种[河川沙塘鳢（*Odontobutis potamophila*）、小黄黝鱼（*Micropercops swinhonis*）]、鰕虎鱼科鱼类[波氏吻鰕虎鱼（*Rhinogobius cliffordpopei*）、子陵吻鰕虎鱼（*Rhinogobius giurinus*）]、中华刺鳅（*Mastacembelus sinensis*）等鱼类。该类群鱼类身上花纹较多，有些种类具棘和吸取游离氧的副呼吸器官，如鳢的鳃上器、黄鳝的口腔表皮等。此类鱼喜暖水，在北方选择温度最高的盛夏繁殖，多能保护鱼卵和幼鱼。此类鱼主要分布在东亚和东南亚，印度也有一些种类，且越往低纬度地带种类越多，表明其适合在气候温暖、多水草的浅水湖泊池沼中生活。该类群中的代表性鱼类子陵吻鰕虎鱼在洪泽湖较为常见，乌鳢（*Channa argus*）也是洪泽湖具有代表性的经济鱼类。

3. 古近纪鱼类区系复合体

该区系为古近纪北半球北温带地区形成的种类，包括鲇科鱼类、鲤科中的鲤亚科鱼类、鮈亚科中的麦穗鱼属鱼类、鳅科中的泥鳅属鱼类、副泥鳅属鱼类等，该类群鱼类的共同特征是视觉不发达，嗅觉发达，以底栖生物为食者较多，适应于浑浊水体中生活。鲤（*Cyprinus carpio*）、鲫（*Carassius auratus*）、麦穗鱼（*Pseudorasbora parva*）是洪泽湖较为常见的古近纪鱼类区系复合体鱼类。

4. 北方平原鱼类区系复合体

该区系原为北半球寒带平原地区形成的种类，该复合体鱼类耐寒能力强，性情活泼，较喜氧，视力较好，多生活在水质清澈的河流或者湖泊中，为水质等指标的重要指示类群。洪泽湖仅有鳅科的中华花鳅（*Cobitis sinensis*）一种。

8.3　生态类型

根据鱼类的洄游习性和生活史各阶段栖息水域环境条件的差异，洪泽湖鱼类大致可以分为以下 5 种生态类型。

（1）湖泊定居性鱼类：该类鱼适宜生活于静缓流水水体中，或以浮游动植物为食，或杂食，或动物性食性，整个生活史均在湖泊中进行，如刀鲚（*Coilia nasus Temminck*）部分类群、银鱼科、鲤、鲫、红鳍原鲌、黄颡鱼（*Pelteobagrus fulvidraco*）、鲇（*Silurus asotus* Linnaeus）和乌鳢等。湖泊定居性鱼类在洪泽湖中种类多、数量大，在渔业生产中占有重要的地位。

（2）流水性鱼类：该类群鱼类主要或完全生活在江河入湖口等流水环境中，体长形，略侧扁，游泳能力强，适应于流水生境。它们或以水底砾石等物体表面附着藻类为食，或以浮游动植物为食，或以有机碎屑为食，或以底栖无脊椎动物为食，或以软体动物为食，或主要以水草为食，或主要以鱼虾类为食，甚至为杂食性。如马口鱼（*Opsariichthys bidens*）、蛇鮈（*Saurogobio dabryi*）、铜鱼（*Coreius heterodon*）和长吻鮠（*Leiocassis longirostris*）等种类。

（3）江湖洄游性鱼类：或称半洄游性鱼类，它们在湖中生长发育，经江河洄游，溯河产卵，幼鱼顺流而下进入湖泊育肥生长。中华人民共和国成立以来，随着连接各湖泊、湖区的闸坝等水利工程设施的建设，洪泽湖与周围河湖的连通性下降，江湖洄游性鱼类资源量急剧下降。代表性鱼类为青鱼、草鱼、鲢、鳙等，其也是洪泽湖的重要经济鱼类，但这些鱼类目前在洪泽湖中主要以增殖放流群体为主。

（4）江海洄游性鱼类：该类鱼在生活史的不同阶段需要在不同的生境中完成，性成熟后到海水中繁殖产卵，幼鱼溯河到湖泊中生长发育，如鳗鲡（*Anguilla japonica*）是分布于该湖的典型江海洄游性鱼类。刀鲚、大银鱼（*Protosalanx hyalocranius*）等原本是江海洄游性鱼类，但是也有部分类群已经适应陆封条件，可以在淡水中产卵、繁殖，并维持种群规模（毛志刚等，2019）。因闸坝等工程设施阻隔其洄游路径，同时生态环境恶化，渔业捕捞量过负荷，该鱼类资源遭到严重破坏，甚至局域灭绝。历史上代表性鱼类有鳗鲡科鱼类和暗纹东方鲀（*Takifugu fasciatus*）等鱼类。

（5）河口型鱼类：该类鱼对水体的盐度适应性好，洪泽湖仅有 1 种，为须鳗鰕虎鱼（*Taenioides cirratus*），但仅见于 1982 年之前的记录，近 40 年未有捕获。

根据鱼类食性不同，可将湖区鱼类分成 6 类，如下。

（1）草食性鱼类：该类群鱼类以水生维管束植物及周丛植物为食，例如以维管植物为食的草鱼。

（2）鱼食性鱼类：该类群鱼类以捕食鱼类为主，故而又称凶猛肉食性鱼类，包括鳡（*Elopichthys bambusa*）、乌鳢、鳜类等。

（3）肉食性鱼类：该类群鱼类以除鱼类外的动物为主要捕食对象，故而又称温和肉食性鱼类，典型的如以底栖生物为食的青鱼、黄颡鱼等。

（4）杂食性鱼类：该类鱼食谱广，食物来源包括小型动物、植物及其碎屑，其食性可随环境水体和季节的变化而改变，代表性鱼类有鲤、鲫等。该类群在洪泽湖鱼类物种数中占比相对最高。

（5）浮游动物食性鱼类：包括鳙、银鱼科和间下鱵（*Hyporhamphus intermedius*）等。

（6）碎屑食性鱼类：该类群鱼类以有机碎屑和腐殖质为食，典型的如黄尾鲴等。

鱼类的繁殖习性是其对历史和现实环境条件长期适应的结果，是栖息地环境的一种反映，洪泽湖鱼类依繁殖习性可分为 3 个类群。

（1）产漂流性卵类群：该类群鱼类产卵常需要一定的流水刺激，例如湍急的水流条件，通常在汛期洪峰发生后产卵。这一类鱼卵比重略大于水，但产出后卵膜吸水膨胀，在水流的外力作用下，鱼卵悬浮在水层中顺水漂流。孵化出的早期仔鱼，仍然要顺水漂流。这类鱼有鲢、鳙、草鱼等。

（2）产黏沉性卵类群：该类群鱼类产卵季节多为春夏间，也有部分种类晚至秋季，且对产卵水域流态底质有不同的适应性，多数种类都需要一定的流水刺激。产出的卵或黏附于石砾、水草发育，或落于石缝间在激流冲击下发育。少数鱼类产卵时不需要水流刺激，可在静缓流水环境下繁殖，产黏性卵，其卵通常黏附于水草发育，如鲤、鲫、泥鳅（*Misgurnus anguillicaudatus*）等。洪泽湖水域绝大多数鱼类为产黏沉性卵类群，包括鲇形目的黄颡鱼、瓦氏黄颡鱼（*Pelteobagrus vachelli*）等，以及鲤科的鲤、鲫等。

（3）特异性产卵类群：鳑鲏类多产卵于蚌类的鳃瓣中，并在其体内发育，孵化成鱼苗后游出。圆尾斗鱼（*Macropodus chinensis*）繁殖期的雄性亲鱼在产卵前数十天体色逐渐变深，产卵前常会吐出黏液性气泡状巢穴；而此时，雌鱼的体色逐渐变成淡黄色；亲鱼要多次交配方能产出鱼卵。

8.4　优　势　种

根据中国科学院南京地理与湖泊研究所 2017～2018 年的调查研究（毛志刚等，2019），洪泽湖现有鱼类 51 种，在不同水域的鱼类优势类群存在一定差别。具体来看全湖水域出现频次较多的依次为鳙、鰲、鲫、刀鲚、红鳍原鲌、黄颡鱼、鲢共 7 种；但上述 7 种鱼在不同水域的分布有一定的差异，其中鳙在湖心和成子湖优势度显著，鰲在西南部湖湾分布优势明显，而鲫在淮河入湖口区域占绝对优势；另外，高体鰟鲏多见于湖心区，乌鳢主要出现在成子湖，团头鲂、鲤在西南部湖湾较为常见，翘嘴鲌在淮河入湖口等部分水域较为常见。洪泽湖优势种中，鳙的相对重要性指数（IRI）值最高，其质量占渔获物总量的百分比达 41.1%；但其数量百分比仅占 2.0%；除鲢、鳙外，其他优势种均为中小型鱼类，这些鱼类的质量百分比总和为 46.8%（表 8-1）。

表 8-1　洪泽湖不同湖区的鱼类优势种组成（修改自毛志刚等，2019）

种类	全湖			湖心			成子湖			西南部湖湾			淮河入湖口		
	N/%	W/%	IRI	N/%	W/%	IRI	N/%	W/%	IRI	N/%	W/%	IRI	N/%	W/%	IRI
鳙	2.0	41.1	4315.7	1.8	42.0	4373.3	3.2	53.9	5707.7	2.2	43.9	4616.9	1.0	24.7	2564.9
鰲	27.3	7.3	3462.2	24.6	7.6	3224.4	21.1	4.4	2552.1	42.5	10.6	5311.5	21.0	6.6	2760.9
鲫	16.7	17.7	3447.2	13.9	15.6	2949.4	17.1	14.5	3159.8	17.8	18.6	3641.3	18.2	22.2	4038.1
刀鲚	25.6	4.4	3002.8	29.8	5.6	3533.8	36.9	4.7	4159.8	17.4	3.0	2036.5	18.6	4.2	2281.3
红鳍原鲌	11.0	9.7	2063.8	9.4	8.6	1802.9	8.8	5.9	1466.9	10.2	9.0	1924.0	15.5	15.1	3061.2
黄颡鱼	8.5	4.3	1278.5	8.3	4.4	1270.7	4.8	1.6	643.7	3.1	1.4	449.8	17.7	9.8	2749.8
鲢	0.3	4.9	523.0	0.3	5.7	607.6	0.4	4.8	522.6	0.4	5.7	618.5	0.1	3.3	343.4
草鱼	0.1	2.8	277.3				0.2	4.5	474.2				0.1	2.8	288.0
光泽黄颡鱼	2.1	0.5	265.1	2.3	0.7	290.4							4.1	1.1	521.2
麦穗鱼	1.9	0.1	200.8	3.6	0.3	387.3	1.9	0.1	197.7	1.6	0.1	174.6			
高体鰟鲏				2.9	0.3	325.9									
乌鳢							0.8	1.4	213.9						
团头鲂										0.6	1.3	190.6			
鲤										0.1	1.4	155.5			
翘嘴鲌													0.2	3.7	388.9

注：表中仅列出了各湖区优势度前 10 位的鱼类种类。N 表示某一种鱼类个体数占捕捞总尾数百分比，W 表示某一种鱼类的重量占捕捞总重量的百分比。

8.5　渔 业 发 展

洪泽湖水域宽阔、水质良好,是各种鱼类、鸟类及其他水生动植物理想的生存场所。洪泽湖主要经济鱼类包括银鱼科（Salangidae sp.）、青鱼、草鱼、赤眼鳟（Squaliobarbus curriculus）、鲤、鲫、鳊（Parabramis pekinensis）、红鳍原鲌、翘嘴鲌（Culter alburnus）、蒙古鲌（Culter mongolicus）、达氏鲌（Culter dabryi）、花鳕（Hemibarbus maculatus）、鲢、鳙、鳡、黄颡鱼、鳜（Siniperca chuatsi）、鲇（Silurus asotus）、乌鳢等淡水鱼类,以及鳗鲡、刀鲚等江海洄游性鱼类。同时,洪泽湖还盛产中华绒螯蟹（Eriocheir sinensis）、秀丽长臂虾（Palaemon modestus）、日本沼虾（Macrobrachium nipponensis）、河蚬（Corbicula fluminea）、河蚌等水产品,渔业资源非常丰富。

8.5.1　中华人民共和国成立前的渔业发展

洪泽湖区域在明代中叶以前湖涧并存,水体较为破碎,明清时期洪泽湖湖区水面不断扩大,至康熙中期以后洪泽湖才最终形成,而随着水域面积的增加,渔业经济也得到发展,相关史料记载鱼类资源丰富（张文华和李巨澜,2014）。洪泽湖区域鱼类活动历史悠久,成书于战国时期的著作《禹贡》有云"泗滨浮磬,淮夷蠙珠暨鱼",两汉及魏晋时期相关文献资料对于洪泽湖地区的渔业资源亦多有表述,但相较于唐宋时期记录较少。唐代《元和郡县图志》、宋代的《太平寰宇记》《方舆胜览》等注疏,以及《初食淮白》等诗词均有对洪泽湖鱼类物种、生活习性及鱼类的交易和食用多有着墨,但缺乏对渔业产量及市场规模的记载（张文华,2014）。

明代初期,为增加财政收入,明政府建立了相应的渔政制度,并设立了河泊所等机构进行管理,各河泊所征收鱼胶及课钞并进行初步管理,《大明会典》《正德淮安府志》《天启淮安府志》等对此均有记载（张文华和李巨澜,2014）。明中后期东部湖面扩展,渔业经济得到进一步发展。《天启淮安府志》中有"隆庆以来,淮涨已连洪泽,大淮穿其中,采鱼船百余,随委官船纳料,以备鱼油翎鳔之税,岁额止二十七两……"等关于洪泽湖水域的扩展及政府对洪泽湖渔业管理的表述（张文华和李巨澜,2014）。据《正德淮安府志》记载,洪泽湖所在的淮安府共设立了 8 个河泊所,洪泽湖周边地区众多的河泊所及鱼市反映了明清时期洪泽湖地区渔业经济的繁荣。民国初期,洪泽湖渔船达 3000 多条。抗日战争期间更有所增加,但是该时期渔船吨位多较小,装备破旧,渔业生产水平较低。

8.5.2　中华人民共和国成立后的渔业发展

中华人民共和国成立以来,洪泽湖渔业经济进入迅速发展阶段。1949～1956 年曾设立洪泽湖管理所,1956 年洪泽县建制之后,直到 1985 年洪泽湖渔业由洪泽县人民政府统一管理。当时沿湖共有 5 个渔业公社,38 个渔业大队,241 个生产队,共计超过 6 千艘船只,约 7500 户渔户,以及少量鱼种场、水产公司、水产收购与销售部门等水产服务机构，而水产相关研究单位仅有水产科学研究所一个，渔业经济较为粗放，效率较为低下（许同和，1976）。尤其是"大跃进"和"文化大革命"期间，湖区渔业生产陷入混乱状态，渔民盲目增添捕鱼设施，酷渔滥捕，渔业资源遭受严重破坏，20世纪50年代洪泽湖最高产量可达2.17万t，到20世纪70年代末期，产量仅剩0.90万t，不及中华人民共和国成立初期的一半。

1986年洪泽湖渔业划归淮阴市水产局管理，1996年宿迁市成立，洪泽湖渔业由淮阴市和宿迁市两市水产局联合共管。两市共管期间，由于缺乏协调机制，各自为政，除定期发布的基本框架外，没有细致明确的管理措施，且下属渔政管理单位缺乏资金支持，因而渔政管理逐步松懈，湖区管理局面逐渐混乱，导致渔业管理失控，渔业资源日益衰退。据统计，1995年淮阴市洪泽县捕鱼专业渔户约为1100户，到了2000年只剩下412户，全湖捕捞船数量猛降90%（王小林，2001）。

进入21世纪，国家对湖泊生态保护愈加重视，为了改变洪泽湖渔业管理的乱象，江苏省洪泽湖渔业管理委员会于2002年正式成立，主要负责制订洪泽湖区的渔业资源开发利用规划、制订湖区渔业资源增殖保护措施等工作。沿湖各市区县相继出台了有关管理办法，并建立了渔政监督管理站，购置渔业执法设备。为维护渔业资源合理开发和持续发展，2006年江苏省洪泽湖渔业管理委员会办公室成立规划编制工作组推进洪泽湖渔业养殖规划相关工作，同时成立了水产研究所和水产技术推广服务中心若干，在科研、教育、技术推广等方面给予洪泽湖渔业发展以支持，并与中国水产科学研究院、上海海洋大学等科研院所签订了合作协议，为洪泽湖水产良种引进和种苗生产等提供技术服务。

近年来，洪泽湖周边县市政府和有关部门按照绿色发展的要求，不断加大退养还湖工作力度，洪泽湖水生态逐步向好。根据《洪泽湖（省管渔业水域）养殖水域滩涂规划（2020—2030年）》，经江苏省人民政府同意，设立了严格的渔业资源养护制度，明确设定了禁止养殖范围和限制养殖范围，并提出相关管理落实措施；截至2018年，洪泽湖蓄水范围内总养殖面积缩小至60万亩，涉渔人口10万人左右，专业渔民3.2万人，渔民人均可支配收入达21 169万元，水产品总量达5.57万t，其中捕捞产量达3.32万t，拥有洪泽湖大闸蟹、洪泽湖河蚬、洪泽湖青虾等三个国际级水产品标志性品牌。

2000～2020年洪泽湖年均渔业产量达3.98万t，其中捕捞产量年均值达1.69万t，洪泽湖历年渔业产量见图8-1。对渔业产量组成的统计发现，2001年总产量最低，仅有1.45万t，当年养殖产量为1.20万t，处于较低水平；捕捞产量仅为0.25万t，为2000～2020年最低值（刘孝珍，2015）。2016年产量最高，达6.20万t，其中当年捕捞产量达2.50万t。2019年渔业总产量为5.25万t，处于较高水平，其中养殖产量2.09万t，养殖产量较上一年明显下降；当年捕捞产量达3.16万t，为历年之最，其中刀鲚1.03万t、鲢鳙鱼0.62万t、鲫鱼0.57万t、银鱼0.47万t，鱼类捕捞量占当年总水产捕捞产量的85%。整体上，2016年之前养殖产量超过捕捞产量，之后捕捞产量超过养殖产量，但其中2010年养殖产量相对较低，当年捕捞产量首次超过养殖产量。

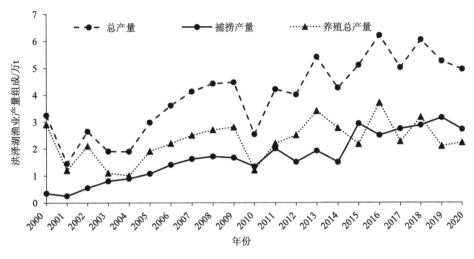

图 8-1　2000~2020 年洪泽湖历年渔业产量

　　根据资料调研结果，洪泽湖渔获物主要包括青鱼、草鱼、鲢、鳙、鳊、鲂、鲤、鲫、银鱼、刀鲚及虾蟹类等（图 8-2），其他鱼类整体上所占比例不高，且不同湖区存在差异；捕捞总产量整体上呈现上涨趋势，其中刀鲚和鲤、鲫一直占有相对较高的比例，虾蟹类及青鱼、草鱼、鲢、鳙、鳊、鲂所占比例变化较大。具体表现在，刀鲚在渔业产量中所占比例最大，2019 年占比为 33%，其次为鲤、鲫；银鱼产量所占比例在 2011~2020 年逐年降低，2019 年仅占 1.5%。2011 年以来，青鱼、草鱼、鲢、鳙、鳊、鲂所占比例逐年增加，这表明洪泽湖鱼类种群组成逐渐好转，大型鱼类所占比例开始增加，鱼类小型化趋势得到遏制。

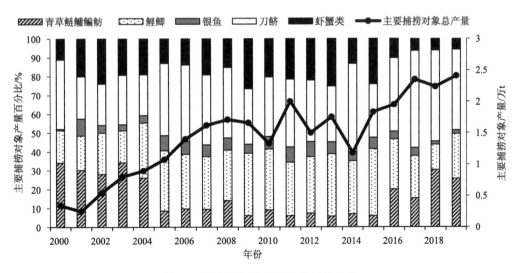

图 8-2　洪泽湖渔业资源主要捕捞结构

8.6　渔业资源面临的问题及原因

中华人民共和国成立半个多世纪以来，洪泽湖渔获物组成发生了很大的变化，主要表现为物种多样性的降低和鱼类生态类型单一化、小型化，洄游性鱼类、半洄游性鱼类及亲流性鱼类所占比例降低，湖泊定居性鱼类所占比例提高。洪泽湖历年调查所得鱼类数见图 8-3，由此可知进入 21 世纪以来，洪泽湖鱼类的物种数量相对于 20 世纪有所减少，近些年洪泽湖鱼类维持在 40～50 种，物种数量大体呈现出随时间减少的趋势。

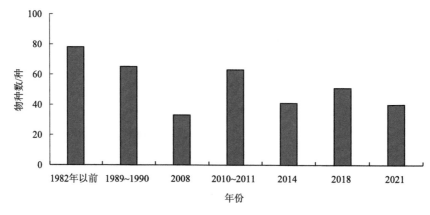

图 8-3　洪泽湖鱼类物种数变化

对洪泽湖鱼类生态类型的历史记录和 2018 年以来鱼类数据进行统计分析后发现，流水性鱼类物种包括马口鱼、铜鱼、圆口铜鱼（*Coreius guichenoti*）、花斑副沙鳅（*Parabotia fasciata*）、武昌副沙鳅（*Parabotia banarescui*）、中华花鳅、长吻鮠、粗唇鮠（*Leiocassis crassilabris*）、乌苏里拟鲿（*Pseudobagrus ussuriensis*）、圆尾拟鲿（*Pseudobagrus tenuis*）、大鳍鳠（*Mystus macropterus*）等在内的 20 余种均未有发现，现存流水性鱼类种数所占比例由历史上接近 22%下降到 3%；江海洄游性鱼类中鳗鲡、花鳗鲡（*Anguilla marmorata*）、须鳗鰕虎鱼、暗纹东方鲀等未有发现，现存江海洄游性鱼类物种数所占比例由历史上的 7%下降到 3%；江湖洄游性鱼类种数由 11 种下降至 10 种，其中鳤（*Ochetobius elongatus*）未有发现，四大家鱼靠增殖放流维持种群规模，现存江湖洄游性鱼类所占比例由历史上的 13%上升至 16%；湖泊定居性鱼类中长须黄颡鱼（*Pelteobagrus eupogon*）、光泽黄颡鱼（*Pelteobagrus nitidus*）、中华青鳉（*Oryzias sinensis*）未有发现，现存湖泊定居性鱼类所占比例由历史上的 58%上升到 78%，鱼类生态类型单一化现象严重（林明利等，2013）。

根据历史资料分析，1949 年鲤、鲫和四大家鱼等大中型鱼类的比例为 59.1%，其中鲤和四大家鱼等大型经济鱼类所占比例持续下降，分别由 1949 年的 16.1%和 12.9%减少到 2010～2011 年的 5.4%和 4.4%；鲫和鳊在渔获物组成中变动不大。与之相对，刀鲚和银鱼等小型鱼类的比例不断增加，在数量及生物量上均占绝对优势，分别由 1949 年的 1.1%和 0.5%增加到 2010～2011 年的 52.3%和 5.4%（林明利等，2013）。近期的调查也表明，刀鲚等小型鱼类为洪泽湖的优势物种，数量占比达到 74.4%；同时麦穗鱼、大鳍鱊（*Acheilognathus macropterus*）等小型且经济价值不高的种类较多，四大家鱼、翘嘴鲌、鳡、鳜等大型经济鱼类数量较少，主要优势种由大中型鱼类逐渐转变成小型鱼类的趋势非常明显，鱼类小型化现象较为严重（刘孝珍，2015），渔业资源质量显著下降。

洪泽湖鱼类群落结构变化和渔业资源的退化在很大程度上是人为因素和环境因素共同作用的结果，其中水利工程设施建设等人类活动的影响占据主导作用，三河闸等一系列闸坝建成后，洪泽湖水系连通性降低，鱼类洄游通道被隔断，鳗鲡及四大家鱼等洄游或半洄游种类的资源增殖主要依靠人工放流，导致鱼类品种单一化和小型化趋势十分明显（王利民等，2005）。改革开放以后，为了经济发展，更多的闸坝工程建成运营，这些拦水工程阻隔了江海洄游性鱼类和江河洄游性鱼类的入湖通道，阻碍了来自长江和淮河干流的流水性鱼类的资源补充，如鳗鲡、暗纹东方鲀、鲚、鳡等洄游及半洄游性鱼类近年来在洪泽湖较少调查到。作为南水北调东线工程的调蓄湖泊，以及自身防洪灌溉、交通航运的需求，洪泽湖水文条件，尤其是水位变化受人为影响非常大，呈现出反季节及年际波动的特征，洪泽湖的渔业捕捞产量近年来也随水文条件的变化而显示出较强的波动性。一方面，水位下降会导致湖体水域面积萎缩、蓄水量迅速降低，鱼类的生存空间与饵料生物减少；另一方面，水位反季节升高容易影响水生植被的萌发生长，而洪泽湖水生植被的分布面积也在逐年减小（刘伟龙等，2009），以水草为附着物的黏性卵鱼类的繁殖受到显著影响。

流域内尤其是湖泊水域范围内圈圩养殖等工农业活动造成的水体富营养化也是影响洪泽湖渔业资源的重要因素，而渔业资源的过度捕捞，进一步阻碍了大中型鱼类的资源再生与种群维持。湖滨带的开发干扰了水生植被和底栖动物等生态群落的正常发展（黎明杰等，2022），影响了鱼类的栖息环境和索饵条件。围湖造田、大面积网围养殖及工农业污染，造成湖岸水域内的水生植被大量破坏，沿岸带产卵的定居性鱼类种类减少，种群规模萎缩；水体富营养化通常会造成浮游藻类的快速增长及湖泊初级生产力的提高，进而为刀鲚等浮游生物食性鱼类种群的快速扩张提供了条件，进一步改变了洪泽湖的鱼类群落结构。过度捕捞对渔业资源的持续开发影响最大，持续的高强度捕捞，对渔业资源的可再生性造成严重影响，导致渔获物的组成向个体较小、营养层次较低、经济价值不高的种类转变。

近年来洪泽湖鱼类的种类组成还出现了生物入侵等新的危机。鱼类外来种的入侵会通过食物网等捕食关系，或者栖息地的竞争、改变，进而改变鱼类群落结构，影响当地水生态特征。如典型入侵鱼类长吻鲟（*Polyodon spathula*）原产于美国密西西比河，但是由于人为引进，在洪泽湖中也有发现，该鱼类主要以蚯蚓、小虾及浮游生物为食，最大体重可达 37 kg 以上，食量大，适应性强，可能会挤压当地土著鱼类的生存空间。

8.7 小 结

根据文献资料整理结果，洪泽湖鱼类累计记录到 92 种，其中 1982 年前共有记录 78 种，现阶段鱼类物种数维持在 40～50 种；主要生态类型为湖泊定居性鱼类，半洄游性鱼类物种数较少且主要靠增殖放流维持种群规模，洄游性鱼类资源量不容乐观。洪泽湖鱼类主要优势种包括青鱼、草鱼、鲢、鳙、鲤、鲫、鳊、刀鲚、银鱼类、鲌类，以及大鳍鱊、麦穗鱼等小杂鱼，鲤、鲫、鳊、鲌类等湖泊定居性鱼类占有较大比例。

受过度捕捞、水利工程、生境退化等因素影响，洪泽湖鱼类群落结构及鱼类资源组成发生显著变化，鱼类小型化和种类单一化现象较为严重，渔业资源衰退趋势明显，主要优势种由大中型鱼类逐渐转变为现阶段的小型鱼类。洪泽湖实施退圩（围）还湖、十年禁捕后，渔业资源呈现出恢复趋势，亟须跟踪监测评估禁渔成效，以期通过鱼类群落结构的科学调控，实现水生态环境改善和渔业资源可持续发展的统一。

参 考 文 献

谷孝鸿, 毛志刚, 丁慧萍, 等. 2018. 湖泊渔业研究: 进展与展望. 湖泊科学, 30(1): 1-14

黎明杰, 张又, 张颖, 等. 2022. 湖滨带开发利用对大型底栖动物群落结构的影响: 以洪泽湖为例. 湖泊科学, 34(6): 2055-2069.

林明利, 张堂林, 叶少文, 等. 2013. 洪泽湖鱼类资源现状、历史变动和渔业管理策略. 水生生物学报, 37(6): 1118-1127.

刘建康. 1999. 高级水生生物学. 北京: 科学出版社.

刘伟龙, 邓伟, 王根绪, 等. 2009. 洪泽湖水生植被现状及过去 50 多年的变化特征研究. 水生态学杂志, 30(6): 1-8.

刘孝珍. 2015. 洪泽湖渔业资源现状、问题及对策. 南京: 南京农业大学.

毛志刚, 谷孝鸿, 龚志军, 等. 2019. 洪泽湖鱼类群落结构及其资源变化. 湖泊科学, 31(4): 1109-1119.

孙坚, 汤道言, 季步成, 等. 1990. 洪泽湖渔业史. 南京: 江苏科学技术出版社.

王静香, 赵跃龙, 张忠明, 等. 2022. 水产养殖在保障粮食安全中的重要作用及前景. 农业展望, 18(2): 31-37.

王利民, 胡慧建, 王丁. 2005. 江湖阻隔对涨渡湖区鱼类资源的生态影响. 长江流域资源与环境, 14(3): 287-292.

王小林. 2001. 洪泽湖渔业现状及发展对策. 现代渔业信息, 8: 13-16.

许同和. 1976. 近几年来洪泽湖的渔业. 淡水渔业, 3: 18-21.

张胜宇. 2010. 洪泽湖渔业资源与环境现状存在问题和对策研究. 苏州: 苏州大学.

张文华. 2014. 先秦至唐宋时期洪泽湖地区渔业史迹钩沉. 农业考古, 4: 237-241.

张文华, 李巨澜. 2014. 明清时期洪泽湖地区渔业发展考述. 农业考古, 6: 226-231.

朱松泉, 窦鸿身, 等. 1993. 洪泽湖——水资源和水生生物资源. 合肥: 中国科学技术大学出版社.

第9章　洪泽湖生态系统健康评价

　　湖泊生态系统是由水生生物群落及其生存环境共同组成的动态系统。近几十年来，随着社会经济快速发展，包括洪泽湖在内的湖泊生态系统呈现退化趋势，淡水生物的生存条件恶化，湖泊生态系统的健康问题逐渐受到重视。目前，我国水环境管理正处于从传统的水污染控制向水生态系统健康管理转变的关键阶段，湖泊生态系统健康评价结果正成为支撑湖泊保护管理的重要依据。本章主要回顾生态系统健康概念的发展，梳理欧盟、美国及我国湖泊生态系统健康评价发展趋势，在借鉴国内外湖泊生态系统健康评价方法的基础上，结合洪泽湖生态系统特征，确定洪泽湖生态系统健康评价体系，对其健康状况进行评价，以期为洪泽湖保护管理提供支撑。

9.1　生态系统健康评价方法

9.1.1　生态系统健康概念

　　生态系统是指在一定的时间和空间内，生物与生物之间以及生物与物理环境之间相互作用，通过物质循环和能量流动，形成特定的营养结构和生物多样性的功能单元（戈峰，2002）。随着全球生态环境的日趋恶化，相关学者将人类"健康"引入生态系统领域，提出"生态系统健康"概念（Rapport et al.，1979），认为一个健康的生态系统其各组成部分能够保持稳定良好的有序状态，并对外界压力有一定的自我调节和适应能力。不健康或病态的生态系统其组成和结构向无序化方向发展，整个系统呈现衰退趋势，生态系统的服务功能下降，甚至导致不可逆转的生态系统崩溃。

　　目前，学界对于生态系统健康并没有被普遍接受的统一定义，这一领域的众多学者根据自身的理解有不同的观点。早在 18 世纪末，英国医学家和地理学家 Hutton（1795）就提出生态系统健康问题，之后经历了一个世纪的空白期。1941 年，生态系统健康被美国著名生态学家、土地伦理学家 Leopold 重新提出，但科学家们仍然没有给予足够的重视（Rapport，1998）。20 世纪 70 年代，生态系统生态学及胁迫生态学兴起，为之后生态系统健康问题的深入研究奠定了理论基础（Woodwell，1970；Barrett et al.，1976；Odum et al.，1979）。进入 20 世纪 80 年代，关于生态系统健康的研究开始被大量学者所关注，涌现出多种关于生态系统健康的说法，如 Costanza（1992）提出生态系统的稳定性和可持续性是指随时间的推移能够维持其自身组织及对外界胁迫具有抵抗力的性能。此外，也有学者认为"生态系统健康"的概念不仅仅局限于"活力、组织和恢复力"等生物物理范畴，还应该与人类可持续发展联系在一起，"健康"的目标在于为人类的生存和发展持续提供良好的生态服务功能，从这个意义上来说，生态系统健康就是生态系统的可持续性（McMichael et al.，1999；曾德慧等，1999）。至 20 世纪 90 年代后期，随着可持续发展理念认识的逐渐深入，生态经济学家更加强调生态系统健康应该与人类的可持续发展紧密联系。其中，以 Colin 和 Rapport 的界定最为典型，Colin（1997）强调健康的生态系统对人类福祉的重要性，并指出一个健康的生态系统不仅包括复杂的自然生态系统的完整性，还包括城市居民和社会健康水平的提升；Rapport 等（1998）将人类视为生态系统的组成部分，同时考虑生态系统自身的健康状态及其满足人类需求和愿望的程度，即生态系统服务功能。2015 年，联合国可持续发展目标指出，要让地球系统维持其健康状态，我们就必须从生态系统的价值出发并给予公平的对待，从而打通自然与经济社会之间的联系（Yang et al.，2020）。发展至今，生态系统健康的概念已不单纯是一个生态学的定义，而是一个将自然系统—社会经济—人类健康三个领域整合在一起的综合性定义。

生态系统的健康概念从提出到逐步丰富，其内涵始终伴随着两层目的：一是促使生态系统保持向可持续的、健康的方向发展，且在此过程中对人类的生存和发展不造成危害；二是促进生态系统朝着更好地发挥其生态服务功能的方向发展，使其有益于促进人类生存和可持续发展。因此，健康的生态系统与健康的人体系统在功能表现上应具类似性，一方面应具有较好的适应性，即系统的可持续发展和自我恢复能力；另一方面还应具有其本身可对外输出的服务功能。对于生态系统健康概念的多种理解与认知，无须也不应该过多地关注和纠结于各种解释、定义之间的分歧，而应该将对其概念中积极有益的部分开展深入研究，探索其中可以促进人类生存环境改善和可持续发展的内容，以便更好地为人类服务（方云祥，2020）。

9.1.2　国外湖泊健康评价进展

欧美等发达国家对于湖泊生态系统的健康评价开始较早，20 世纪 90 年代即形成以物理生境、水文条件、水化学、水生生物为核心指标的水生态健康评价体系（Carvalho et al.，2019; Rossberg et al.，2017）。欧盟的《水框架指令》（Water Framework Directive，WFD）及美国国家环境保护局（Environmental Protection Agency，EPA）发布了水生态健康评价系列指导文件，在世界范围内被广泛应用与借鉴。

1. 欧盟《水框架指令》

2000 年 10 月 23 日，欧洲议会和欧盟理事会通过了欧盟《水框架指令》（WFD），并于 2000 年 12 月 22 日正式实施，欧盟《水框架指令》引入了保护与改善河流、湖泊、过渡水体及沿海水域的新方法，它提供了使自然水域可持续发展的框架，是迄今为止欧盟在水资源管理领域颁布的最重要法规。

WFD 指导文件构建了水生态状态评价体系，该体系以水生生物为核心，提出了包括生物质量要素（biological quality elements）、水文形态要素（hydromorphological elements）和水体理化要素（physicochemical elements）共三大类的水生态状态（ecological status）评价体系。要求基于水生态区和水体类型确定各评价指标的参照状态，根据各要素与参照状态的差异将水生态质量划分为优、良、中、差、劣五个等级，规范了不同等级各要素的标准，具体评价时采用一票否决制，取三类要素最低等级为水生态状态评价结果。

1）指标体系

WFD 将地表水体类型划分为河流（rivers）、湖泊（lakes）、过渡水体（transitional waters）、沿海水域（coastal waters）及人工地表水体（artificial surface water bodies）或发生重大改变的地表水体（heavily modified surface water bodies）。针对河流、湖泊、过渡水体、沿海水域四大类型水体，欧盟《水框架指令》工作组编制了监测指导文件，构建了不同类型水体需监测的质量要素指标集，主要包括生物质量要素、水文形态要素和水体理化要素三类（图 9-1），用于评价水生态状态，并根据指标的科学性和适用性将指标划分为必选要素和推荐要素。《水框架指令》要求，在对水体生态状况评估时，要根据这

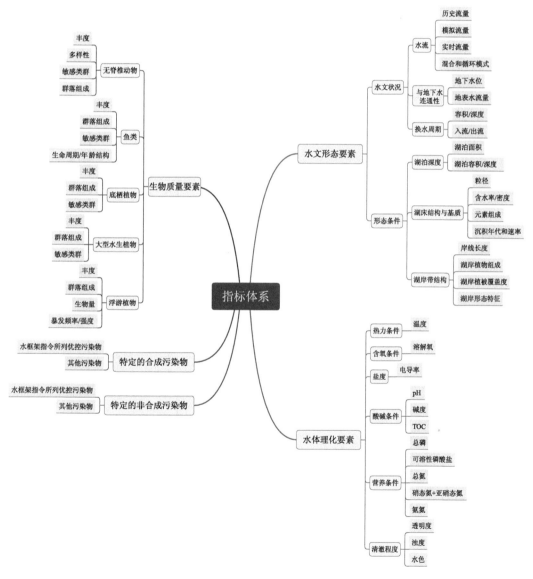

图 9-1　湖泊水生态状态评价要素及指标集组成

些监测要素的指示性、敏感性、适用性等方面的属性来选择，尤其是生物要素的选择，需结合生物类群的属性和评估水体的生态环境特征，选择最能反映压力的生物类群（表 9-1）。

表 9-1　WFD 湖泊生物质量元素的主要特征

特征	浮游植物	大型水生植物	底栖植物	底栖动物	鱼类
生物参数	组成、丰度、生物量（Chl a）、水华	组成、丰度	组成、丰度	组成、丰度、多样性、敏感物种	组成、丰度、敏感种、年龄结构
需同时测量的环境参数	营养盐、叶绿素、DO、颗粒物有机碳（particulate organic carbon, POC）、总有机碳（total organic carbon, TOC）、pH、碱度、温度、透明度	水、沉积物和孔隙水中的营养盐、底物类型、pH、碱度、电导率、透明度、钙浓度	水、沉积物和孔隙水中的营养盐、底物类型、pH、碱度、电导率、透明度、钙浓度	营养盐、DO、pH、碱度、沉积物分析、毒性生物测定	营养盐、DO、pH、碱度、温度、毒性生物测定、营养状况、浮游动物、TOC
指示的压力	富营养化、有机污染、酸化、有毒污染	富营养化、酸化、有毒污染、淤积、河道变化、湖泊水位、外来种入侵	富营养化、有机污染、酸化、有毒污染、河道变化、湖泊水位、外来种入侵	富营养化、有机污染、酸化、有毒污染、淤积、河流调节、沿岸带水文形态改变	富营养化、酸化、有毒污染、渔业、水文形态变化、外来种入侵
生物移动性	中	无	无	低—中	高
变异性的水平和来源	群落结构和生物量高季节内和季节间变异；中—高空间变异性	群落结构和生物量的中—高季节变异性；高空间变异性	群落结构和生物量的中—高季节变异性；低年际变率；高空间变异性	群落结构和生物量的中—高季节变异性；高空间变异性	高空间和季节变异；种群在生境上聚集
湖泊中的数量	丰富	丰富，水库稀有	丰富，水库稀有	丰富	丰富
采样生境	水柱	沿岸带	天然底质、人工基质	沿岸带、亚沿岸带、深水区	沿岸带、敞水区
典型采样频率	月、季；北欧国家 6 次/夏季	年（北欧国家的夏末），在天然湖泊中每 3～6 年一次	在生长季节内几次或一年一次	年，在天然湖泊中每 3～6 年一次；沿岸带每年两次	年，取决于水体物理特性和目的
适宜采样时间	各季节，每年至少两次在春季对流和夏季分层时。北欧国家在无冰期取样。如果有高空间变异性则需要更多站点	夏末，通过专家判断	季度、半年、数次，北欧国家在无冰期取样	初春、夏末	晚春至初秋
典型采样量	通常 1 个站点位于湖心	每湖 3～10 个断面，每个断面带 2～3 个样方	3～10 个断面，沿岸至亚沿岸带	在 3～5 个亚沿岸带采集 2～3 个样方	取决于采样设备和生境特征
监测难易度	相对简单	变化的，需专业设备和专业人员，可用替代方法，如水下摄像机	相对简单，在深水湖有一些困难，需要船和专业知识	相对简单，在深水湖有一些困难，需要船和专业知识	困难，需专业采样设备

续表

特征	浮游植物	大型水生植物	底栖植物	底栖动物	鱼类
鉴定分类	首先是实验室样品制备，其次是显微镜下的鉴定、计数和生物量测定。实验室中藻毒素和叶绿素的测定	通过航拍进行的野外测量；断面采样，实验室鉴定：叶绿素 a、湿重、干重和无灰干重及有机含量	/	实验室的样品处理中，每个样品至少有 100 个个体被鉴定到最低水平	记录采样量；在实验室中，标本被鉴定至种、计数、测量、称重等
鉴定难易度	鉴定至高分类阶元（如科）相对容易，鉴定至低分类阶元（如属、种）较为困难	除部分属外（如眼子菜属），鉴定至种相对容易	鉴定至高分类阶元（如科）相对容易，鉴定至低分类阶元（如属、种）较为困难	鉴定至高分类阶元相对容易，鉴定至低分类阶元（如种）较为困难	相对容易，稀有种和早幼鱼较为困难
湖泊适用性	高	高（水库适用性低）	高（对水库中适中）	中	高（水库中—低）
主要优点	易于采样；与水质与营养状态关系密切；在很多国家被用来评估富营养化；标准化容易	易采样和鉴定；多种压力的良好指示生物，特别是富营养和淤积	易于鉴定至科；富营养化的指示生物	易于取样（特别浅水）；相对容易分析；已有一些方法；结合了化学和生物的特征	修改现有系统将满足 WFD 要求
主要缺点	物种鉴定需分类专家；高时间变异需增加采样频次；需要频繁取样；空间异质性要求垂直和水平采样	深水区采样难；在欧盟不常用；需适应 WFD 的要求	没有标准的方法；缺乏参照状态的信息；在欧盟未普遍使用；需适应 WFD 的要求	在欧盟未普遍使用；缺乏参照状态的信息；需适应 WFD 的要求；费时且分析昂贵	需专业采样设备；需适应 WFD 的要求
使用建议	对磷浓度相对敏感；对浮游植物群落组成的监测鉴定至属	是评价湖泊其他生物要素的关键参数；水生植物在湖泊新陈代谢中发挥重要作用；在生态质量评价中并不常用	底栖动物在湖泊新陈代谢发挥重要作用；然而，很少有关于使用底栖植物的经历和信息	是评价湖泊其他生物要素的关键参数；它们的使用处于发展的早期阶段，需开发更多方法	关键生物质量要素；反映了自然和人类多重影响，数据较难解释（渔业、生物操纵等）。鱼类群落组成、丰度和结构是生态质量的重要指标

针对水生生物评价，欧盟《水框架指令》指导文件提出了参数综合方法，即使用多参数指数（multi-metric index，MMI）来评估该要素是否受到了环境压力的影响。主要内容如下：

（1）将筛选出的表征生物质量要素的参数与评价特定生态环境压力状况的参数组合，即可将各参数评价结果取平均或采用加权组合的方式获得一个综合评价结果，以表征水生态质量的状态；

（2）反映不同压力敏感性的参数不应单独评价，因为组合平均的评价方法，评价结果将掩盖一部分未能达到特定质量状态的情况；

（3）反映多压力的参数可以采用组合评价，以多参数综合结果评估生物质量要素的状态；

（4）灵活进行生物质量要素参数的组合，单项参数也可直接用于评估生物质量要素的状态；

（5）多个类群或者参数，每个都单独对一类型压力敏感，则应采用"一出、皆出"规则，确保生物质量要素的状态能反映出所有压力和人类干扰影响。

2）分级与评价标准

欧盟《水框架指令》将各类水体的水生态状态划分为五个等级，即优（high）、良（good）、中（moderate）、差（poor）、劣（bad）。欧盟《水框架指令》描述了河流、湖泊、过渡水体和沿海水域的"优""良""中"三个等级水生态状态的内涵（表 9-2），并对这几种水体的生物质量要素、水文形态要素、物理化学要素不同等级的内涵做了详细描述。

表 9-2　欧盟《水框架指令》水生态状态评价不同等级的内涵

等级	优	良	中
内涵	人类活动没有或极轻微地改变地表水体类型的物理化学与水文形态质量要素的值，使其基本符合未受干扰条件下的水体类型状况，并且没有或极少出现偏离迹象	由于人类活动，地表水体类型的生物质量要素值显示出较轻的偏离，但基本符合未受干扰下的水体类型质量	地表水体类型的生物质量要素值与未受干扰下的水体类型标准相比，存在中等程度的偏差。这些要素表明了人类活动导致的中等程度的改变，并且比良好状况受到的干扰更大

三类质量要素中，生物监测结果不确定较高，需确保其可比性。欧盟《水框架指令》指出，成员国需要建立监测体系以估算每一种水体类型及确定生物质量要素的参照状态。此外，为确保结果的可比性及对生态状况进行分级，应以生态质量比率（ecological quality ratio，EQR）的形式来计算评价结果。EQR 值在 0~1 之间，优的接近 1，最差的接近 0，将所取得的生态质量比率分为五个级别，并设定每个等级的阈值。设定分级阈值的方法有多种，如分位数法、等分法、压力-响应关系法。为提高结果的可比性，欧盟国家采用较多的方法为等分法（Hering et al., 2006）。需要指出的是，"优"与"良"等级间的阈值及"良"与"中"等级间的阈值需要进行校准。对于水生态状况的表述可以通过文字及不同颜色表明，一般而言，优、良、中、差、劣分别对应蓝色、绿色、黄色、橙色、红色。在水生态状态综合评价时，对于生物质量要素、水文形态要素、水体理化要素的评价结果采用"一出、皆出"的原则，即取三类要素评价的最差结果为水生态状态的评价等级（图 9-2）。

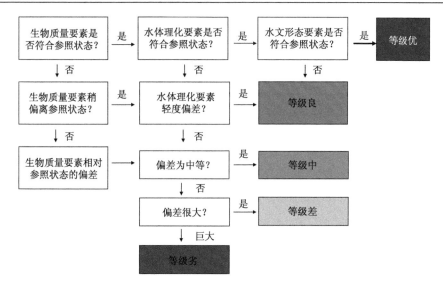

图9-2 欧盟《水框架指令》基于生物质量要素、水文形态要素和水体理化要素评价水生态状态的原则
（修改自 WFD CIS, 2003）

2. 美国国家湖泊评价

自 1972 年通过《清洁水法》（*Clean Water Act*），美国国家环境保护局（EPA）相继实施了快速生物评价规程（rapid bioassessment protocols, RBPs）、生物状态梯度（biological condition gradient, BCG）模型、国家水资源调查（the national aquatic resource surveys, NARS），编制了指导文件，用于指导各州开展水生态监测评价工作。

国家水资源调查（NARS）是由 EPA、美国各州和地方部门共同实施的一项合作计划，旨在评估美国国家沿海水域、湖泊和水库、河流和溪流，以及湿地的生态质量，对不同环境状况进行各个时间点的评估，确定关键压力源的干扰程度，采用标准化的野外调查和实验室方法，可以比较来自不同地区和不同年份的调查结果，探明全国尺度水体生态状况，旨在提供有关湖泊生态状况及变化的信息，以维持健康的水生态状况和人类活动的安全，评估影响湖泊水生态质量的主要胁迫因素及程度，并持续治理和改善环境质量。NARS 由国家海岸状况评估（national coastal condition assessment，NCCA）、国家湖泊评估（national lakes assessment，NLA）、国家河流和溪流评估（national rivers & streams assessment，NRSA）和国家湿地状况评估（national wetland condition assessment，NWCA）共四项调查组成，国家湖泊评估每五年一个周期，目前处于第四个周期（U. S. EPA，2022），现有超过 20 年的化学、物理和生物数据积累，包括大型底栖无脊椎动物、鱼类、植被、浮游动物、营养盐浓度、沉积物化学、物理栖息地、微囊藻毒素浓度等。NLA 项目目前已发布系列技术规范，涵盖野外操作手册、实验手册及评估手册等内容。

该系列技术规范对湖泊现场数据测量和采样方法做出了详细规定，并要求采集营养水平指标、生物指标、化学指标及物理指标等数据，最终形成评估体系（表9-3），其中，营养水平指标包括营养状态指数，生物指标包括大型底栖动物群落、浮游动物及叶绿素 a，化学指标包括酸化度、阿特拉津（除草剂）浓度、微囊藻毒素、溶解氧、营养盐（氮、磷）浓度，物理指标包括湖泊水位下降情况、湖滨带干扰程度等指标，在水生态方面，着重强调了大型底栖动物群落及浮游植物的组成、结构和大小的指标。

表 9-3　美国湖泊监测评估指标（修改自 U. S. EPA, 2022）

指标类型	指标
营养水平	营养状态指数
生物指标	大型底栖动物群落
	浮游动物
	叶绿素 a
化学指标	酸化度
	阿特拉津（除草剂）浓度
	微囊藻毒素
	溶解氧
	营养盐（氮、磷）浓度
物理指标	湖泊水位下降情况
	湖滨带干扰程度
	湖岸带植被覆盖度
	浅水生境状况
	湖泊生境复杂度

2017 年美国国家湖泊评估结果表明：①营养盐过剩是美国湖泊环境的主要压力源，在全国范围内，约 45% 的湖泊磷含量升高，46% 的湖泊氮含量升高，在 24% 的湖泊中观察到了富营养状况；②一般湖泊营养状况较差时，生物状况也较差，在磷含量较高的湖泊中，底栖动物群落结构较差的可能性要比一般湖泊高出 2～3 倍；③滨岸带干扰情况普遍，但其他自然栖息地条件在超过一半的湖泊中被评为良好，全国范围内 75% 的湖泊存在中度到高度的人类活动和岸线变化，但大多数湖泊的浅水岸带（湖岸）植被覆盖率和栖息地生境复杂度指标被评为良好；④21% 的湖泊中检测到微囊藻毒素，在全美国 4400 多个湖泊中有 2% 的湖泊微囊藻毒素超过了美国环境保护局规定的休闲用水标准；⑤30% 的湖泊中检测到的除草剂阿特拉津含量等级较差，恶劣的生物状况也许与其有关。

9.1.3　国内湖泊健康评价进展

与国外同期相比，我国湖泊健康监测与评价工作比较滞后，随着 20 世纪 70 年代环境污染调查的开展，湖泊健康评测也随之发展。20 世纪 90 年代，我国大力发展工业，水体污染急剧加重，与此同时理化监测技术体系的快速发展及理化监测任务加重，使环境监测工作重点集中到理化分析上。由于缺乏相关法规、标准和例行监测的要求，加之在人力、物力、财力上未能得到运行保障，生物监测工作陷入了可有可无的尴尬境地（阴琨等，2012；金小伟等，2017）；至 21 世纪，生物监测工作再次得到中国环境监测总站及我国东部和沿海地区的重视，江苏省、上海市、辽宁省、浙江省的环保部门开始加强生物监测能力建设，持续开展了一些基于生物调查等方面的生物监测项目，并将每年的监测结果体现在水环境状况公报中。"十一五"以来，在国家水体污染控制与治理科技重大专项的支持下，以太湖流域、辽河流域等为代表的多个重点流域都开展了综合指标体系法的研究，取得了大量研究成果（张远等，2019）。

1. 全国重点流域健康评价

为解决我国流域水生态系统退化的问题，构建以水生态系统健康为核心的水质目标管理技术体系，水体污染控制与治理科技重大专项（简称"水专项"）设立了"流域水污染防治监控预警技术与综合示范"主题，提出要构建适合我国的流域水生态系统健康评价技术体系，并在全国十大重点流域进行应用示范，从而全面掌握我国流域水生态系统健康总体状况，识别已发生退化的水生生物及其原因，进而开展生态修复、物种保护等管理工作，为实现我国流域水生态系统健康的宏伟战略目标提供有力支撑（张远等，2019）。

结合国内外理论知识及实践经验，在十大重点流域进行应用示范时，整个流域水生态系统健康评价的技术步骤包括水体类型划分、概念模型建立、水生态系统调查、评价指标筛选、评价指标参照值和临界值确定、评价指标标准化、综合得分计算与健康等级划分等（图 9-3）。

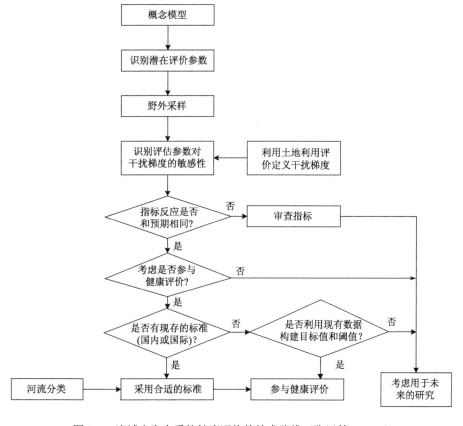

图 9-3　流域水生态系统健康评价的技术路线（张远等，2019）

根据技术路线,科研人员构建了适合我国国情的流域水生态系统健康评价体系框架,这个评价体系涵盖了化学完整性、物理完整性和生物完整性三个部分。化学完整性从基本水体理化和营养盐进行考量,物理完整性包括河岸带生境质量状况和水文条件,生物完整性重点考虑着生藻类、大型底栖动物、鱼类等类群。在实践中,根据我国湖泊具体情况,按照流域水生态系统健康评价导则,在太湖、巢湖、滇池等流域构建了包含基本水体理化、营养盐、浮游植物、大型底栖动物、鱼类及毒性六大类型的健康评价指标体系(表9-4)。

表9-4　重点流域湖泊生态系统健康评价体系

完整性要素	属性	指标
化学要素	基本水体理化	电导率
		溶解氧
		高锰酸盐指数
	营养盐	总氮
		总磷
		氨氮
		营养状态指数
	毒性	挥发酚
生物要素	浮游植物	分类单元数
		蓝藻密度比例
		香农-维纳多样性指数
		伯杰-帕克优势度指数
	大型底栖动物	分类单元数
		伯杰-帕克优势度指数
		科级生物指数(FBI)
		淡水大型底栖无脊椎动物生物耐污敏感性指标(BMWP)指数
	鱼类	分类单元数
		香农-维纳多样性指数
		伯杰-帕克优势度指数

此套湖泊水生态系统健康评价技术步骤的建立以太湖、巢湖及滇池为例。目前,这套方法在全国十大重点流域都进行了应用,已构建了适合于各个流域的水生态系统健康评价指标体系和评价标准。针对湖泊的评价指标划分为2种类型,评价指标包括化学和生物两个方面的指标。评价指标筛选从技术角度上讲主要包括候选评价指标建立、评价指标数据获取、评价指标分析与筛选等技术环节。

评价指标筛选之后,需要对每个评价指标设定一个参比标准。这个标准包括一个最高标准和一个最低标准,即参照值和临界值。参照值是指湖泊或河流在未受到人为活动干扰下,评价参数的取值,指代的流域健康状况为最佳。临界值是指流域在受到人为活动干扰后,流域水生态系统濒临崩溃的评价参数取值,此时的流域健康状况为最差。流域水生态系统健康评价综合得分采用分级指标评分法，逐级加权，综合评分，包括样点上分项评价指标综合得分计算、样点上总评价综合得分计算、流域上分项评价指标综合得分计算、流域上总评价综合得分计算。流域健康综合得分的范围为 0～1，根据流域健康综合得分设定 5 个健康等级标准，包括"极好"、"好"、"一般"、"差"和"极差"。

2. 健康评价相关标准规范

近几年，水利部、生态环境部门也陆续制订了河湖健康评价的行业标准和地方标准。2020 年，水利部印发了《河湖健康评估技术导则》（SL/T 793—2020）、《河湖健康评价指南（试行）》，为全国开展河湖健康评价提供了参考。同时，河湖健康评价地方标准也在不断完善，江苏省发布了《生态河湖状况评价规范》（DB 32/T 3674—2019）等标准，山东、湖北、辽宁、北京、江西、天津陆续发布了相关的技术指南与导则（表 9-5）。

表 9-5　我国河湖健康评价相关标准规范

类型	主要编制单位	年份	名称	编号、状态
行业标准、规范	水利部	2020	河湖健康评估技术导则	SL/T793—2020
	水利部	2020	河湖健康评价指南	（试行）
	环境保护部	2013	流域生态健康评估技术指南	（试行）
	生态环境部	2020	河流水生态环境质量监测与评价技术指南	（征求意见稿）
	生态环境部	2020	湖库水生态环境质量监测与评价技术指南	（征求意见稿）
地方标准、规范	辽宁省水利厅	2017	辽宁省河湖（库）健康评价导则	DB 21/T 2724—2017
	山东省水利厅	2017	山东省生态河道评价标准	DB 37/T 3081—2017
	甘肃省水利厅	2017	甘肃省河流健康调查与评估技术大纲	（试行）
	北京市水务局	2020	水生态健康评价技术规范	DB 11/T 1722—2020
	江苏省水利厅	2019	生态河湖状况评价规范	DB 32/T 3674—2019
	江苏省生态环境厅	2020	太湖流域水生态环境功能区质量评估技术规范	DB 32/T 3871—2020
	天津市水务局	2021	河湖健康评估技术导则	DB 12/T 1058—2021
	江西省水利厅	2021	河湖（水库）健康评价导则	DB 36/T 1404—2021
	湖北省水利厅	2021	湖北省河湖健康评估导则	DB 42/T 1771—2021
	广东省河长制办公室	2021	广东省 2021 年河湖健康评价技术指引	/
	四川省河长制办公室	2021	四川省河流（湖库）健康评价指南	（试行）
	浙江省治水办（河长办）、浙江省水利厅、浙江省生态环境厅	2021	浙江省河湖健康及水生态健康评价指南	（试行）
	云南省河长制办公室	2021	云南省河湖库渠健康评价指南	（试行）

在湖泊健康评价相关标准中，指标体系大致可分为物理结构、水文水资源、水环境、水生生物及社会服务功能共五个大类，其中，有关湖泊物理结构、水文水资源、水环境及水生生物的湖泊健康指标在各标准规范中均有涉及。总体而言，湖泊物理结构主要关注湖泊的湖盆形态、岸带情况及连通状况，水文水资源主要从入湖水量、换水周期、生

态水位满足程度等方面考虑，水环境主要关注水质指标、营养状态、底泥污染状况，水生生物则主要从底栖动物、浮游植物、水生植物及鱼类等方面考虑，社会属性指标主要考虑湖泊的防洪、供水、航运、文化休闲等社会服务功能，以便全面、综合地评价湖泊生态系统状况。同时，结合不同地区的自然地理特征，不同标准根据实际情况各有侧重，在不同类型指标中划分了备选或必选指标，以提高湖泊健康评价的科学性和可操作性。

9.2　评价指标体系构建

参考水利行业标准《河湖健康评估技术导则》（SL/T 793—2020）、《河湖健康评价指南（试行）》、《生态河湖状况评价规范》（DB 32/T 3674—2019）等规范性文件，结合洪泽湖生态系统特征及面临的主要问题，提出涵盖水空间、水文水资源、水环境、水生物、服务功能5个方面14项指标的健康评价指标体系（表9-6）。

表9-6　洪泽湖健康状况评价指标体系

目标层	功能层		指标层	权重		
洪泽湖生态系统健康	自然属性	水空间	自由水面率	1.0	0.2	0.7
		水文水资源	生态水位满足程度	0.7	0.2	
			水位变异程度	0.3		
		水环境	水质类别指数	0.3	0.3	
			耗氧有机污染状况	0.2		
			营养状态指数	0.3		
			入湖河流水质达标率	0.2		
		水生物	浮游植物密度	0.3	0.3	
			浮游动物多样性	0.2		
			大型水生植物覆盖度	0.2		
			底栖动物生物学指数	0.3		
	社会属性	服务功能	防洪达标率	0.3	1.0	0.3
			集中式饮用水水源地水质达标率	0.2		
			公众满意度	0.5		

9.3　评价指标计算与赋分

9.3.1　水空间

自由水面率是湖泊敞水面面积与总面积的比值。健康的湖泊水面应该完整通畅，少有阻隔物限制湖泊水流的正常流动，能保证湖泊水文过程的完整性。自由水面率计算公式为

$$R = \frac{S_{rw} - (S_p + S_{ps} + S_e)}{S_{rw}} \times 100\%$$

式中，R 为自由水面率；S_{rw} 为湖泊蓄水范围面积；S_p 为圈圩面积；S_{ps} 为围网面积；S_e 为其他开发利用面积。

自由水面率赋分见表 9-7。

表 9-7　湖泊自由水面率指标评价赋分标准

自由水面率	[0, 60%)	[60%, 70%)	[70%, 80%)	[80%, 85%)	[85%, 90%)	[90%, 100%]
赋分	[0, 20)	[20, 40)	[40, 60)	[60, 80)	[80, 90)	[90, 100]

9.3.2　水文水资源

1. 生态水位满足程度

评价湖泊生态水位满足程度，赋分标准见表 9-8。洪泽湖生态水位采用江苏省水利厅确定的生态水位，其中洪泽湖生态水位为 11.3 m。

表 9-8　湖泊生态水位满足程度评价赋分表

评价指标	赋分
年内 365 日日均水位均高于最低生态水位	100
日均水位低于最低生态水位，但 3 天连续平均水位不低于最低生态水位	75
3 天连续平均水位低于最低生态水位，但 7 天连续平均水位不低于最低生态水位	50
7 天连续平均水位低于最低生态水位	30
14 天连续平均水位低于最低生态水位	20
30 天连续平均水位低于最低生态水位	10
60 天连续平均水位低于最低生态水位	0

2. 水位变异程度

水位变异程度用水位变异指数表征，计算 12 个月的水位与多年平均相比变幅的累加值，具体如下：

$$\mathrm{WLF} = \left\{ \sum_{m=1}^{12} \left(\frac{w_m - W_m}{\overline{W}} \right)^2 \right\}^{1/2}$$

式中，WLF 为湖泊水位变异程度；w_m 为评价年湖泊第 m 月实测月均水位；W_m 为评价湖泊历年（采用 1990～2020 年）第 m 月天然月均水位；$\overline{W}$ 为评价湖泊历年天然月均水位的年均值。

水位变异程度赋分标准见表 9-9。

表 9-9　水位变异程度赋分标准

水位变异指数	[0, 0.05]	(0.05, 0.1]	(0.1, 0.3]	(0.3, 1.5]	(1.5, 3.5]	(3.5, 5]
赋分	100	[75, 100)	[50, 75)	[25, 50)	[10, 25)	[0, 10)

9.3.3　水环境

1. 水质类别指数

水质类别指数表征了湖泊的水质状况，由评价时段内最差水质项目的水质类别代表该湖泊的水质类别，将该项目实测浓度依据《地表水环境质量标准》（GB 3838—2002）水质类别标准值和对照评分阈值进行线性内插得到评分值，水质类别的对照赋分见表 9-10。当有多个指标项目浓度均为最差水质类别时，分别进行评分计算，取最低值。

表 9-10　水质类别指数赋分表

水质类别 （GB 3838—2002）	Ⅰ、Ⅱ	Ⅲ	Ⅳ	Ⅴ	劣 Ⅴ
赋分	[90,100]	[75,90)	[60,75)	[40,60)	[0,40)

2. 耗氧有机污染状况

耗氧有机物是导致水体中溶解氧大幅度下降的有机污染物，取高锰酸盐指数、化学需氧量、五日生化需氧量、氨氮这四项对湖泊耗氧有机污染状况进行评价。

高锰酸盐指数、化学需氧量、五日生化需氧量、氨氮分别赋分。取年均值进行赋分，取 4 个指标项目赋分的平均值作为耗氧有机污染状况得分，按下式计算。指标赋分标准见表 9-11。

$$OCP_r = \frac{COD_{Mn_r} + COD_r + BOD_r + NH_3\text{-}N_r}{4}$$

式中，OCP_r 为耗氧有机污染状况得分；COD_{Mn_r} 为高锰酸盐指数赋分；COD_r 为化学需氧量赋分；BOD_r 为五日生化需氧量赋分。$NH_3\text{-}N_r$ 为氨氮赋分。

表 9-11　耗氧有机污染状况指标赋分标准

水质指标	指标浓度与赋分标准				
高锰酸盐指数（COD_{Mn}）/（mg/L）	(0, 2]	(2, 4]	(4, 6]	(6, 10]	(10, 15]
化学需氧量（COD）/（mg/L）	(0, 15]	(15, 17.5]	(17.5, 20]	(20, 30]	(30, 40]
五日生化需氧量（BOD_5）/（mg/L）	(0, 3]	(3, 3.5]	(3.5, 4]	(4, 6]	(6, 10]
氨氮（$NH_3\text{-}N$）/（mg/L）	(0, 0.15]	(0.15, 0.5]	(0.5, 1]	(1, 1.5]	(1.5, 2]
赋分	100	[80, 100)	[60, 80)	[30, 60)	[0, 30)

3. 营养状态指数

营养状态指数评价采用《地表水环境质量评价办法（试行）》中的方法进行，营养状态评价项目包括总磷（TP）、总氮（TN）、叶绿素 a（Chl a）、高锰酸盐指数（COD$_{Mn}$）和透明度（SD），计算公式如下：

$$TLI = 0.2663TLI(Chl\,a) + 0.1834TLI(SD) + 0.1879TLI(TP)$$
$$+0.179TLI(TN) + 0.1834TLI(COD_{Mn})$$

其中，TLI (Chl a)、TLI (SD)、TLI (TP)、TLI (TN)、TLI (COD$_{Mn}$)的计算公式分别为

$$TLI(Chl\,a) = 10 \times [2.5 + 1.086\ln(Chl\,a)]$$
$$TLI(SD) = 10 \times (5.118 - 1.91\ln SD)$$
$$TLI(TP) = 10 \times (9.436 + 1.624\ln TP)$$
$$TLI(TN) = 10 \times (5.453 + 1.694\ln TN)$$
$$TLI(COD_{Mn}) = 10 \times (0.109 + 2.66\ln COD_{Mn})$$

式中，TLI 指营养状态指数；Chl a、SD、TP、TN、COD$_{Mn}$ 的单位分别为 μg/L、cm、mg/L、mg/L、mg/L。湖泊营养状态指数赋分标准见表 9-12。

表 9-12　湖泊营养状态指数赋分标准

营养状态指数	[30, 50]	(50, 60]	(60, 70]	(70, 100]
营养状态	中营养	轻度富营养	中度富营养	重度富营养
赋分	[90, 100]	[60, 90)	[40, 60)	[0, 40)

4. 入湖河流水质达标率

入湖河流水质达标率指入湖河流年度水功能区水质达标的河流数量占河流总数量的百分比，计算公式如下：

$$A = \frac{N_s}{N} \times 100\%$$

式中，A 为入湖河流水质达标率；N_s 为达标河流数量；N 为河流总数量。

洪泽湖入湖河流众多，本章选取洪泽湖 26 条主要入湖河流进行评价。

9.3.4　水生物

1. 浮游植物密度

浮游植物群落结构是反映湖泊水生态状况的重要指标，其生长周期短，对环境变化敏感，采用浮游植物密度评价其群落特征，赋分标准见表 9-13。

表 9-13　浮游植物密度赋分标准

浮游植物密度 /（万个/L）	[0, 200]	(200, 500]	(500, 1000]	(1000, 3000]	(3000, 5000]	(5000, 8000]
赋分	100	[70,100)	[50,70)	[30,50)	[10,30)	[0,10)

2. 浮游动物多样性

浮游动物是湖泊水生态系统食物链中将初级生产者的能量传递到高营养级的中枢环节，其种类组成、多样性、形体大小等方面可反映湖泊水生态系统所受到的胁迫压力。采用浮游动物 Shannon-Wiener 多样性指数作为评价指标，赋分标准见表 9-14。

表 9-14　浮游动物多样性指标赋分标准

浮游动物多样性	[3，+∞)	[2, 3)	[1, 2)	[0, 1)
赋分	100	[80, 100)	[60, 80)	[0, 60)

3. 大型水生植物覆盖度

大型水生植物覆盖度评价湖泊水域内的浮叶植物、挺水植物、沉水植物三类植物中非外来物种的总覆盖度，采用参照状态比对赋分法。

本章选择 20 世纪 80 年代作为参照时期，其水生植被分布面积约为全湖面积的 34.44%（刘昉勋和唐述虞，1986）。将评价年大型水生植物覆盖度与参照值进行比较，计算覆盖度变化率，赋分标准见表 9-15。

表 9-15　基于参照状态比较的大型水生植物覆盖度指标赋分标准

覆盖度变化率/%	赋分	说明
[−5，+∞)	100	接近参照状况或覆盖度增加
[−10, 5)	[75, 100)	与参照状况有较小差异
[−25, −10)	[50, 75)	与参照状况有中度差异
[−50, −25)	[25, 50)	与参照状况有较大差异
[−75, −50)	[0, 25)	与参照状况有显著差异

4. 底栖动物生物学指数

底栖动物个体较大，寿命较长，活动范围小，对环境条件改变反应灵敏，能够准确反映水质质量状况，是监测污染、评价水质理想的指示生物。通过对底栖动物群落结构的调查研究，可以客观地分析和评价湖泊营养状况。采用底栖动物 BPI 指数作为水生态质量的一项评价指标，计算公式如下：

$$BPI生物学污染指数 = \frac{\log(N_1 + 2)}{\log(N_2 + 2) + \log(N_3 + 2)}$$

式中：N_1 为寡毛类、蛭类和摇蚊幼虫个体数；N_2 为多毛类、甲壳类和除摇蚊幼虫以外其他的水生昆虫个体数；N_3 为软体动物个体数。

计算出 BPI 生物学指数后，参照表 9-16 的标准进行赋分。

表 9-16　底栖动物生物学指标赋分标准

底栖动物生物学指数	(0，0.1]	(0.1，0.5]	(0.5，1.5]	(1.5，5]	(5，10]
赋分	100	[75，100)	[60，75)	[30，60)	[0，25)

9.3.5　服务功能

1. 防洪达标率

防洪达标率指已达到防洪标准的堤防长度占堤防总长度的比例：

$$FLDE = \frac{BLA}{BL}$$

式中，FLDE 为防洪达标率；BLA 为达到防洪标准的堤防长度；BL 为堤防总长度。

计算出防洪达标率后，参照表 9-17 的标准进行赋分。

表 9-17　防洪达标率赋分标准表

防洪达标率/%	[95，100)	[90，95)	[85，90)	[70，85)	[50，70)
赋分	100	[75，100)	[50，75)	[25，50)	[0，25)

2. 集中式饮用水水源地水质达标率

集中式饮用水水源地水质达标率指达标的集中式饮用水水源地的个数占评价集中式饮用水水源地总数的百分比。数据采用江苏省生态环境厅集中式饮用水水源地水质状况月报，评价指标包括《地表水环境质量标准》（GB 3838—2002）中表 1 的基本项目（水温、化学需氧量、总磷、总氮和粪大肠菌群不参与评价），表 2 补充项目和表 3 特定项目中的 33 项。按以下公式进行赋分。

$$R_Y = \frac{Y_0}{Y_n} \times 100$$

式中，R_Y 为饮用水水源地水质达标率赋分值；Y_0 为达标的饮用水水源地个数；Y_n 为评价湖泊饮用水水源地总数。

3. 公众满意度

公众满意度反映公众对湖泊环境、水质水量、涉水景观、舒适性、美学价值等的满意程度，采用公众调查方法评价，其赋分取评价区域内参与调查的公众赋分的平均值。

9.3.6　健康状况分级标准

根据分项指标赋分及权重，计算各层次指标得分，最终计算洪泽湖健康指数。评价结果分为理想、健康、亚健康、不健康、病态五个等级，对应的健康指数与分级颜色见表 9-18。

表 9-18　洪泽湖健康状况综合评价分级标准

等级	状态	颜色	RGB 色值	赋分范围
1	理想	蓝	0, 0, 255	[90, 100]
2	健康	绿	0, 255, 0	[75, 90)
3	亚健康	黄	255, 255, 0	[60, 75)
4	不健康	橙	255, 165, 0	[40, 60)
5	病态	红	255, 0, 0	[0, 40)

9.4　健康状态评价结果

9.4.1　水空间评价

洪泽湖蓄水范围内有大量圈圩和围网，2020 年自由水面面积为 1332.2 km²，自由水面率为 74.8%，赋分为 49.6 分。

9.4.2　水文水资源评价

据蒋坝站水位统计，2020 年全年蒋坝站平均水位为 12.53 m，较多年均值偏低 0.06 m；全年最高水位为 13.53 m（8 月 10 日），最低水位为 11.46 m（6 月 17 日），水位最大变幅为 2.07 m。全年逐日水位均高于洪泽湖生态水位（11.3 m），生态水位满足程度赋分 100 分。

2020 年上半年洪泽湖水位较多年平均日水位偏低。受本地降雨及上游来水等影响，6 月中下旬后水位明显上涨，2020 年 6 月 23 日～7 月 16 日，洪泽湖水位在 12.20～12.50 m 之间波动。受 2020 年淮河 1 号洪水影响，淮河干流持续大流量行洪，水位自 7 月 17 日明显上涨，8 月 10 日洪泽湖水位涨至今年最高水位 13.53 m，低于警戒水位 0.07 m。之后水位处于缓慢回落状态。汛后，洪泽湖水位在 12.50～13.20 m 之间波动运行。对比洪泽湖历年月平均水位，2020 年洪泽湖水位变异指数为 0.156，赋分为 68 分。

9.4.3　水环境评价

2020 年洪泽湖水质主要限制指标为总氮、总磷、高锰酸盐指数，总氮浓度介于 0.56～4.52 mg/L，均值为 1.98 mg/L，总磷浓度介于 0.014～0.337 mg/L，均值为 0.097 mg/L，高锰酸盐指数介于 0.95～10.67 mg/L，均值为 4.85 mg/L，赋分为 60.9 分。

耗氧有机污染指数中高锰酸盐指数、五日生化需氧量、化学需氧量、氨氮四项评价指标赋分分别为 71.5、100、100、93.8，均值为 91.3。

2020 年营养状态指数为 37.3～72.5，均值为 57.5。空间上，尽管成子湖区域营养盐浓度较低，但受换水周期慢等原因，叶绿素浓度较高，因此其营养状态指数并不低。根据赋分标准，营养状态指数赋分为 67.5 分。

2020 年 26 条主要入湖河流的水质指标平均浓度（表 9-19）：总氮 2.89 mg/L，总磷 0.15 mg/L（Ⅲ～劣Ⅴ类），氨氮 0.77 mg/L（Ⅰ～劣Ⅴ类），高锰酸盐指数 5.52 mg/L（Ⅱ～劣Ⅴ类）。主要入湖河流中，总氮高值出现在维桥河（8.34 mg/L）、肖河（7.30 mg/L）、古山河（6.26 mg/L）；总磷高值出现在肖河（0.417 mg/L）、马化河（0.230 mg/L）、五河（0.224 mg/L）；氨氮高值出现在维桥河（2.13 mg/L）、肖河（1.84 mg/L）、赵公河（1.22 mg/L）；高锰酸盐指数高值出现在赵公河（8.38 mg/L）、老场沟（8.13 mg/L）、维桥

表 9-19　2020 年洪泽湖主要入湖河流水质类别

序号	河流	水质类别	超标因子
1	池河	Ⅲ	/
2	团结河	Ⅲ	/
3	淮河	Ⅲ	/
4	维桥河	劣Ⅴ	氨氮、化学需氧量、高锰酸盐指数
5	高桥河	Ⅳ	高锰酸盐指数、化学需氧量
6	张福河	Ⅳ	高锰酸盐指数、化学需氧量
7	杨场沟	Ⅳ	高锰酸盐指数、化学需氧量
8	老场沟	Ⅳ	高锰酸盐指数、化学需氧量
9	赵公河	Ⅴ	化学需氧量、高锰酸盐指数、氨氮
10	南淮泗河	Ⅳ	高锰酸盐指数、化学需氧量
11	黄码河	Ⅲ	/
12	高松河	Ⅲ	/
13	成子河	Ⅲ	/
14	马化河	Ⅴ	氨氮、总磷、化学需氧量
15	肖河	劣Ⅴ	总磷、氨氮、化学需氧量、五日生化需氧量
16	五河	Ⅳ	氨氮、总磷、化学需氧量、五日生化需氧量
17	古山河	Ⅳ	化学需氧量
18	西民便河	Ⅳ	化学需氧量
19	安东河	Ⅲ	/
20	徐洪河	Ⅲ	/
21	濉河	Ⅲ	/
22	老汴河	Ⅲ	/
23	老濉河	Ⅲ	/
24	新濉河	Ⅲ	/
25	新汴河	Ⅲ	/
26	怀洪新河	Ⅲ	/

河（7.40 mg/L）；淮河总氮平均浓度为 2.10 mg/L，总磷平均浓度为 0.090 mg/L（Ⅱ类），氨氮平均浓度为 0.13 mg/L（Ⅰ类），高锰酸盐指数均值为 4.59 mg/L（Ⅲ类）。主要入湖河流水质总体为Ⅲ～Ⅴ，按Ⅲ类水标准，水质达标率得分为 53.8 分。

9.4.4　水生物评价

2020 年洪泽湖浮游植物共发现 106 种（属），优势种属主要有栅藻属、盘星藻属和集星藻属，其次包括裸藻属等。细胞密度平均值为 612.9 万个/L，绿藻门最高（363.8 万个/L），其次是硅藻门和蓝藻门，分别为 124.4 万个/L 和 82 万个/L。绿藻细胞密度在 7～8 月间呈升高趋势，随后逐渐下降；蓝藻细胞密度与硅藻规律类似，均在 8 月份达到峰值后开始下降。生物量平均值为 2.09 mg/L，优势类群主要为绿藻（1.50 mg/L）和硅藻（0.25 mg/L）。绿藻门生物量在全年均占优势，总生物量在 1～6 月呈上升趋势，随后开始下降，7～10 月又呈现第二个高峰值；硅藻门主要在 4 月和 8 月占优；蓝藻门在 8 月所占比例最高（约 6.8%）。空间分布上，细胞密度和生物量分布格局类似，现存量高值主要出现在溧河洼和成子湖，湖心区和老子山东部水域较低。根据赋分标准，浮游植物密度均值为 612.9 万个/L，赋分 65.5 分。

2020 年浮游动物共发现 54 种，包含原生动物 14 种、轮虫 18 种、枝角类 12 种和桡足类 10 种。四个类群的密度分别为 375.5 个/L、150.8 个/L、29.8 个/L 和 21.2 个/L，生物量分别为 2.5 μg/L、175.5 μg/L、1007.3 μg/L 和 392.6 μg/L，轮虫、枝角类和桡足类为生物量优势类群。优势种包括原生动物中的侠盗虫、似铃虫属、砂壳虫属和普通表壳虫，轮虫的曲腿龟甲轮虫、矩形龟甲轮虫、针簇多肢轮虫，枝角类中的简弧象鼻溞，桡足类中的汤匙华哲水蚤、广布中剑水蚤、中华窄腹剑水蚤和台湾温剑水蚤。季节上，浮游动物总密度和总生物量高值出现在夏季，冬季则处于最低水平。空间分布上，密度高值出现在溧河洼水域，低值出现在湖心区；生物量高值出现在半城镇水域，低值出现在湖心敞水区和蒋坝水域。浮游动物多样性指数均值为 1.69，赋分 73.8 分。

2020 年大型水生植物共发现 28 种，其中挺水植物 12 种，沉水植物 9 种，浮叶植物 3 种，漂浮植物 4 种。春季优势种主要为菹草、穗状狐尾藻和篦齿眼子菜，夏季优势种主要为穗状狐尾藻、菱和金鱼藻。春季和夏季盖度超过 5% 的水面分别为 215 km² 和 231 km²。空间分布方面，水生植物主要分布在成子湖，以及顺河滩西侧滨岸浅水区。近年来水生植物覆盖面积呈现波动上升趋势，其中成子湖北部沿岸带水生植物扩张速度较为明显。大型水生植物覆盖度为 27.1%，与历史时期 34.3% 的覆盖度相比，覆盖度变化率为 –20.99%，赋分 54.1 分。

2020 年底栖动物共发现 47 种，其中节肢动物门 21 种，软体动物门 17 种，环节动物门 9 种，优势种有河蚬、霍甫水丝蚓、大螯蜚属、苏氏尾鳃蚓、寡鳃齿吻沙蚕、多巴小摇蚊等。密度均值为 129.5 个/m²，高值出现在成子湖高渡镇水域和半城镇水域，低值出现在高良涧闸附近水域和湖心敞水区。寡毛纲和昆虫纲密度总体上在各样点占据优势，平均密度占比均超 20%，甲壳纲和多毛纲在过水区的部分样点占据一定比例。生物量均值为 47.6 g/m²，高值出现在老子山北部和溧河洼水域，低值出现在成子湖、高良涧闸附近水域。生物量组成上各点位主要以双壳纲（主要是河蚬）占据主导，腹足纲在溧河洼水域优势度较高。底栖动物 BPI 指数均值为 0.57，赋分为 74.0 分。

9.4.5 服务功能评价

洪泽湖是淮河中下游接合部的巨型平原调洪湖泊，上中游 15.8 万 km² 的流域洪水经其调节后归江入海，保护着下游 2700 万人口、2600 万亩耕地的安全，洪泽湖是江苏省防洪的重中之重。洪泽湖的存在完全依赖于湖东侧的洪泽湖大堤，大堤全长 67.25 km，穿洪泽湖大堤的三河闸、二河闸、高良涧闸、高良涧水电站、洪泽站、周桥洞、洪金洞、堆头涵洞防护等别为 I 等，防洪标准为 100 年一遇。中华人民共和国成立以后，先后四次进行加固，现状基本能够防御 16.0 m 的设计洪水位。达标长度为 65.91 km，防洪达标率为 98%，赋分为 100 分。

从洪泽湖取水的水源地有泗阳县成子湖卢集水源地、泗洪县成子湖龙集水源地、洪泽区洪泽湖周桥干渠水源地，供水能力分别为 4 万 t/d、7.5 万 t/d 和 10 万 t/d。根据 2020 年 1~12 月江苏省生态环境厅《全省县级及以上城市集中式饮用水水源地水质状况》月报，3 个水源地逐月水质均达标，该项指标赋分为 100 分。

对洪泽湖周边居民、社会公众、管理部门开展满意度调查，共获取有效调查问卷 62 份，均分为 82.5 分。公众反映的问题主要有占用湖泊水面养殖问题仍然较为严重，部分入湖河流水质差，影响湖泊水质，生态修复范围小且旅游休闲设施和景观有待提升。公众建议建设特色水生态景观岸线，加强生态景点建设；加强岸带养护与保洁；协调旅游开发与湖泊保护关系，发展绿色经济。

9.4.6 综合评价

根据洪泽湖健康评价方法，2020 年健康状况综合得分为 74.8 分，健康状况为"亚健康"。自然属性综合得分为 68.5 分，社会属性综合得分为 89.5 分（图 9-4）。

健康评价与水生态系统调查监测结果表明，现阶段洪泽湖健康状况面临的主要问题为：①蓄水范围内水面开发利用强度大，湖泊自由水面率不高，水生植物覆盖度低；②湖体总氮、总磷浓度偏高，水体处于轻度富营养状态；③入湖河流有机污染指标及总磷浓度偏高，对湖区水质造成较大威胁，优Ⅲ河流百分比为 53.8%；④水生态系统完整性不高，大型水生植物较历史时期退化严重，浮游植物密度总体不高，但成子湖东部沿岸带蓝藻水华形势严峻。

9.5 小 结

总体来说，国外多从物理形态、水文水资源、水化学、水生物等方面进行湖泊健康评价，国内较多研究还考虑了湖泊的服务功能，并已经积累了比较丰富的数据与经验，对于湖泊生态系统健康评价的体系构建有很大的参考意义。本次洪泽湖健康评价参考了相关标准、规范，针对洪泽湖生态系统特征，提出了洪泽湖健康状况评价指标体系。

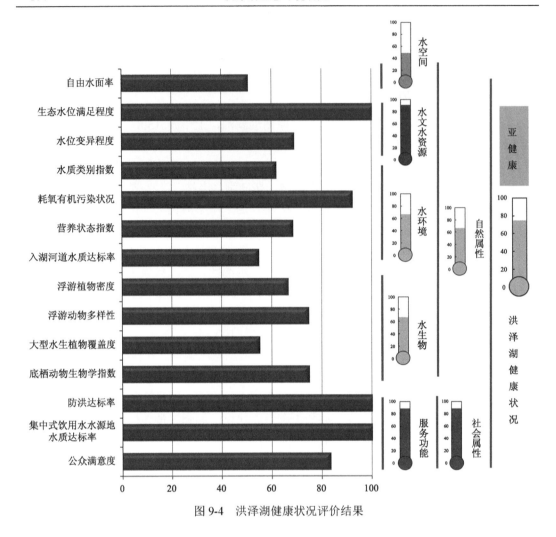

图 9-4　洪泽湖健康状况评价结果

　　洪泽湖的生态系统健康状况总体处于亚健康状态。值得关注的是，洪泽湖健康评价指标中社会属性得分高于自然属性得分，说明其满足了当地的社会经济发展对水资源的需求，因此在水文水资源及社会服务功能方面的评价得分高。然而，从生态系统自然属性来看，洪泽湖水生生物、水环境评价指标得分不高，主要面临着富营养化、局部水域蓝藻水华、大型水生植物衰退等问题，表明洪泽湖生态系统保护正处于关键阶段。在解读健康评价结果时，需重点关注和分析单项指标评价，找准洪泽湖生态系统目前存在的问题，科学制定生态系统保护与修复措施。

参 考 文 献

方云祥. 2020. 安徽省典型流域生态系统健康评价及管理对策研究. 合肥: 中国科学技术大学.

戈峰. 2002. 现代生态学. 北京: 科学出版社.

金小伟, 王业耀, 王备新, 等. 2017. 我国流域水生态完整性评价方法构建. 中国环境监测, 33(1): 75-81.

刘昉勋, 唐述虞. 1986. 洪泽湖综合开发中水生植被的利用及其生态学任务. 生态学杂志, 5(5): 47-50.

阴琨, 吕怡兵, 滕恩江. 2012. 美国水环境生物监测体系及对我国生物监测的建议(续). 环境监测管理与技术, 24(5): 8-12.

曾德慧, 姜凤岐, 范志平, 等. 1999. 生态系统健康与人类可持续发展. 应用生态学报, 10(6): 751-756.

张远, 江源, 等. 2019. 中国重点流域水生态系统健康评价. 北京: 科学出版社.

Barrett G W, van Dyne G M, Odum E P. 1976. Stress ecology. BioScience, 26(3): 192-194.

Carvalho L, Mackay E B, Cardoso A C, et al. 2019. Protecting and restoring Europe's waters: An analysis of the future development needs of the Water Framework Directive. Science of the Total Environment, 658: 1228-1238.

Colin M. 1997. Indicators of Urban Ecosystems Health. Ottawa: International Development Research Centre (IDRC).

Costanza R. 1992. Toward an operational definition of ecosystem health. Ecosystem Health: New Goals for Environmental Management, 239-256: 269.

Hering D, Feld C K, Moog O, et al. 2006. Cook book for the development of a multimetric index for biological condition of aquatic ecosystems: Experiences from the European AQEM and STAR projects and related initiatives. Hydrobiologia, 566(1): 311-324.

Hutton J. 1795. Theory of the Earth. Scotland: Echo Library.

McMichael A J, Bolin B, Costanza R, et al. 1999. Globalization and the sustainability of human health: An ecological perspective. BioScience, 49(3): 205-210.

Odum E P, Finn J T, Franz E H. 1979. Perturbation theory and the subsidy-stress gradient. BioScience, 29(6): 349-352.

Rapport D J. 1998. Ecosystem Health. Oxford: Blackwell Science.

Rapport D J, Costanza R, McMichael A J. 1998. Assessing ecosystem health. Trends in Ecology & Evolution, 13(10): 397-402.

Rapport D J, Thorpe C, Regier H A. 1979. Ecosystem medicine. Bulletin of the Ecological, 60: 180-182.

Rossberg A G, Uusitalo L, Berg T, et al. 2017. Quantitative criteria for choosing targets and indicators for sustainable use of ecosystems. Ecological Indicators, 72: 215-224.

U.S. EPA. 2022. National Lakes Assessment 2022 Manuals. Environmental Protection Agency.

WFD CIS. 2003. Guidance Document No.13, Overall Approach to the Classification of Ecological Status and Ecological Potential. The Directorate General Environment of the European Commission, Brussels. ISBN 92-894-6968-4, ISSN 1725-1087.

Woodwell G M. 1970. Effects of pollution on the structure and physiology of ecosystems. Science, 168(3930): 429-433.

Yang Y, Song G, Lu S. 2020. Assessment of land ecosystem health with Monte Carlo simulation: A case study in Qiqihar, China. Journal of Cleaner Production, 250: 119522.

第10章 洪泽湖生态环境问题分析与保护对策

随着流域内社会和经济的快速发展，洪泽湖面临着外源营养盐输入严重、近岸缓冲区开发利用强度大、水域面积萎缩、水体富营养化、水生植被衰退严重、鱼类群落单一化和小型化等多重生态环境问题，诸多问题综合导致了洪泽湖水生态系统结构与功能退化，制约了流域内社会经济的可持续健康发展。根据前面章节所阐述的内容，针对洪泽湖及其流域所出现的复杂问题，本书有针对性地提出了洪泽湖及其流域内水污染防治和水生态修复的对策建议，从污水处理提质增效、控制农业面源污染、加强缓冲区及湖滨带生态建设、提升水生生物资源养护水平和完善相关体制机制等方面入手，实施洪泽湖及其流域保护治理措施，助力提高淮河乃至长江经济带的生态环境质量。

10.1 洪泽湖水生态环境问题及成因分析

10.1.1 城镇化加速造成生活污水压力与日俱增

根据江苏省淮安市和宿迁市第七次全国人口普查公报的结果，目前两市的城镇化率分别为66%和62%。根据2015年获批的《江苏省城镇体系规划（2015—2030年）》，江苏省到2030年城镇化水平将达到80%左右。此外，从淮安市成为江苏省新型城镇化"一带二轴，三圈一极"中的"一极"、宿迁市以"生态经济示范区"为城市定位可见，洪泽湖流域城镇化进程在未来10年仍将继续推进。在城镇化大背景下，人口向城镇集中带来城镇生活污染物的压力与日俱增，城市环境治理基础设施未能及时配套到位、满足发展需要，城市水环境污染问题日益突出。从城市污水收集处理系统看，一些地方还存在短板，表现为污水处理"两高两低"问题，即运行高负荷、管网高水位，进水低浓度、减排低效益。镇区生活污水收集管网建设不到位，如截污纳管滞后、雨污分流不彻底、污水直排、污水处理厂或污水管网未及时维护等，导致污水收集处理率较低。2021年江苏省第三生态环境保护督察组进驻淮安市督察发现，马头镇吴城清水湾小区污水长期直排，化学需氧量（COD）、氨氮（NH_3-N）、总磷（TP）浓度分别超过城镇污水处理厂污染物排放一级A标准的0.68倍、3.89倍和2.12倍；高家堰镇韩桥污水处理厂围墙外窨井长期破损未修复，COD、NH_3-N、TP浓度分别超过城镇污水处理厂污染物排放一级A标准的0.44倍、3.45倍、2.34倍。此外，洪泽湖流域部分污水处理厂未提标升级，且运营管理欠佳，使得城镇生活污水处理厂排放尾水成为主要污染源之一，造成二次污染。

10.1.2　农业农村污染较为严重，污染物入湖负荷较高

1. 种植业中肥料施用不当，氮磷入湖量大

肥料投入结构不合理、施肥方式不当、化肥农药用量和流失量大、农田管理方式粗放等问题，直接造成农田盈余养分通过地表径流汇入河网及洪泽湖。江苏省环境科学研究院对洪泽湖流域污染物进行源解析发现，农业面源污染比重占 45%以上，已经成为导致洪泽湖水体富营养化的主要原因之一（张维理等，2004）。

宿迁市和淮安市化肥施用强度相对较高，农田氮磷含量一直处于盈余状态，超过当地作物正常生长所需的量（刘钦普，2015）。据《中国统计年鉴 2017》统计，2016 年环洪泽湖区域平均化肥施用强度为 512 kg/hm^2，是全省仅次于连云港和徐州化肥施用强度最高的地区之一（宋知远等，2018），是全国平均水平 359 kg/hm^2 的 1.43 倍，远超国际上为防止水体污染而设定的化肥使用强度上限（225 kg/hm^2），高于生态环境部生态乡镇建设规定的 250 kg/hm^2 化肥施用强度标准；环洪泽湖区域农药施用总量为 1.06 万 t，平均施用强度为 10.7 kg/hm^2，是全国平均水平 7.5 kg/hm^2 的 1.43 倍。1991～2020 年，洪泽湖南岸土壤氮磷含量明显增加，其中氮含量增加 1 倍以上，有效磷含量增加 2～5 倍（李聪等，2015）。在洪泽湖北部成子湖沿湖区域的泗洪县、泗阳县和宿城区，农作物种植面积占环湖区域农作物总播种面积的 28%，但是化肥和农药施用量分别占环湖区域化肥施用量的 37%和 41%（淮安统计局，2014；宿迁统计局，2014）。

在肥料的投入结构中，"三重三轻"（重化肥、轻有机肥，重元素肥料、轻中微量元素肥料，重氮肥和磷肥、轻钾肥）问题突出。淮安市氮、磷、钾投入比例为 1.00∶0.26∶0.26（马玉军等，2014），与江苏省氮、磷、钾合理施肥比例 1∶（0.3～0.4）∶（0.6～0.7）（许学宏等，2000）相比，不尽合理；其中，洪泽县水稻、小麦、玉米、油菜、蔬菜投入的无机氮与有机氮的比例分别为 1∶0.15、1∶0.22、1∶0.14、1∶0.25、1∶0.39，蔬菜和油菜作物投入的有机肥养分比例相对较高，施用比例极不平衡（徐勇峰等，2016）。

农药污染方面，Gao 等（2013）在环洪泽湖地区的粮食和蔬菜作物中检出有机氯农药残留和有机磷农药，检出率分别为 5%和 25%，γ-六六六（HCHs）的检出率分别为 24.0%和 51.7%（蔡继红等，2002）。除此以外，该地区大都采用手动机械喷施的方式施药，"跑、冒、滴、漏"现象严重，装备技术的落后等导致农药的利用率低，再经由传统大水漫灌这类粗放的农田管理方式，农田盈余养分和未被作物利用的农药更易排入水体中。

2. 流域景观破碎度增加，农作物种植比重大

2001～2020 年洪泽湖流域景观破碎度增大，土地利用结构不尽合理。2000 年前洪泽湖流域内景观类型主要为旱地（43.3%），2000 年后逐渐转变为水田（37.7%）和建设用地（23.6%）（刘超等，2021）。不同土地利用的增加沙量由高到低分别为农田、休耕地、果园地和林地，与目前土地利用下的年平均泥沙产量相比，分别增加了 42.6%、29.6%、–43.1%和–68.0%（Zhang et al., 2015）。在种植业结构上，环湖区域以稻、麦粮食作物为主，桑、茶、果园等经济林比重较低。刘庆淮（2012）对洪泽县的调查显示，土地

利用方式对土壤氮磷含量影响较大，土壤有机质含量由高到低依次为蔬菜地、水稻田、果树地，而全氮与有机质含量之间呈线性相关关系；而土壤有效磷含量由高到低依次为蔬菜地、灌溉水田、旱地、苗圃、林地、桑园和果树地。农田表层养分流失量与降水量呈对数增长关系，而林地几乎不受降雨影响（李吉平等，2019）。建设用地、水田规模、围网和围圩养殖面积增加及景观破碎化增强与湖区 TN 和 TP 浓度上升密切相关。可见，在气候变化和人为活动压力（郎燕等，2021）下，环洪泽湖地区相对单一的麦-稻两熟制土地利用方式是面源污染负荷增加的重要原因。

3. 畜禽养殖运行管理不到位

环湖区域畜禽粪便的无害化处理率与资源化利用率较低。近年来，淮安市和宿迁市畜禽规模化养殖进程不断加快，在粪污处理上以政府推动为主，粪污综合利用和配套处理率都得到很大提升。但企业在粪污治理投入方面积极性不高，特别是中小规模企业及散户健康养殖意识有待加强。林涛和马喜君（2010）对淮安市畜禽养殖业废弃物污染负荷进行分析发现，盱眙县、淮阴区和洪泽区畜禽产生的污染负荷较高，淮阴区畜禽养殖业废弃物对环境构成严重污染威胁，NH$_3$-N、TP、TN、COD 年均流失量分别为 0.11 万 t、0.11 万 t、0.28 万 t、1.4 万 t（朱柳燕等，2014）；而宿迁市畜禽养殖废弃物年产量达 889.51 万 t（高学双和祁石刚，2015），以泗洪县和泗阳县排放较多。在成子湖区，由于场区配套粪污收集处理设施的运用管理不到位、粪污废水超标排入入湖河流等原因，畜禽养殖污染对洪泽湖北部水体的潜在污染威胁较大。

同时，畜牧养殖农牧脱节矛盾较突出，畜禽粪便作为有机肥料用于农田生产能够形成较好的生态平衡体系，但受土地资源制约，绝大多数畜禽养殖场（户）没有相应面积的配套耕地，畜禽粪便无法全部进行消纳处理，粪便资源未得到有效利用，甚至有部分养殖场利用沼气工程处理粪便后，将产生的沼渣、沼液直接排入河流。小规模养殖场的整治提升已成为畜禽养殖污染治理的难点和重点。

4. 农村生活污染治理任务仍重

农村生活污水和农业废弃物污染仍对洪泽湖水环境有很大的威胁。尽管近年来环洪泽湖地区农村生活垃圾已建立"组保洁、村收集、镇转运、区处理"四级城乡垃圾收运处置体系，但该地区生活污水来源分散，居民生活污水排放管理难（夏熙，2017）。江苏省林业局《江苏省湿地资源调查报告》显示，日均入湖污水为 108 万 m^3，年均 4 亿 m^3 左右，入湖污染源中以湖西的泗洪、盱眙和泗阳三县为主，废水排放分别占 56.38%、32.49%和 11%（高俊峰和蒋志刚，2012），生活污水是影响洪泽湖水质的主要因素之一（李为等，2013）。除此以外，农业废弃物如农作物秸秆在该区域大多采用露天堆放或直接焚烧的方式处理，会直接或间接地造成水体污染。纪元等（2015）的调查结果显示，淮安市农作物秸秆可利用资源累计可达 200.1 万 t，但存在利用率低、方法单一、转化率低、经济效益低和环境污染严重等问题。

10.1.3　近岸缓冲区开发利用强度大，净化拦截功能退化

缓冲区作为缓和人类活动对湖泊生态系统影响的中间过渡带，在削减面源污染、净化水质、维持生境等方面具有重要作用。当前洪泽湖缓冲区开发利用强度较大，遥感数据解译的结果显示近岸缓冲区土地利用以耕地、水域、建设用地为主。耕地占绝对主导，占比为 71.82%。其次是建设用地、水域、林地，占比分别为 12.63%、8.98% 和 5.77%。虽然耕地面积在 1990～2020 年出现明显下降，面积占比减少了 9.45%，但是土地利用类型仍以耕地为主，其各年面积占比均超过了 70%。从淮安市辖区的空间分布上看，汇水范围内缓冲区坑塘水域主要分布在盱眙县的鲍集镇、管仲镇、淮河镇，洪泽区的老子山镇、西顺河镇和淮阴区的高家堰镇。相应地，林地占比仅为 5.05%，与全市达到 24.17% 的林木覆盖率水平相差甚远。随着社会经济的快速发展，环湖地区新农村建设、旅游区开发、城镇化等项目陆续开展，使得城镇居住、工业、交通设施等建设用地的持续扩张成为必然的趋势，导致 2010～2020 年建设用地增加幅度达 65.89%（魏佳豪等，2022）。

10.1.4　湖泊水域养殖规模大，降低水环境容量和调蓄库容，湖滨带水质差

湖泊水域养殖规模大，降低水环境容量和调蓄库容，湿地资源显著缩减，湖滨带水质差、富营养化程度高。长期以来，大规模围垦和水产养殖等人为活动已造成洪泽湖面积大幅缩减，现阶段圈圩、围网面积近 450 km^2，2020 年，洪泽湖自由水面率仅为 74.8%。

因鱼类、虾类和蟹等水产经济利益的驱动，以及为提高渔业生产抗风险能力，圈圩呈现连片、封闭现象，导致圈圩区域难以参与调蓄洪泽湖洪水，湖区调蓄面积缩小严重。与蓄水范围线内无围垦的蓄水库容相比，2015 年减少蓄水库容 3.96 亿 m^3，占总库容 12.1%，减少调洪库容 13.64 亿 m^3，占调洪库容 22.3%（周杨等，2020），降低了洪泽湖调蓄中、小洪水的能力，行洪通道行洪、输水不畅，给地区的防洪安全带来不利影响。湖泊面积缩减极大降低了洪泽湖水环境容量和调蓄库容，未来气候变化会造成极端旱涝事件频发，降低洪泽湖流域和淮河整体的防洪抗旱能力。

同时，湖泊萎缩导致洪泽湖天然湿地植被面积锐减，严重破坏洪泽湖生物多样性和生态资源，降低湖泊拦截和降解外源污染物的自净能力，客观上加重了洪泽湖面源污染。圈圩养殖区 COD$_{Mn}$、TN、TP 浓度普遍较高，水质以Ⅳ类和Ⅴ类水为主，溧河洼区域夏季 Chl a 均值可达 40 μg/L。在洪泽湖老子山水域，多年围网养殖使得部分区域水生生物资源枯竭与水环境恶化，而外源性饵料（精饲料、水草、旱草）、排泄物、化学药剂、养殖废水等成为影响水质的重要因素（李为等，2013）。

10.1.5　水污染风险与富营养化存续，存在蓝藻水华暴发风险

洪泽湖湖体 TN、TP 浓度长期居高不下，总氮浓度介于 0.56～4.52 mg/L，均值为 1.98 mg/L，溶解态总氮介于 0.40～3.52 mg/L，均值为 1.63 mg/L；总磷浓度介于 0.014～0.337 mg/L，均值为 0.097 mg/L，溶解态总磷介于 0.004～0.260 mg/L，均值为 0.038 mg/L。

洪泽湖水质类别为Ⅳ～Ⅴ类水，与太湖较为接近，但藻类密度较太湖低很多，现阶段营养盐可能不是洪泽湖藻类生长的最主要限制因子。洪泽湖作为典型过水性湖泊，水环境受入湖河流水质影响强烈。2020年主要入湖河流的水质指标平均浓度：TN 为 2.89 mg/L，TP 为 0.15 mg/L（Ⅲ～劣Ⅴ类），NH_3-N 为 0.77 mg/L（Ⅰ～劣Ⅴ类），COD_{Mn} 为 5.52 mg/L（Ⅱ～劣Ⅴ类），均高于同区域湖体营养盐浓度。徐洪河、肖河、五河和马化河是洪泽湖北部湖区氮磷的主要来源，洪泽湖南部湖区主要受淮河、维桥河和高桥河影响。近年来淮河入湖水量增加明显，水体交换能力增强，而藻类生长和水华暴发可能存在临界流速，随着流速增大，藻类数量达到峰值后逐渐减少，水动力作用的增强对藻类的聚集增殖起到了抑制作用。然而，对于水流流动性较差的水域，成子湖、溧河洼受到吞吐流的影响较小，Chl a 浓度较高，较低的流速和狭长的形态有利于藻类的生长、增殖和聚集（李颖等，2021）。对成子湖、溧河洼等的调查显示，各湖区细胞密度均值从高到低依次为成子湖、溧河洼和主湖区。其中，成子湖细胞密度平均值为 1626 万个/L，而主湖区细胞密度均值为 519.9 万个/L。从生物量上来看，三个湖区均值从高到低依次为成子湖、溧河洼和主湖区。成子湖年均生物量为 3.76 mg/L，其中最大值为 3.89 mg/L；溧河洼分布不均匀，年均值为 2.21 mg/L；主湖区为 1.24 mg/L。早在 2013 年，洪泽湖局部区域已发生蓝藻水华，2017～2019 年洪泽湖共计发生过 9 次蓝藻水华，且面积逐年增大，最大发生面积从最初的 16 km^2 增加到 36 km^2（崔嘉宇等，2021）。目前洪泽湖水环境保护处于关键阶段，在极端水情、气象条件下，适宜的光照、温度和稳定的水体环境等因素很有可能导致藻类水华的暴发。

10.1.6　湖泊沉积总体呈淤积，沉积物总氮总磷呈中度污染

20 世纪 80 年代以来，洪泽湖呈淤积趋势。1983～2019 年洪泽湖总来沙量为 18 242 万 t，出沙量为 8609 万 t，共淤积 9633 万 t，多年平均来沙 553 万 t，出沙 261 万 t，多年平均淤积 292 万 t，淮河干流入湖沙量占 85.6%。平均沉积速率约 0.40 cm/a。淤积区域主要集中在淮河干流入湖口、溧河洼及临淮镇、半城镇局部区域；成子湖和三河闸区冲淤幅度较小，局部回淤；中心湖区冲淤总体表现为冲刷，冲刷量较小。水量变化、水利工程和水土保持工程的兴建、农业种植结构改变和淮河人工采砂等是洪泽湖水沙变化的主要原因。朱海等（2021）研究洪泽湖西部沉积物发现，TN、TP 含量分别为 1132 mg/kg 和 687 mg/kg，高于土壤氮磷值 1092 mg/kg 和 655 mg/kg。由综合污染指数（FF）评价表层沉积物 TN、TP 的污染程度，FF 范围为 1.05～2.07，平均值为 1.59，约有 73.1% 的监测点处于中度至重度污染水平。洪泽湖西部沉积物中外源输入和细粒氮磷含量显著高于太湖（Némery et al., 2016）。洪泽湖营养水平较高，伴随着沉积物溶解态无机磷（DIP）和溶解态有机磷（DOP）释放量较大（Guo et al., 2020），DOP 也可转化为 DIP 而被生物利用（刘哲哲等，2022），加重了湖泊水污染及富营养化，水质下降风险较高。

10.1.7 水生态系统完整性不高, 生态系统呈退化趋势

1. 水生植物分布面积与历史相比锐减, 富营养耐污种占据优势

根据调查结果, 洪泽湖共记录到水生植物 28 种, 按生活型分挺水植物 12 种, 沉水植物 9 种, 浮叶植物 3 种, 漂浮植物 4 种。挺水植物优势种为芦苇 (Phragmites australis) 和莲 (Nelumbo nucifera); 沉水植物优势种为穗状狐尾藻 (Myriophyllum spicatum) 和篦齿眼子菜 (Stuckenia pectinata); 浮叶植物优势种为菱 (Trapa bispinosa) 和荇菜 (Nymphoides peltata); 漂浮植物优势种为浮萍 (Lemna minor) 和水鳖 (Hydrocharis dubia)。调查共记录到一种外来入侵种: 加拿大一枝黄花 (Solidago canadensis)。洪泽湖 2020 年水位最大变幅为 2.07 m, 同时透明度较低导致水生植物多为冠层型沉水植物和浮叶植物。

春季水生植物频度由高至低依次为菹草、穗状狐尾藻和篦齿眼子菜; 夏季, 穗状狐尾藻出现频度最高, 其次是菱和金鱼藻 (Ceratophyllum demersum)。植物群落结构方面, 湖区优势种存在年际波动, 春季优势种更迭相对频繁。与 2010 年相比, 篦齿眼子菜频度显著降低, 而菱和穗状狐尾藻频度显著上升。微齿眼子菜 (Potamogeton maackianus) 属底层水生植物, 对水质要求高; 菱和穗状狐尾藻在水面形成冠层, 具备可持续伸长的茎叶, 耐污程度高, 适应能力强, 能有效抵抗外界环境干扰。优势种的更替间接反映出湖区水生态尚未出现明显转好, 植物群落发生逆行演替, 群落优势种由清水型向耐污型物种转变。

1991~2020 年, 洪泽湖的整体植被盖度呈略微降低的趋势, 中高和高植被覆盖区主要分布于洪泽湖西北部及南部, 植被覆盖情况以退化为主, 退化面积约为 668.6 km² (龙昊宇等, 2020)。围垦养殖导致 1978~2006 年洪泽湖西岸挺水植被的退化, 并逐步被沉水植被取代 (阮仁宗等, 2012)。尽管自 2020 年开始淮安市和宿迁市逐渐清退圈圩、围网, 拆除后的短期时间内水质并未明显改善, 养殖区内围网区、拆除区和外围区的水生生物群落结构差异并不明显 (段海昕等, 2021), 且高藻类密度、低透明度的水体环境也不利于沉水植物的萌发生长与群丛恢复。除此以外, 剧烈的采砂活动显著增加了水体中总悬浮物浓度 (Cao et al., 2017; Li et al., 2019), 增加光在水中的漫射衰减, 降低透明度和真光层深度, 从而影响水生植物的生长 (李娜等, 2019)。尽管 2017 年 3 月以来过度采砂已被禁止, 但过去 10 年持续的采砂活动对水生植被的影响将持续相当长时间, 甚至会出现以水生植被为主的草型生态系统向以蓝藻水华为主的藻型生态系统转变。可见, 圈圩、围网、采砂侵占与破坏水生植物适宜生境等高强度的人类干扰都可以导致水生植物的分布面积锐减。

2. 浮游植物以绿藻、硅藻和蓝藻密度占优

2015~2020 年洪泽湖浮游植物丰度明显下降, 浮游植物细胞丰度在 374×10⁴~1054×10⁴ 个/L, 平均值为 635×10⁴ 个/L。洪泽湖共鉴定有浮游植物 8 门 102 属约 300 种, 浮游植物优势门类主要包括绿藻门和硅藻门, 其次为蓝藻门和裸藻门。主要优势属为栅藻、四角藻、小球藻、直链藻、隐藻、小环藻、微囊藻和鱼腥藻 (屈宁等, 2022)。洪泽

湖浮游植物群落结构组成变化主要是浮游植物的优势种属间的再分配。由 2015~2017 年的绿藻门和蓝藻门为主，转变到 2018 年的蓝藻门和硅藻门为主，绿藻门和隐藻门为辅的浮游植物群落结构，在 2019 年又回到了以绿藻门和蓝藻门为主的浮游植物群落结构，而后朝着新的方向演替，2020 年浮游植物群落结构以绿藻门为主，硅藻门、蓝藻门和甲藻门为辅。Shannon-Wiener 多样性指数逐年降低，水质有向 α-中污型水质过渡的趋势；Margalef 丰富度指数介于 0.99~1.31 之间，洪泽湖近几年均处于中度污染型水平，并且多样性指数和丰富度指数年际变化规律相似。空间分布上，生物量均值从高到低依次是成子湖区、溧河洼区和过水区。与成子湖相比较，溧河洼区和过水区的浮游植物生物量较低，尤其是过水区，浮游植物多样性最低，浮游植物群落结构简单，且优势种明显，属于重污染型水域，处于 β-中污型向 α-中污型水质过渡的状态。

3. 鱼类资源衰退，物种多样性降低，群落优势种单一化、小型化特征明显

随着渔业养殖技术和捕捞技术的进步，洪泽湖渔业发展迅速，产量增加较为明显。2019 年渔业总产量为 5.25 万 t，处于较高水平，其中养殖产量 2.09 万 t，捕捞产量达 3.16 万 t，其中刀鲚 1.03 万 t、鲢鳙鱼 0.62 万 t、鲫鱼 0.57 万 t、银鱼 0.47 万 t，鱼类捕捞量占当年总水产捕捞产量的 85%。渔业生产方式发生巨大变化，围网养殖蓬勃兴起，高峰时期超过 30 万亩，部分养殖区域和养殖密度高度集中，已远远超过水域环境的承受能力。与历史资料相比，洪泽湖鱼类的物种数量下降，"四大家鱼"等大型经济鱼类占比持续下降，鱼类资源组成结构发生较大变化，鱼类个体小型化趋势明显。鱼类组成方面，群落优势种为鳙、鲚、鲫、刀鲚等 7 种（毛志刚等，2019）。1949 年鲤、鲫和四大家鱼等大中型鱼类的比例占 59.1%，优质鱼类资源较丰富，渔业结构相对合理；1982 年大中型鱼类的比例下降至 34.9%；2000~2016 年，比例维持在 33.1%~44.0%。小型浮游动物食性鱼类银鱼和刀鲚的产量均有较大幅度上升，尤其是刀鲚所占比例从 1949 年的 1.1%逐步增至目前（2009~2016 年）的 45.3%（毛志刚等，2019），成为洪泽湖鱼类群落中的绝对优势种群。以刀鲚为代表的群落结构典型地反映了洪泽湖鱼类优势种"单一化"和"小型化"的资源衰退趋势。捕捞强度过大、水位波动、水质污染、水利工程建设阻隔鱼类洄游通道等是洪泽湖渔业资源衰退的主要因素。尽管洪泽湖已实施十年禁渔，鱼类群落"单一化"和"小型化"的特征尚未根本好转。

10.1.8　流域统筹监管能力有待进一步完善，山水林田湖草系统综合治理体系尚未形成

自江苏省洪泽湖管理委员会成立以来，在省委、省政府的领导下，认真贯彻湖泊管理保护、开发利用和综合治理等方面的法律法规，研究制定加强洪泽湖管理与保护的政策措施，组织编制洪泽湖管理与保护、资源开发利用和综合治理等规划，统筹协调洪泽湖管理、开发、利用、保护和治理等事务，切实强化湖泊监督管理，全面提升洪泽湖管理与保护水平，逐步建立了涵盖省、市、县三级的洪泽湖保护与管理组织体系。

在湖泊生态环境监测方面，洪泽湖建立了完善的水质监测体系，监测手段呈现多

元化发展。然而，在监测要素上，目前仍以水质监测为主，尚未全面覆盖水资源和水生态。根据《生态环境监测规划纲要（2020—2035 年)》，今后应以满足水污染治理、水生态修复和水资源保护"三水共治"需求为发展目标，统筹流域与区域、水域与陆域、生物与生境，逐步实现水质监测向水生态监测转变。按照"有河有水、有水有鱼、有鱼有草"的要求，进一步深化并拓展重点流域水系、重要水体的水生生物调查和水生态试点监测。当前，对于水生态、底质的监测较为匮乏，在监测要素全面性上亟须完善。

统筹山水林田湖草系统治理，是深入贯彻落实习近平生态文明思想和党的十九大精神的根本要求，是建设美丽中国、实现人与自然和谐共生的重要途径。然而，当前洪泽湖流域山水林田湖草系统综合治理尚处于起步阶段，有环湖各区县、各行业尚未形成一体化治理模式，各类工程条块分割，生态保护和修复系统性、整体性不足，资金投入偏低，治理标准不高，科技支撑能力不强，政策体系不够完善等问题，需要基本理念、管理模式和技术体系的创新，遵循生态学原理和系统论方法，构建全新的生态治理体系。

科技支撑方面，与五大淡水湖的鄱阳湖、洞庭湖、太湖和巢湖相比，洪泽湖的国家级科研项目甚少，对洪泽湖生态环境演化过程、机理及与流域人类活动交互关系的认识尚不清晰，流域与湖体系统治理缺乏长期有效的科学指导和应对措施，未达到社会、经济和生态效益上的一体化提升。

10.2　洪泽湖生态系统保护对策建议

10.2.1　加快补齐城镇、农村污水处理能力短板

深入落实《江苏省城镇污水处理提质增效精准攻坚"333"行动方案》（苏污防攻坚指〔2020〕1 号)、《城镇污水处理提质增效达标区建设工作指引》（苏建城〔2021〕82 号）等文件要求，加快补齐污水收集和处理设施短板，优化完善污水治理体制机制，大力提升城镇生活污水收集处理效能，尽快实现城市建成区污水管网全覆盖、全收集、全处理，逐步实现"三消除""三整治""三提升"。

1. 开展城镇区域水污染排放平衡核算工作

根据《关于实施城镇区域水污染物平衡核算管理进一步提高污水收集处理率的意见》（苏水治办〔2021〕6 号)，以县（市、区）城市规划区、产城融合的省级以上工业园区为核算区域，以集中式污水处理厂收集范围为基本核算单元，系统核算区域内工业废水、生活污水、畜禽养殖废水的水污染物（化学需氧量）排放集中收集总量及削减总量，有效评估区域主要水污染物收集处理能力及处理量缺口，完成城镇区域主要水污染物有效收集处理情况摸排评估。

2. 开展城镇污水管道排查，实施控源截污

依据城镇区域水污染物平衡评估结果，深入排查产生平衡缺口的根源，聚焦源头管控、管网覆盖、雨污分流不到位等问题，加快推进污水管网全覆盖、全收集、全处理工作，找准薄弱环节，制定"一区一策"整治方案，以达到"挤外水、收污水、消直排、减溢流、降水位、提质量"的目标。消除污水管网空白区，全面排查污水管网覆盖情况，加快城中村、城郊接合部、老旧小区、工业园区等薄弱区域污水收集支线管网、出户管网的连接及污染水体沿河截污管网的建设。消除污水直排口，大力实施截污纳管工程，加快推进污水处理设施全运行项目。开展城市建成区沿河排口、暗涵内排口、沿河截流干管等的排查，查清雨污管道混接错接、清污混合、污水直排等情况，建立排口电子档案并分类设置明显标志。建立排水管网 GIS 系统，实施动态更新完善，实现管网信息化、账册化管理，运用大数据、物联网、云计算等技术，逐步提升智慧化管理水平。

3. 城镇污水处理厂提标升级，提高污染物去除效率

加强城镇污水处理厂建设和提标改造，要制定并实施"一厂一策"系统整治方案。完善城市污水处理厂进出口在线监测监控设备的安装运行联网。目前，城镇生活污水处理一级 A 排放尾水仍然高于洪泽湖水质保护目标，加快推进洪泽湖流域城镇污水处理厂提标建设，通过工艺改进、湿地净化、尾水回用等方式，为环境减负，为生态增容。在实施污水处理厂提标改造工程的基础上，因地制宜建设城镇污水处理厂尾水生态湿地，提高出水的生态安全性，推进尾水资源化利用。

4. 加大农村生活污水处理投入

目前洪泽湖周边人口城镇化率约 64%，农村生活污水的排放管理相当重要。流域农村生活污水治理工程仍存在处理设施覆盖率不高、建设与管理不到位导致的运行率偏低等问题。需加大流域农村生活污水治理投入，结合实用、合理、低能耗和低运行成本的技术来处理污水，如接触氧化-人工湿地-生态塘组合技术（阮晓卿等，2012）、一级强化处理-曝气生物滤池（何玲玲等，2009）、净化沼气池技术等。目前，太湖流域已设计运用了沼气发酵技术、土地处理技术、塔式生物滤池（郭飞宏等，2012）及植物浮岛湿地处理技术（张文艺等，2010）等，洪泽湖地区可以借鉴太湖流域相对成熟的农村生活污水处理技术体系，因地制宜开展治理。另外，设立稳定的建设和运营经费渠道，全面普及农村生活污水处理设施，同时建立以第三方委托管理为主的长效管护机制。

10.2.2　加快推动农业污染治理，重点治理环湖区域面源污染

1. 科学施肥与农药减量化

全面建立科学施肥技术体系，示范推广精准施肥新技术、新模式。通过精准施肥、测土配方施肥、调整化肥使用结构、改进施肥方式、有机肥替代化肥等路径，逐步实现科学施肥与农药减量化，实现高产高效与减少农业面源污染的统一。洪泽区小麦、油菜

和水稻合理的氮磷钾素推荐施用比例为 1 : (0.35～0.40) : (0.80～0.90)。持续推进化肥农药减量增效，优化测土配方施肥技术参数，探索配方肥推广应用补贴机制，开展肥料统配统供统施，深入实施菜果茶有机肥替代化肥行动（孙永军和施保国，2013）。确保测土配方施肥技术推广覆盖率达 90% 以上，氮肥利用率提高到 40% 以上，农作物病虫害统防统治覆盖率达到 40% 以上，主要农作物化肥使用量和农药使用总量零增长（薛利红等，2013）。太湖流域提出了"生态施肥量"和"经济施肥量"的科学施氮理念并得到了广泛推广，对洪泽湖区域有一定的借鉴作用（王冰清等，2012）。

2. 优化农业结构，发展生态农业

调整优化土地利用方式对减少农业面源污染有着积极意义，通过调整传统农业种植与经济林的比例，从源头减少污染物的产生。一方面需要改善农业结构，对现有农耕地进行统一规划；另一方面应合理控制环洪泽湖区耕地面积与布局，采取退耕还林、退耕还湖等措施提高环境承载力。针对区域畜禽养殖，可大力发展适度规模的高效生态畜牧业，积极探索以园地、林地生态放养为主的优质肉禽养殖（高学双和祁石刚，2015）、生物发酵床养殖（王诚等，2009）等方式。宿迁市宿城区农芙苑养殖专业合作社就通过应用"猪-沼-果（谷、菜）-鱼"的循环模式，实现了农业资源再利用，减少了对农村环境的污染。除此以外，实施国家耕地轮作试点，巩固和扩大试点范围，结合高标准农田建设，对直接影响断面水质达标河道沿岸的耕地进行种植结构调整和排灌系统生态化改造，推进"退水不直排、肥水不下河、养分再利用"。推进农业功能区建设，强化轮作休耕、种养结合、农牧循环。按照"因地制宜、突出特色、适应市场、发挥优势、提高效益"的原则，合理利用立体空间循环发展模式，推动复合型生态农业发展（高俊峰和蒋志刚，2012）。建立绿色农业生产体系，形成"布局合理、资源节约、产出高效、生态环境良好"的现代生态农业发展新格局。

3. 推动农业废弃物资源化利用

推动农业废弃物资源化利用试点。在自然保护区、湿地和灌区等重点区域建设生态田埂及沟渠、植物隔离条带、净化塘等设施处理农田排污水（张利民等，2010），建立新型的氮磷流失生态拦截系统，减缓耕地氮磷流失。对流域固体废弃物如分散畜禽养殖粪便和农村生活垃圾，开展无害化处理和资源化利用巩固提升行动。已建畜禽养殖场必须进行技术改造，加大粪污治理力度；积极研究推广畜禽粪便的处理和利用技术，提高畜禽粪便利用率（徐勇峰等，2016）。在秸秆废弃物处理上，还田的量是技术关键。洪泽湖区可大力推广稻、麦秸秆还田措施，小麦秸秆最大还田量可达 3150 kg/hm^2，水稻秸秆最大还田量可达 2250 kg/hm^2（徐广辉等，2006）。秸秆废弃物与无机肥、酵素等以一定比例配施，可以较为明显地提高土壤中氮磷的含量，提高秸秆资源化利用效率、降低还田成本（黄岩等，2020；吴文辉等，2022）。

10.2.3 实施缓冲区生态建设，提高林草覆盖率，推进水产养殖生态化改造

现有洪泽湖缓冲区的耕地、坑塘等土地利用类型不仅不利于污染物的拦截及生物多样性的保护，还会加剧面源污染、导致生物多样性减少。为进一步推进洪泽湖缓冲区生态建设，可借鉴太湖滨岸带 3 km 缓冲区水产养殖问题整治的工作经验，编制洪泽湖流域生态渔业建设规划，推进环湖 3 km 缓冲区范围内渔业养殖集约化管理。

1. 推进缓冲区池塘生态化改造，强化养殖尾水处理

环洪泽湖区域围网养殖整治工作是减少水体污染的重要措施。采用多级生物系统修复技术修复养殖池塘，推动洪泽湖缓冲区范围内养殖池塘生态化改造，推广池塘生态健康养殖、池塘工业化养殖、养殖尾水净化及循环利用（徐勇峰等，2016）等技术，探索建立养殖用水集中供给和尾水集中处理模式。庄秀琴（2007）提出逐步形成饲料生产—优质种苗培育—禽、畜、特种水产养殖—新产品加工—商品销售的经济结构，使农业、工业和生态环境之间养分得以良性循环。加大渔业品种结构调整力度，缓冲区范围内应以虾蟹生态养殖为主，逐步减少投饲性常规渔业养殖。引导渔民合理控制密度，减少养殖尾水排放。对未达标的百亩以上连片养殖池塘全面实行一次标准化改造，实现渔业生产由传统模式向生态健康、循环养殖模式转变。

2. 推进环湖林网建设，提升水源涵养与水质净化能力

构建系统结构稳定的缓冲区防风消浪和水土保持林，对于抵抗各种严苛环境条件具有重要生态意义（周之栋等，2021）。推进环洪泽湖周边林网建设，选择杨树（*Populus* L.）、刺槐（*Robinia pseudoacacia*）、阔叶山麦冬（*Liriope muscari*）等树种进行混交，形成立体式防护，有效发挥林地保持水土、涵养水源、固碳释氧、消解污染、水质净化的功能。按照"科学造林、合理配置、适时封育、乔灌草结合"的思路，加快环湖地区造林绿化步伐，充分挖掘造林潜力，规范更新采伐，着力建设环湖生态防护林带，打造环湖生态廊道，形成绿色高效环湖生态隔离带。

3. 构建入湖口污染拦截湿地，削减入湖污染物

建设入湖口拦截湿地，截留削减入湖污染物通量，改善入湖水质。洪泽湖部分入湖河流水质较差，如维桥河、高桥河、赵公河等，严重威胁湖区水质安全，因此入湖水质的改善尤为重要。入湖口湿地植被能够减缓河道流速，提高湿地的均匀布水性，增加污染物的沉积与滞留时间，通过植物、动物、微生物和土壤的共同作用过滤、吸附氮磷等营养（徐卫刚等，2019；马义源等，2021）。因此，优先在污染物浓度较高的入湖口构建河口湿地，在保证河道防洪、灌溉等基本功能的前提下，充分考虑生态环境、水质净化、亲水景观等需要，适应河道所在地域的地貌、地形、形态、水文、周边区域发展等特点，选择芦苇、菖蒲等净化水质的水生植物（杜云彬，2021），构成独特的"土壤-植物-微生物"生态系统，营造健康的河道生境条件。制定发布环洪泽湖流域湿地名录，开展退田

还湖、退养还湖等措施，扩大流域湿地面积。

10.2.4　稳步推进退圩还湖，系统实施生态修复，重建湖滨带生态系统

洪泽湖蓄水范围线内的圈圩应逐步实施退圩还湖还湿，重塑洪泽湖形态。2020 年 1 月 11 日，江苏省政府批复《江苏省洪泽湖退圩还湖规划》。《规划》提出，通过圈圩清退、环湖堤防加固、近岸生态缓坡带建设、水生植物恢复、生态岛建设等工程措施，恢复洪泽湖自由水面 317.9 km²，加固 297.7 km 的堤防，修复 222.8 km 的生态岸线（其中生态岸滩 125.7 km），恢复 5.82 亿 m³ 调蓄库容（14.5 m 水位），推动湖泊系统治理和生态修复。2021 年 6 月，江苏省农业农村厅印发了《洪泽湖（省管渔业水域）养殖水域滩涂规划（2020—2030 年）》，淮安市保留养殖区面积为 8.5 km²，宿迁市保留养殖区面积为 10.0 km²，其余水域已有养殖均应退出，2030 年省管渔业水域限制养殖区养殖面积原则上压减至湖泊水域面积的 1.25%。

在宿迁市，泗阳县退圩还湖已率先实施，规划清退 37.6 km² 圩区，恢复湖泊自由水面 31.7 km²，实施三处聚泥成岛生态修复工程；宿城区计划清退圈圩养殖面积 17.9 km²，生态缓坡带修复 11.39 km；泗洪县计划清退圈圩养殖面积 18.41 km²，主要涉及临淮镇、半城镇、龙集镇和界集镇。在淮安市，淮阴区、洪泽区、盱眙县退圩规模已基本明确，并编制了退圩还湖实施方案：淮阴区境内计划清退违章堤圩和埝圩的圈围土方 9.55 km²；洪泽区退圩还湖合计清退圈围 71.96 km²，其中老子山片 62.27 km²，西顺河片 9.69 km²；盱眙县计划清退圈圩养殖面积 114.9 km²，其中堤圩 13.92 km²，埝圩 54.43 km²，围网 46.15 km²。因此需根据规划和方案稳步推进退圩还湖工作，运用系统化思维，注重长效治理，边清理清退，边生态修复，提高洪泽湖的生态景观。

优先保护湖滨带与河口区等生态敏感空间。在退圩还湖基础上，全面开展湖滨带生态保护，清退湖滨湿地和湖岸线不合理占用，实施乔-灌-草种植和生态优化配置，开展湖滨带生境保护与修复措施，形成湖泊生态缓冲带，逐步恢复湖滨缓冲区的生态结构和功能（蔡永久等，2020）。合理规划清淤疏浚与聚泥成岛工程，推进入湖流量小、污染物浓度较高的入湖河流河口的湿地建设，恢复河口湿地水质净化、生态屏障与景观优美等生态功能。在退圩还湖腾让出来的水域实施生态修复工程。可依据退圩还湖区的防洪、供水、生态与景观等功能需求，结合不同湖区地形地貌、水文水质及生物特征与功能类型分布格局，集成生态护坡、微地形改造、基质改良、植被恢复等技术，形成退圩还湖区生态修复技术方案，开展洪泽湖退圩还湖区湖滨带生态系统重构。

10.2.5　加大水生植物群落结构恢复与重建

近年来洪泽湖大型水生植被的种类组成和群落结构发生了较大变化，目前湖区种类贫乏，现存量小。高强度的人类干扰可能是导致大型水生植被衰退的主要原因（李娜等，2019）。水生植物面积的急剧缩减破坏了湖泊生态系统平衡，在退化严重的湖区进行生态修复工程十分必要，建议采取如下对策。①改善生境基础：湖区风浪大，建设围隔、消浪桩等措施，优先恢复挺水植物，待挺水植物群落自然演替、水下光环境改善后，再引

种其他水生植物。②物理化学生物调控：通过调节水位变化、投放草食性鱼类及生物化学调控，改变沉水植物的物理形态、生物量和群落结构（张晓姣等，2018）。水位周期性的年内或年际波动影响水生植物的生态适宜性，进而影响水生植物的正常生长、繁衍和演替。草食性鱼类的取食量较大，在控制过度生长的沉水植物方面非常有效。除此以外，化学染料、除草剂、水下遮光物等同样可以控制水生植物的增长速率。③人工收割：人工收割在控制收割时间和方式方面具有较强的针对性，在大型沉水植物调控时具有更高的适应性。不仅可有效保证湖泊休闲景观、渔业捕捞等功能，还促进其他沉水植物在生长期有效占据各自生态位，通过带走植物吸附的营养盐等方式削减湖泊中的营养水平。④水生植物配置与生物浮岛技术：可以引入耐污性强、净化效果好的水生植物，根据水域深度、设计需要，从水体的深水区至陆地沿岸带，按照沉水植物群落、浮叶植物群落、挺水植物群落、湿生植物群落系列进行空间配置（周汉娥等，2022）。将耐污能力强、有观赏价值的水生植物种植在人工浮体上，通过吸收水体中的营养盐来净化水质。

10.2.6　强化水生生物资源养护，优化禁渔制度，合理实施大水面生态渔业

目前洪泽湖受到前期过度捕捞的影响，鱼类生物多样性和渔业资源降低明显，鱼类优势种"单一化"和"小型化"明显。为落实《长江流域重点水域禁捕和建立补偿制度实施方案》（农长渔发〔2019〕1号），江苏省农业农村厅发布公告，决定于2020年10月10日收回洪泽湖省管水域渔业生产者捕捞权，撤回捕捞许可，相关证书予以注销，洪泽湖自此进入十年禁捕期。

尽管目前推行全湖禁渔，但渔业资源并不能在短期内快速恢复，因此建议加以人工干预的手段来促使洪泽湖鱼类群落结构正常化。①优化渔业结构：鲢、鳙、银鱼是洪泽湖主要放流对象，但目前在鱼类资源中重量和数量占比较大（谷先坤等，2022），继续加大放流不利于鱼类群落结构的稳定与发展。因此需积极开展增殖放流效果及放流容量评估，根据评估结果调整放流种类和数量，完善鱼类增殖放流模式，推进系统化的鱼类增殖放流管理体系构建（毛志刚等，2019）。②发展大水面生态渔业：2017年，江苏省海洋与渔业局制定了一系列规定来禁止渔业养殖投饵、规范捕捞渔具。在不进行人为投放饵料的前提下，鱼类的生长能够从湖泊中带走一定量的营养盐，因此通过增加以蓝藻为食的鲢鳙鱼的密度，可以达到"以鱼抑藻""以鱼净水"的目的。通过合理规划、科学捕捞、防治结合，实现净化水生态环境和渔业资源可持续发展的统一。③开展禁渔生态效应跟踪监测：严格管控采砂、过度捕捞等破坏珍稀、濒危、特有物种栖息地的人类活动，积极构建洪泽湖流域水生生物多样性观测网络与评估体系，科学评估其对生态环境的作用，为优化鱼类群落和提高水生态系统稳定性提供基础支撑。

10.2.7　完善流域水环境水生态监测体系，建立数字流域生态安全智慧管理平台

洪泽湖作为南水北调东线工程重要的调蓄库，其生态状况关系到南水北调的安全运行，因此需要持续对洪泽湖生态环境要素开展长期监测。借鉴生态环境部2019年底启动编制的《长江及重要支流水生态环境质量专项监测方案（试行）》（环办监测函〔2019〕

637 号），洪泽湖流域监测过程中需要考虑以下方面。①完善监测体系：建立洪泽湖定位观测站，依据生态环境部"十四五""三水统筹"要求，构建全流域水资源、水环境、水生态监测一张网。融合卫星、航空、地面等监测手段，形成天地一体的流域生态质量监测网络。联合企事业单位及科研院所，建立国家级洪泽湖生态系统观测站。②加强水生态的监测：应持续开展藻类群落结构的监测工作，敏感区域可布设自动监测设备，以监测网络数据为依据，构建高精度的蓝藻水华预警预测模型，完善蓝藻水华监测预警技术体系。③全覆盖入湖河流监测：当前对洪泽湖入湖河道外源污染物的监测频次不够完备，无法精准估算污染负荷的入湖量及滞留量。在干流省市界、主要支流市县界、重要取水口、主要入湖口等重点水域，配备生物毒性、有机物和重金属等自动监测设备，获取高频监测水质动态变化数据，捕捉完整的生态过程，厘清水污染防治责任，为控源截污和营养盐削减精细化方案的制定提供科学依据，推动水生态环境质量改善。④建立洪泽湖生态安全智慧化管理平台：构建湖泊生态安全评价及预警模型，实现对湖泊水环境水生态模型的参数检验、仿真模拟及预警预测，建立洪泽湖流域生态环境监测数据集成共享机制，构建流域生态环境监测信息"一平台"和"一张图"，实现各类监测数据统一存储、综合分析和共享发布，提升监测数据综合应用服务能力。

10.2.8　建立跨省协调机制，完善流域一体化体制，提升科技支撑水平

1. 建立洪泽湖生态环境保护跨区域协作机制

建立跨区域生态保护补偿机制。洪泽湖入湖河道众多且上游来水水质欠佳，相关县级以上地方政府应当与相邻省份、本省相邻区域同级政府建立洪泽湖水污染防治跨区域协作机制，尽快建立安徽和江苏两省共管的淮河—洪泽湖联动保护机制，明确跨省交界断面的责任主体。依据中共中央办公厅、国务院办公厅印发的《关于深化生态保护补偿制度改革的意见》等文件要求，健全横向补偿机制和突发生态环境事件应急联动工作机制，研究建立有区域针对性的生态补偿方法和补偿标准，签订流域环境共管协议，由国家和地方共同出资推动全流域污染治理。生态环境主管部门应当将跨省断面纳入水环境监测网络，加强水环境信息交流和共享，依法开展生态环境监测、执法、应急处置等合作，共同处理跨省突发水环境事件及水污染纠纷，协调解决重大水环境问题。

2. 完善法规规划体系，支撑保护管理

坚持规划引领约束。依据出台的《江苏省洪泽湖保护条例》，编制实施洪泽湖区域交通、湿地自然保护区、退圩还湖、生态旅游、养殖水域滩涂规划等专项规划，建立多规合一的规划体系，协调多部门行动，着力解决洪泽湖区域水污染、水生态、水空间面临的突出问题，促进洪泽湖区域生态经济协调发展。结合国家和江苏省有关生态文明改革、"水十条"、河湖长制、永久基本农田保护、幸福河湖建设、黑臭水体治理、乡村振兴、生态清洁小流域建设、农村生活污水治理等方面的工作要求，逐步完善洪泽湖管理与保护体制机制，落实属地管理，明确相关部门和沿湖区县权责。

3. 实施流域山水林田湖草系统治理，强化科技支撑

在流域综合治理方面，坚持山水林田湖草生命共同体的理念，打破条块分割的管理模式，有效克服生态治理碎片化问题。建立多部门、多层次、跨区域协同推进的工作机制，以国土空间用途管制为基础，统筹各类规划、资金、项目，对山水林田湖草进行一体化保护与修复，强化生态环境、水利、自然资源、农业农村、交通等部门之间和环湖各区县之间的协同和信息共享，做到目标统一、任务衔接、纵向贯通、横向融合，提高山水林田湖草一体化保护修复的效率。紧紧围绕《全国重要生态系统保护和修复重大工程总体规划（2021—2035年）》，立足重点区域，强化整体治理，以块为主、条块结合，谋划国家和江苏省综合治理重大工程项目。建立以流域为单元的工程规划体系，坚持上溯下延、系统治理，依据流域层级关系逐级规划、全面覆盖，从小流域治理走向大流域治理。

实施山水林田湖草系统治理离不开科技的有力支撑，但相关的基础理论和技术研究仍是一个短板。因此，应以生态保护修复一线需求为导向，深化科研项目立项论证制度改革，自下而上凝练亟须解决的科学问题和关键技术难题。统筹中央、地方、企业和社会科技资源，加强产学研用紧密结合，协同开展技术攻关，实行重大项目"揭榜挂帅"，尽快攻破洪泽湖系统治理的理论与技术瓶颈。重点支持洪泽湖流域水量水质模型模拟关键技术、种植业面源治理技术、水产养殖削减提升与集成技术、退圩还湖区生境改良与生态系统重构技术、湿地水生生物多样性保护技术等方面的科学研究。通过流域水环境污染源解析、水环境特征指标评估，探究总量控制与水质、水生态指标之间的响应关系，构建洪泽湖水文-水质-水生态耦合模型，为流域水生态系统污染治理长效管理提供科研支撑。

4. 拓展治理资金渠道，发挥市场机制作用

各级财政部门要统筹整合用于支持乡村振兴、生态环保、产业布局、湿地保护、水利发展等方面的资金，加大对洪泽湖治理与保护的投入力度。依据《国务院办公厅关于鼓励和支持社会资本参与生态保护修复的意见》（国办发〔2021〕40号），完善洪泽湖治理保护投融资机制和资金奖补政策，建立政府引导、市场运作、社会参与的多元化投资渠道，利用好金融信贷政策，充分发挥财政资金引导作用。鼓励和支持社会资本参与生态保护修复项目投资、设计、修复、管护等全过程，围绕生态保护修复开展生态产品开发、产业发展、科技创新、技术服务等活动，对区域生态保护修复进行全生命周期运营管护。培育一批专项从事湖泊监测监控、生态保护修复的专业化队伍。对有稳定经营性收入的项目，可以采用政府和社会资本合作（public-private partnerships, PPP）等模式，充分调动社会资本参与生态保护修复的积极性。

参 考 文 献

蔡继红, 丁长春, 朱伊君. 2002. 淮安市农产品中重金属及有机氯、有机磷农药残留量调查. 环境监测管理与技术, 14(1): 20-23.

蔡永久, 张祯, 唐荣桂, 等. 2020. 洪泽湖生态系统健康状况评价和保护. 江苏水利, 7: 1-7+13.

崔嘉宇, 郭蓉, 宋兴伟, 等. 2021. 洪泽湖出入河流及湖体氮、磷浓度时空变化(2010~2019 年). 湖泊科学, 33(6): 1727-1741.

杜云彬. 2021. 洪泽湖生态系统健康评价与污染负荷总量控制研究. 重庆: 重庆交通大学.

段海昕, 毛志刚, 王国祥, 等. 2021. 洪泽湖养殖网围拆除生态效应. 湖泊科学, 33(3): 706-714.

高俊峰, 蒋志刚. 2012. 中国五大淡水湖保护与发展. 北京: 科学出版社.

高学双, 祁石刚. 2015. 宿迁市农业面源污染现状及防治对策. 现代农业科技, 6: 211-212.

谷先坤, 穆欢, 张胜宇. 2022. 江苏洪泽湖禁捕退捕主要措施与水生生物保护对策建议. 中国水产, 2: 83-85.

郭飞宏, 张心良, 汪龙眠, 等. 2012. 太湖地区农村生活污水生物生态处理技术选择分析. 中国给水排水, 28(20): 48-51.

何玲玲, 刘斌, 王明军. 2009. 淮安市第二污水处理厂一期工程的设计与运行. 中国给水排水, 25(10): 33-35.

淮安市统计局. 2014. 淮安统计年鉴 2013. 北京: 中国统计出版社.

黄岩, 曹国军, 耿玉辉, 等. 2020. 农业废弃物还田对土壤不同形态氮含量及氮肥利用率的影响. 吉林农业大学学报, 42(2): 167-174.

纪元, 殷志明, 王一线, 等. 2015. 淮安市农作物秸秆资源现状及合理利用的几点思考. 江苏农业科学, 43(1): 330-333.

郎燕, 刘宁, 刘世荣. 2021. 气候和土地利用变化影响下生态屏障带水土流失趋势研究. 生态学报, 41(13): 5106-5117.

李聪, 赵伟男, 杨用钊, 等. 2015. 洪泽湖南岸近 30 年来土壤酸化趋势分析. 江苏农业科学, 43(4): 329-332.

李吉平, 徐勇峰, 陈子鹏, 等. 2019. 洪泽湖地区麦稻两熟农田及杨树林地降雨径流对地下水水质的影响. 中国生态农业学报（中英文）, 27(7): 1097-1104.

李娜, 施坤, 张运林, 等. 2019. 基于 MODIS 影像的洪泽湖水生植被覆盖时空变化特征及影响因素分析. 环境科学, 40(10): 4487-4496.

李为, 都雪, 林明利, 等. 2013. 基于 PCA 和 SOM 网络的洪泽湖水质时空变化特征分析. 长江流域资源与环境, 22(12): 1593-1601.

李颖, 张祯, 程建华, 等. 2021. 2012~2018 年洪泽湖水质时空变化与原因分析. 湖泊科学, 33(3): 715-726.

林涛, 马喜君. 2010. 淮安市畜禽养殖业废弃物污染负荷生态承载力预警分析. 环境科学与管理, 35(12): 109-112.

刘超, 王智源, 张建华, 等. 2021. 景观类型与景观格局演变对洪泽湖水质的影响. 环境科学学报, 41(8): 3302-3311.

刘钦普. 2015. 江苏氮磷钾化肥使用地域分异及环境风险评价. 应用生态学报, 26(5): 1477-1483.

刘庆淮. 2012. 江苏省洪泽县耕地地力评价研究. 南京: 南京农业大学.

刘哲哲, 倪兆奎, 刘思儒, 等. 2022. 湖泊沉积物有机磷释放动力学特征及水质风险. 环境科学, 43(6): 3058-3065.

龙昊宇, 翁白莎, 黄彬彬, 等. 2020. 1984~2017 年洪泽湖湿地植被覆盖度变化及对水位的响应. 水生态学杂志, 41(5): 98-106.

马义源, 张克峰, 苏苗苗, 等. 2021. 马踏湖猪龙河入湖口人工湿地冬季水质净化效果研究. 广东化工, 48(10): 142-144.

马玉军, 倪言成, 杨用钊, 等. 2014. 淮安市农田肥料投入与养分平衡分析. 现代农业科技, 1: 229-231+236.

毛志刚, 谷孝鸿, 龚志军, 等. 2019. 洪泽湖鱼类群落结构及其资源变化. 湖泊科学, 31(4): 1109-1119.

屈宁, 邓建明, 张祯, 等. 2022. 2015~2020 年洪泽湖浮游植物群落结构及其环境影响因子. 环境科学, 43(6): 3097-3105.

阮仁宗, 夏双, 陈远, 等. 2012. 1979~2006 年洪泽湖西岸临淮镇附近湖泊变化研究. 湿地科学, 10(3): 344-349.

阮晓卿, 蒋岚岚, 陈豪, 等. 2012. 江苏不同地区典型农村生活污水处理适用技术. 中国给水排水, 28(18): 44-47.

宋知远, 孙晓玲, 许雅婷, 等. 2018. 江苏省化肥施用强度时空演变及差异分析. 安徽农业科学, 46(18): 5-8.

宿迁市统计局. 2014. 宿迁统计年鉴 2013. 北京: 中国统计出版社.

孙永军, 施保国. 2013. 水稻化学农药减量使用技术探索与实践. 内蒙古农业科技, 6: 81-83.

王冰清, 尹能文, 郑棉海, 等. 2012. 化肥减量配施有机肥对蔬菜产量和品质的影响. 中国农学通报, 28(1): 242-247.

王诚, 张印, 王怀忠, 等. 2009. 零排放无污染发酵床养猪关键技术研究. 山东农业科学, 6: 101-103.

魏佳豪, 钟威, 张颖, 等. 2022. 1990~2020 年洪泽湖环湖地区生态系统服务价值变化. 江苏水利, 4: 51-56.

吴文辉, 朱为静, 朱凤香, 等. 2022. 蔬菜废弃物还田量及配施菌剂对土壤腐殖质组成的影响. 农业资源与环境学报, 39(1): 182-192.

夏熙. 2017. 减轻白马湖周边农业面源污染的对策研究. 扬州: 扬州大学.

徐广辉, 居立海, 赵全久, 等. 2006. 洪泽县主要作物施肥动态及对策. 中国土壤与肥料, 6: 57-59.

徐卫刚, 于一雷, 郭嘉, 等. 2019. 衡水湖入湖口湿地水流特征分析. 水电能源科学, 37(10): 34-37.

徐勇峰, 陈子鹏, 吴翼, 等. 2016. 环洪泽湖区域农业面源污染特征及控制对策. 南京林业大学学报(自然科学版), 40(2): 1-8.

许学宏, 戴其根, 方瑾. 2000. 江苏水稻施肥现状存在问题及对策. 江苏农业科学, 4: 44-46.

薛利红, 杨林章, 施卫明, 等. 2013. 农村面源污染治理的 "4R" 理论与工程实践——源头减量技术. 农业环境科学学报, 32(5): 881-888.

张利民, 刘伟京, 尤本胜, 等. 2010. 洪泽湖流域生态环境问题及治理对策. 环境监测管理与技术, 22(4): 30-35+39.

张维理, 武淑霞, 冀宏杰, 等. 2004. 中国农业面源污染形势估计及控制对策 I. 21 世纪初期中国农业面源污染的形势估计. 中国农业科学, 37(7): 1008-1017.

张文艺, 姚立荣, 王立岩, 等. 2010. 植物浮岛湿地处理太湖流域农村生活污水效果. 农业工程学报, 26(8): 279-284.

张晓姣, 朱金格, 刘鑫. 2018. 浅水湖泊沉水植物调控技术研究进展. 净水技术, 37(12): 46-51.

周汉娥, 罗鑫, 孙紫童, 等. 2022. 湖泊生态修复中水生植物种植及影响因素研究. 绿色科技, 24(4): 100-104.

周杨, 陈栋, 韩潇, 等. 2020. 调洪演算模型分析洪泽湖退圩还湖实施前后影响. 水利规划与设计, 7:

65-69.

周之栋, 张锐, 芦治国, 等. 2021. 洪泽湖大堤生态防护林生物多样性研究. 江苏水利, 7: 44-51.

朱海, 袁旭音, 叶宏萌, 等. 2021. 不同流域水陆过渡带氮磷有效态的特征对比及环境意义. 环境科学, 42(6): 2787-2795.

朱柳燕, 蒋锁俊, 颜军, 等. 2014. 淮安市畜禽养殖业环境污染现状与治理对策. 中国畜牧兽医文摘, 30(12): 12-14.

庄秀琴. 2007. 洪泽湖湿地农业循环经济发展模式研究. 安徽农业科学, 35(34): 11288-11289.

Cao Z G, Duan H T, Feng L, et al. 2017. Climate- and human-induced changes in suspended particulate matter over Lake Hongze on short and long timescales. Remote Sensing of Environment, 192: 98-113.

Gao J, Zhou H F, Pan G Q, et al. 2013. Factors influencing the persistence of organochlorine pesticides in surface soil from the region around the Hongze Lake, China. Science of the Total Environment, 443: 7-13.

Guo M L, Li X L, Song C L, et al. 2020. Photo-induced phosphate release during sediment resuspension in shallow lakes: A potential positive feedback mechanism of eutrophication. Environmental Pollution, 258: 113679.

Li N, Shi K, Zhang Y L, et al. 2019. Decline in transparency of Lake Hongze from long-term MODIS observations: Possible causes and potential significance. Remote Sensing, 11(2): 1-16.

Némery J, Gratiot N, Doan P T K, et al. 2016. Carbon, nitrogen, phosphorus, and sediment sources and retention in a small eutrophic tropical reservoir. Aquatic Sciences, 78: 171-189.

Zhang Z, Sheng L, Yang J, et al. 2015. Effects of land use and slope gradient on soil erosion in a red soil hilly watershed of Southern China. Sustainability, 7: 14309-14325.

附录　洪泽湖水生生物物种名录

附表 1-1　大型水生植物物种名录（2016～2020 年）

序号	纲	科	属	中文名	拉丁名
1	单子叶植物纲	灯心草科	灯心草属	灯心草	*Juncus effusus*
2	单子叶植物纲	浮萍科	浮萍属	浮萍	*Lemna minor*
3	单子叶植物纲	茨藻科	茨藻属	大茨藻	*Najas marina*
4	单子叶植物纲	禾本科	稗属	稗	*Echinochloa crusgalli*
5	单子叶植物纲	禾本科	荻属	荻	*Miscanthus sacchariflorus*
6	单子叶植物纲	禾本科	菰属	菰	*Zizania latifolia*
7	单子叶植物纲	禾本科	假稻属	李氏禾	*Leersia hexandra*
8	单子叶植物纲	禾本科	芦苇属	芦苇	*Phragmites australis*
9	单子叶植物纲	禾本科	芦竹属	芦竹	*Arundo donax*
10	单子叶植物纲	金鱼藻科	金鱼藻属	金鱼藻	*Ceratophyllum demersum*
11	单子叶植物纲	水鳖科	黑藻属	黑藻	*Hydrilla verticillata*
12	单子叶植物纲	水鳖科	苦草属	苦草	*Vallisneria natans*
13	单子叶植物纲	水鳖科	水鳖属	水鳖	*Hydrocharis dubia*
14	单子叶植物纲	水鳖科	水蕴藻属	伊乐藻	*Elodea canadensis*
15	单子叶植物纲	香蒲科	香蒲属	水烛	*Typha angustifolia*
16	单子叶植物纲	眼子菜科	眼子菜属	篦齿眼子菜	*Stuckenia pectinata*
17	单子叶植物纲	眼子菜科	眼子菜属	竹叶眼子菜	*Potamogeton wrightii*
18	单子叶植物纲	眼子菜科	眼子菜属	微齿眼子菜	*Potamogeton maackianus*
19	单子叶植物纲	眼子菜科	眼子菜属	菹草	*Potamogeton crispus*
20	双子叶植物纲	菊科	一枝黄花属	加拿大一枝黄花	*Solidago canadensis*
21	双子叶植物纲	蓼科	蓼属	水蓼	*Polygonum hydropiper*
22	双子叶植物纲	菱科	菱属	菱	*Trapa bispinosa*
23	双子叶植物纲	龙胆科	荇菜属	荇菜	*Nymphoides peltata*
24	双子叶植物纲	睡莲科	莲属	莲	*Nelumbo nucifera*
25	双子叶植物纲	睡莲科	芡属	芡	*Euryale ferox*
26	双子叶植物纲	苋科	莲子草属	喜旱莲子草	*Alternanthera philoxeroides*
27	双子叶植物纲	小二仙草科	狐尾藻属	穗状狐尾藻	*Myriophyllum spicatum*
28	蕨纲	槐叶蘋科	槐叶蘋属	槐叶蘋	*Salvinia natans*
29	蕨纲	满江红科	满江红属	满江红	*Azolla pinnata*
30	轮藻纲	轮藻科	轮藻属	轮藻	*Chara* sp.
31	结合藻纲	双星藻科	水绵属	水绵	*Spirogyra communis*

附表 1-2 洪泽湖浮游植物名录及细胞丰度

门	属	物种名称	拉丁名	相对细胞丰度
硅藻门	波缘藻	草鞋形波缘藻	*Cymatopleura solea*	+
硅藻门	波缘藻	椭圆波缘藻	*Cymatopleura elliptica*	+
硅藻门	布纹藻	尖布纹藻	*Gyrosigma acuminatum*	+
硅藻门	布纹藻	细布纹藻	*Gyrosigma lunata*	+
硅藻门	脆杆藻	脆杆藻	*Fragilaria* sp.	+
硅藻门	脆杆藻	钝脆杆藻	*Fragilaria capucina*	+
硅藻门	脆杆藻	中型脆杆藻	*Fragilaria intermedia*	+
硅藻门	短缝藻	篦形短缝藻	*Eunotia pectinalis*	+
硅藻门	辐节藻	双头辐节藻	*Stauroneis anceps*	+
硅藻门	根管藻	长刺根管藻	*Rhizosolenia longiseta*	+
硅藻门	冠盘藻	星形冠盘藻小型变种	*Stephanodiscus astraea* var. *minutula*	+
硅藻门	黄管藻	树状黄管藻	*Ophiocytium arbuscula*	+
硅藻门	黄管藻	头状黄管藻	*Ophiocytium capitatum*	+
硅藻门	黄群藻	黄群藻	*Synura* sp.	+
硅藻门	黄群藻	具刺黄群藻	*Synura spinosa*	+
硅藻门	菱形藻	谷皮菱形藻	*Nitzschia palea*	+
硅藻门	菱形藻	菱形藻	*Nitzschia* sp.	+
硅藻门	菱形藻	双头菱形藻	*Nitzschia bicapitata*	+
硅藻门	卵形藻	扁圆卵形藻	*Cocconeis placentula*	+
硅藻门	平板藻	窗格平板藻	*Tabellaria fenestrata*	+
硅藻门	平板藻	平板藻	*Tabellaria* sp.	+
硅藻门	桥弯藻	埃伦桥弯藻	*Cymbella ehrenbergii*	+
硅藻门	桥弯藻	偏肿桥弯藻	*Cymbella ventricosa*	+
硅藻门	桥弯藻	膨胀桥弯藻	*Cymbella pusilla*	+
硅藻门	桥弯藻	细小桥弯藻	*Cymbella gracilis*	+
硅藻门	桥弯藻	新月形桥弯藻	*Cymbella cymbiformis*	+
硅藻门	曲壳藻	短小曲壳藻	*Achnanthes exigua*	+
硅藻门	双壁藻	卵圆双壁藻	*Diploneis ovalis*	+
硅藻门	双壁藻	美丽双壁藻	*Diploneis puella*	+
硅藻门	双菱藻	粗壮双菱藻	*Surirella robusta*	+
硅藻门	双菱藻	双菱藻	*Surirella* sp.	+
硅藻门	双菱藻	线形双菱藻	*Surirella linearis*	+
硅藻门	双眉藻	卵圆双眉藻	*Amphora ovalis*	+
硅藻门	四棘藻	扎卡四棘藻	*Attheya zachariasi*	+
硅藻门	小环藻	广缘小环藻	*Cyclotella bodanica*	+
硅藻门	小环藻	科曼小环藻	*Cyclotella comensis*	+
硅藻门	小环藻	梅尼小环藻	*Cyclotella meneghiniana*	+
硅藻门	小环藻	扭曲小环藻	*Cyclotella comta*	+
硅藻门	小环藻	小环藻	*Cyclotella* sp.	+

门	属	物种名称	拉丁名	相对细胞丰度
硅藻门	星杆藻	华丽星杆藻	*Asterionella formosa*	+
硅藻门	星杆藻	美丽星杆藻	*Asterionella formosa* Hassall, 1850	+
硅藻门	异极藻	尖顶异极藻	*Gomphonema augur*	+
硅藻门	异极藻	尖异极藻	*Gomphonema acuminatum*	+
硅藻门	异极藻	塔形异极藻	*Gomphonema turris*	+
硅藻门	异极藻	细弱异极藻	*Gomphonema subtile*	+
硅藻门	异极藻	纤细异极藻	*Gomphonema gracile*	+
硅藻门	异极藻	异极藻	*Gomphonema* sp.	+
硅藻门	异极藻	缢缩异极藻头端变种	*Gomphonema constrictum* var. *capitata*	+
硅藻门	羽纹藻	大羽纹藻	*Pinnularia major*	+
硅藻门	羽纹藻	羽纹藻	*Pinnularia* sp.	+
硅藻门	羽纹藻	著名羽纹藻	*Pinnularia nobilis*	+
硅藻门	圆筛藻	湖沼圆筛藻	*Coscinodiscus lacustris*	+
硅藻门	圆筛藻	圆筛藻	*Coscinodiscus* sp.	+
硅藻门	针杆藻	尖针杆藻	*Synedra acus*	+
硅藻门	针杆藻	近缘针杆藻	*Synedra affins*	+
硅藻门	针杆藻	双头针杆藻	*Synedra amphicephal*	+
硅藻门	针杆藻	针杆藻	*Synedra* sp.	+
硅藻门	针杆藻	华丽针杆藻	*Synedra formosa*	+
硅藻门	针杆藻	肘状针杆藻	*Synedra ulna*	+
硅藻门	直链藻	颗粒直链藻	*Aulacoseira granulata*	+++
硅藻门	直链藻	颗粒直链藻极狭变种	*Aulacoseira granulata* var. *angustissima*	+
硅藻门	直链藻	颗粒直链藻极狭变种螺旋变型	*Aulacoseira granulata* var. *angustissima* f. *spiralis*	+
硅藻门	直链藻	颗粒直链藻最窄变种	*Aulacoseira granulata* var. *angustissima*	+
硅藻门	直链藻	模糊直链藻	*Aulacoseira ambigua*	+
硅藻门	直链藻	意大利直链藻	*Aulacoseira italica*	+
硅藻门	直链藻	直链藻	*Aulacoseira* sp.	+
硅藻门	直链藻	变异直链藻	*Aulacoseira varians*	+
硅藻门	直链藻	岛直链藻	*Aulacoseira islandica*	+
硅藻门	舟形藻	喙头舟形藻	*Navicula rhynchocephala*	+
硅藻门	舟形藻	短小舟形藻	*Navicula exigua*	+
硅藻门	舟形藻	杆状舟形藻	*Navicula bacillum*	+
硅藻门	舟形藻	简单舟形藻	*Navicula simples*	+
硅藻门	舟形藻	瞳孔舟形藻	*Navicula pupula*	+
硅藻门	舟形藻	舟形藻	*Navicula* sp.	+
黄藻门	单肠藻	短圆柱单肠藻	*Monallantus brevicylindrus*	+
黄藻门	绿囊藻	绿囊藻	*Chlorobotrys* sp.	+

门	属	物种名称	拉丁名	相对细胞丰度
黄藻门	膝口藻	扁形膝口藻	*Gonyostomum depressum*	+
黄藻门	膝口藻	膝口藻	*Gonyostomum* sp.	+
甲藻门	薄甲藻	薄甲藻	*Glenodinium* sp.	+
甲藻门	多甲藻	埃尔多甲藻	*Peridinium elpitierrskyi*	+
甲藻门	多甲藻	多甲藻	*Peridinium* sp.	+
甲藻门	角甲藻	飞燕角甲藻	*Ceratium hirundinella*	+
甲藻门	角甲藻	角甲藻	*Ceratium* sp.	+
甲藻门	裸甲藻	裸甲藻	*Gymnodinium* sp.	+
金藻门	锥囊藻	分歧锥囊藻	*Dinobryon divergens*	+
金藻门	锥囊藻	密集锥囊藻	*Dinobryon sertularia*	+
金藻门	锥囊藻	圆筒形锥囊藻	*Dinobryon cylindricum*	+
金藻门	锥囊藻	长锥形锥囊藻	*Dinobryon bavaricum*	+
金藻门	锥囊藻	锥囊藻	*Dinobryon* sp.	+
金藻门	棕鞭藻	谷生棕鞭藻	*Ochromonas vallesiaca*	+
蓝藻门	颤藻	阿氏颤藻	*Planktothrix agardhii*	+
蓝藻门	颤藻	颤藻	*Planktothrix* sp.	++
蓝藻门	颤藻	大颤藻	*Planktothrix major*	+
蓝藻门	颤藻	巨颤藻	*Planktothrix princeps*	+
蓝藻门	颤藻	微细颤藻	*Planktothrix subtle*	+
蓝藻门	颤藻	小颤藻	*Planktothrix tenuis*	++
蓝藻门	厚皮藻	煤黑厚皮藻	*Pleurocapsaceae* sp.	+
蓝藻门	湖丝藻	湖丝藻	*Limnothrix* sp.	+
蓝藻门	尖头藻	尖头藻	*Raphidiopsis* sp.	+
蓝藻门	尖头藻	弯曲尖头藻	*Raphidiopsis curvata*	+
蓝藻门	蓝纤维藻	针晶蓝纤维藻	*Dactylococcopsis rhaphidioides*	+
蓝藻门	蓝纤维藻	针状蓝纤维藻	*Dactylococcopsis acicularis*	+
蓝藻门	螺旋藻	大螺旋藻	*Spirulina major*	+
蓝藻门	螺旋藻	钝顶螺旋藻	*Spirulina platensis*	+
蓝藻门	螺旋藻	螺旋藻	*Spirulina* sp.	+
蓝藻门	螺旋藻	为首螺旋藻	*Spirulina princeps*	+
蓝藻门	拟柱胞藻	拟柱胞藻	*Cylindrospermopsis* sp.	+
蓝藻门	念珠藻	念珠藻	*Nostoc* sp.	+
蓝藻门	念珠藻	沼泽念珠藻	*Nostoc paludosum*	+
蓝藻门	平裂藻	微小平裂藻	*Merismopedia tenuissima*	+
蓝藻门	平裂藻	细小平裂藻	*Merismopedia minima*	+
蓝藻门	平裂藻	银灰平列藻	*Merismopedia glauca*	+
蓝藻门	平裂藻	优美平列藻	*Merismopedia elegans*	+
蓝藻门	腔球藻	不定腔球藻	*Coelosphaerium endophytium*	+
蓝藻门	鞘丝藻	湖泊鞘丝藻	*Lyngbya limnetica*	+

续表

门	属	物种名称	拉丁名	相对细胞丰度
蓝藻门	色球藻	湖沼色球藻	*Chroococcus dispersus*	+
蓝藻门	色球藻	色球藻	*Chroococcus* sp.	+
蓝藻门	色球藻	微小色球藻	*Chroococcus minutus*	+
蓝藻门	束丝藻	水华束丝藻	*Aphanizomenon flos-aquae*	+
蓝藻门	微囊藻	惠氏微囊藻	*Microcystis wesenbergii*	+
蓝藻门	微囊藻	挪氏微囊藻	*Microcystis novacekii*	+
蓝藻门	微囊藻	水华微囊藻	*Microcystis flos-aquae*	+++
蓝藻门	微囊藻	铜绿微囊藻	*Microcystis aeruginosa*	+
蓝藻门	微囊藻	微囊藻	*Microcystis* sp.	++
蓝藻门	假鱼腥藻	假鱼腥藻	*Pseudanabaena* sp.	+
蓝藻门	席藻	皮状席藻	*Phormidium corium*	+
蓝藻门	席藻	席藻	*Phormidium* sp.	++
蓝藻门	席藻	小席藻	*Phormidium tenue*	+
蓝藻门	隐球藻	细小隐球藻	*Aphanocapsa minima*	+
蓝藻门	长孢藻	多变长孢藻	*Dolichospermum variabilis*	+
蓝藻门	长孢藻	卷曲长孢藻	*Dolichospermum convolutus*	+
蓝藻门	长孢藻	类颤长孢藻	*Dolichospermum oscillarioides*	+
蓝藻门	长孢藻	螺旋长孢藻	*Dolichospermum spiralis*	+
蓝藻门	长孢藻	长孢藻	*Dolichospermum* sp.	+
裸藻门	扁裸藻	扁裸藻	*Phacus* sp.	+
裸藻门	扁裸藻	钩状扁裸藻	*Phacus hamatus*	+
裸藻门	扁裸藻	尖尾扁裸藻	*Phacus acuminatus*	+
裸藻门	扁裸藻	梨形扁裸藻	*Phacus pyrum*	+
裸藻门	扁裸藻	敏捷扁裸藻	*Phacus agilis*	+
裸藻门	扁裸藻	扭曲扁裸藻	*Phacus tortus*	+
裸藻门	扁裸藻	桃形扁裸藻	*Phacus stokesii*	+
裸藻门	扁裸藻	旋形扁裸藻	*Phacus helicoides*	+
裸藻门	扁裸藻	长尾扁裸藻	*Phacus longicauda*	+
裸藻门	变胞藻	尾变胞藻	*Astasia klebsii*	+
裸藻门	鳞孔藻	鳞孔藻	*Lepocinclis* sp.	+
裸藻门	鳞孔藻	卵形鳞孔藻	*Lepocinclis ovum*	+
裸藻门	裸藻	带形裸藻	*Euglena ehrenbergii*	+
裸藻门	裸藻	多形裸藻	*Euglena polymorpha*	+
裸藻门	裸藻	尖尾裸藻	*Euglena oxyuris*	+
裸藻门	裸藻	绿色裸藻	*Euglena viridis*	+
裸藻门	裸藻	三棱裸藻	*Euglena tripteris*	+
裸藻门	裸藻	梭形裸藻	*Euglena acus*	+
裸藻门	裸藻	尾裸藻	*Euglena caudata*	+

续表

门	属	物种名称	拉丁名	相对细胞丰度
裸藻门	裸藻	纤细裸藻	*Euglena gracilis*	+
裸藻门	裸藻	旋纹裸藻	*Euglena spirogyra*	+
裸藻门	裸藻	血红裸藻	*Euglena sanguinea*	+
裸藻门	裸藻	易变裸藻	*Euglena mutabilis*	+
裸藻门	裸藻	鱼形裸藻	*Euglena pisciformis*	+
裸藻门	裸藻	中型裸藻	*Euglena intermedia*	+
裸藻门	囊裸藻	湖生囊裸藻	*Trachelomonas lacustris*	+
裸藻门	囊裸藻	华丽囊裸藻	*Trachelomonas superba*	+
裸藻门	囊裸藻	棘刺囊裸藻	*Trachelomonas hispida*	+
裸藻门	囊裸藻	囊裸藻	*Trachelomonas* sp.	+
裸藻门	囊裸藻	尾棘囊裸藻	*Trachelomonas armata*	+
裸藻门	囊裸藻	相似囊裸藻	*Trachelomonas similis*	+
裸藻门	陀螺藻	糙膜陀螺藻	*Strombomonas schauinslandii*	+
裸藻门	陀螺藻	河生陀螺藻	*Strombomonas fluviatilis*	+
裸藻门	陀螺藻	剑尾陀螺藻	*Strombomonas ensifera*	+
裸藻门	陀螺藻	陀螺藻	*Strombomonas* sp.	+
绿藻门	被刺藻	被刺藻	*Franceia* sp.	+
绿藻门	并联藻	并联藻	*Quadrigula* sp.	+
绿藻门	粗刺藻	粗刺藻	*Acanthosphaera* sp.	+
绿藻门	单针藻	奇异单针藻	*Monoraphidium mirabile*	+
绿藻门	单针藻	细小单针藻	*Monoraphidium minutum*	+
绿藻门	顶棘藻	极毛顶棘藻	*Chodatella cilliata*	+
绿藻门	顶棘藻	十字顶棘藻	*Chodatella wratislaviensis*	+
绿藻门	顶棘藻	顶棘藻	*Chodatella* sp.	+
绿藻门	顶棘藻	长刺顶棘藻	*Chodatella longiseta*	+
绿藻门	顶接鼓藻	平顶顶接鼓藻	*Spondylosium planum*	+
绿藻门	浮球藻	浮球藻	*Planktosphaeria* sp.	+
绿藻门	弓形藻	弓形藻	*Schroederia* sp.	+
绿藻门	弓形藻	螺旋弓形藻	*Schroederia spiralis*	+
绿藻门	弓形藻	拟菱形弓形藻	*Schroederia nitzschioides*	+
绿藻门	弓形藻	硬弓形藻	*Schroederia robusta*	+
绿藻门	凹顶鼓藻	凹顶鼓藻	*Euastrum* sp.	+
绿藻门	鼓藻	短鼓藻	*Cosmarium abbreviatum*	+
绿藻门	鼓藻	钝鼓藻	*Cosmarium obtusatum*	+
绿藻门	鼓藻	鼓藻	*Cosmarium* sp.	+
绿藻门	鼓藻	光滑鼓藻	*Cosmarium laeve*	+
绿藻门	鼓藻	梅尼鼓藻	*Cosmarium meneghinii*	+
绿藻门	鼓藻	美丽鼓藻	*Cosmarium formosulum*	+

门	属	物种名称	拉丁名	相对细胞丰度
绿藻门	鼓藻	球鼓藻	*Cosmarium globosum*	+
绿藻门	鼓藻	肾形鼓藻	*Cosmarium reniforme*	+
绿藻门	鼓藻	小齿凹顶鼓藻	*Cosmarium denticulatum*	+
绿藻门	集星藻	集星藻	*Actinastrum* sp.	+
绿藻门	胶网藻	胶网藻	*Dictyosphaerium* sp.	+
绿藻门	角星鼓藻	钝齿角星鼓藻	*Staurastrum crenulatum*	+
绿藻门	角星鼓藻	角星鼓藻	*Staurastrum* sp.	+
绿藻门	角星鼓藻	曼弗角星鼓藻	*Staurastrum manfeldtii*	+
绿藻门	角星鼓藻	纤细角星鼓藻	*Staurastrum gracile*	+
绿藻门	空球藻	空球藻	*Eudorina* sp.	+++
绿藻门	空星藻	小空星藻	*Coelastrum microporum*	+
绿藻门	卵囊藻	波吉卵囊藻	*Oocystis borgei*	+
绿藻门	卵囊藻	单生卵囊藻	*Oocystis solitaria*	+
绿藻门	卵囊藻	湖生卵囊藻	*Oocystis lacustris*	+
绿藻门	卵囊藻	椭圆卵囊藻	*Oocystis elliptica*	+
绿藻门	绿柄球藻	绿柄球藻	*Stylosphaeridium* sp.	+
绿藻门	盘星藻	盘星藻	*Pediastrum* sp.	+
绿藻门	盘星藻	单角盘星藻	*Pediastrum simplex*	+
绿藻门	盘星藻	单角盘星藻具孔变种	*Pediastrum simplex* var. *duodenarium*	+
绿藻门	盘星藻	短棘盘星藻长角变种	*Pediastrum boryanum* var. *longicorne*	+
绿藻门	盘星藻	二角盘星藻	*Pediastrum duplex*	+
绿藻门	盘星藻	二角盘星藻纤细变种	*Pediastrum duplex* var. *gracillimum*	+
绿藻门	盘星藻	双射盘星藻	*Pediastrum biradiatum*	+
绿藻门	盘星藻	四角盘星藻	*Pediastrum tetras*	+
绿藻门	球囊藻	球囊藻	*Sphaerocystis* sp.	+
绿藻门	十字藻	华美十字藻	*Crucigenia lauterbornii*	+
绿藻门	十字藻	十字藻	*Crucigenia* sp.	+
绿藻门	十字藻	四角十字藻	*Crucigenia quadrata*	+
绿藻门	十字藻	四足十字藻	*Crucigenia tetrapedia*	+
绿藻门	实球藻	实球藻	*Pandorina* sp.	+
绿藻门	丝藻	环丝藻	*Ulothrix zonata*	+
绿藻门	丝藻	丝藻属	*Ulothrix* spp.	++++
绿藻门	四鞭藻	多线四鞭藻	*Carteria multifilis*	+
绿藻门	四刺藻	粗刺四刺藻	*Treubaria crassispina*	+
绿藻门	四刺藻	四刺藻	*Treubaria* sp.	+
绿藻门	四角藻	规则四角藻	*Tetraedron regularis*	+
绿藻门	四角藻	戟形四角藻	*Tetraedron hastatum*	+
绿藻门	四角藻	具尾四角藻	*Tetraedron caudatum*	+

门	属	物种名称	拉丁名	相对细胞丰度
绿藻门	四角藻	肿胀四角藻	*Tetraedron tumidulum*	+
绿藻门	四角藻	三角四角藻	*Tetraedron trigonum*	+
绿藻门	四角藻	三叶四角藻	*Tetraedron trilobulatum*	+
绿藻门	四角藻	微小四角藻	*Tetraedron pusillum*	+
绿藻门	四星藻	单刺四星藻	*Tetrastrum hastiferum*	+
绿藻门	四星藻	短刺四星藻	*Tetrastrum staurogeniaeforme*	+
绿藻门	四星藻	四星藻	*Tetrastrum* sp.	+
绿藻门	四星藻	异刺四星藻	*Tetrastrum heterocanthum*	+
绿藻门	蹄形藻	肥壮蹄形藻	*Kirchneriella obesa*	+
绿藻门	蹄形藻	扭曲蹄形藻	*Kirchneriella contorta*	+
绿藻门	蹄形藻	蹄形藻	*Kirchneriella* sp.	+
绿藻门	团藻	美丽团藻	*Volvox aureus*	+
绿藻门	微芒藻	博恩微芒藻	*Micractinium bornhemiensis*	+
绿藻门	微芒藻	微芒藻	*Micractinium* sp.	+
绿藻门	韦氏藻	韦氏藻	*Westella* sp.	+
绿藻门	纤维藻	卷曲纤维藻	*Ankistrodesmus convolutus*	+
绿藻门	纤维藻	镰形纤维藻	*Ankistrodesmus falcatus*	+
绿藻门	纤维藻	镰形纤维藻奇异变种	*Ankistrodesmus falcatus* var. *mirabilis*	+
绿藻门	纤维藻	螺旋纤维藻	*Ankistrodesmus spiralis*	+
绿藻门	纤维藻	狭形纤维藻	*Ankistrodesmus angustus*	+
绿藻门	纤维藻	纤维藻	*Ankistrodesmus* sp.	+
绿藻门	纤维藻	针形纤维藻	*Ankistrodesmus acicularis*	+
绿藻门	小椿藻	极小拟小椿藻	*Characiopsis minima*	+
绿藻门	小球藻	小球藻	*Chlorella* sp.	+
绿藻门	新月藻	埃伦新月藻	*Closterium ehrenbergii*	+
绿藻门	新月藻	厚顶新月藻	*Closterium dianae*	+
绿藻门	新月藻	库津新月藻	*Closterium kuetzingii*	+
绿藻门	新月藻	锐新月藻	*Closterium acerosum*	+
绿藻门	新月藻	双胞新月藻	*Closterium didymotocum*	+
绿藻门	新月藻	瘦新月藻	*Closterium macilentum*	+
绿藻门	新月藻	纤细新月藻	*Closterium gracile*	+
绿藻门	新月藻	新月藻	*Closterium* sp.	+
绿藻门	新月藻	月牙新月藻	*Closterium cynthia*	+
绿藻门	新月藻	中型新月藻	*Closterium intermedium*	+
绿藻门	衣藻	布朗衣藻	*Chlamydomonas braunii*	+
绿藻门	衣藻	德巴衣藻	*Chlamydomonas debaryana*	+
绿藻门	衣藻	简单衣藻	*Chlamydomonas simplex*	+
绿藻门	衣藻	卵形衣藻	*Chlamydomonas ovalis*	+

门	属	物种名称	拉丁名	相对细胞丰度
绿藻门	衣藻	球衣藻	*Chlamydomonas globosa*	+
绿藻门	衣藻	斯诺衣藻	*Chlamydomonas snowiae*	+
绿藻门	衣藻	小球衣藻	*Chlamydomonas microsphaera*	+
绿藻门	衣藻	三叶衣藻	*Chlamydomonas isabeliensis*	+
绿藻门	衣藻	衣藻	*Chlamydomonas* sp.	+
绿藻门	翼膜藻	翼膜藻	*Pteromonas* sp.	+
绿藻门	月牙藻	端尖月牙藻	*Selenastrum westii*	+
绿藻门	月牙藻	纤细月牙藻	*Selenastrum gracile*	+
绿藻门	月牙藻	小形月牙藻	*Selenastrum minutum*	+
绿藻门	月牙藻	月牙藻	*Selenastrum* sp.	+
绿藻门	栅藻	被甲栅藻	*Scenedesmus armatus*	+
绿藻门	栅藻	多棘栅藻	*Scenedesmus spinosus*	+
绿藻门	栅藻	二形栅藻	*Scenedesmus dimorphus*	+
绿藻门	栅藻	尖细栅藻	*Scenedesmus acuminatus*	+
绿藻门	栅藻	龙骨栅藻	*Scenedesmus carinatus*	+
绿藻门	栅藻	双对栅藻	*Scenedesmus bijugatus*	+
绿藻门	栅藻	四尾栅藻	*Scenedesmus quadricauda*	+
绿藻门	栅藻	弯曲栅藻	*Scenedesmus arcuatus*	+
绿藻门	栅藻	斜生栅藻	*Scenedesmus obliqnus*	+
绿藻门	栅藻	爪哇栅藻	*Scenedesmus javaensis*	+
绿藻门	转板藻	微细转板藻	*Mougeotia parvula*	+
绿藻门	转板藻	转板藻	*Mougeotia* sp.	+
隐藻门	杯胞藻	杯胞藻	*Cyathomonas* sp.	+
隐藻门	蓝隐藻	尖尾蓝隐藻	*Chroomonas acuta*	+
隐藻门	蓝隐藻	蓝隐藻	*Chroomonas* sp.	+
隐藻门	隐藻	卵形隐藻	*Cryptomonas ovata*	+
隐藻门	隐藻	啮蚀隐藻	*Cryptomonas erosa*	+

注：+：平均细胞丰度＜15 万/个/L；++：平均细胞丰度介于 15 万个/L～30 万个/L；+++：平均细胞丰度介于 30 万个/L～45 万个/L；++++：平均细胞丰度 ＞45 万个/L。

附表 1-3 浮游动物物种名录（2017～2020 年）

类别	中文名	拉丁名	2017 年	2018 年	2019 年	2020 年
原生动物	星状棘变形虫	*Acanthamoeba astronyxis*	+			
	针棘刺胞虫	*Acanthocystis aculeata*		++	+++	++
	短棘刺胞虫	*Acanthocystis brevicirrhis*		++	++	
	泥炭刺孢虫	*Acanthocystis pectinata*		++	++	
	针尖刺胞虫	*Acanthocystis spinifera*	++			
	放射太阳虫	*Actinophrys sol*		+	+	
	半圆表壳虫	*Arcella hemisphaerica*		++		

续表

类别	中文名	拉丁名	2017 年	2018 年	2019 年	2020 年
	普通表壳虫	*Arcella vulgaris*			+++	++
	囊坎虫	*Ascampbelliella* sp.	+++			+
	团睥睨虫（焰毛虫）	*Askenasia volvox*	++	+	+	
	卵形波豆虫	*Bodo obovatus*		+		
	针棘匣壳虫	*Centropyxic aculeata*		+		
	珍珠映毛虫	*Cinetochilum magaritecaum*	++			
	小康纤虫	*Cohnilembus pusillus*	++			
	小毛板壳虫	*Coleps hirtus minor*	+			
	弯豆形虫	*Colpidium compylum*			++	
	小单环栉毛虫	*Didinium balbianii nanum*	+	++		+
	双环栉毛虫	*Didinium nasutum*	++			+
	尖顶砂壳虫	*Difflugia acuminata*	+	++		
	球形砂壳虫	*Difflugia globulosa*		++	+++	++
	叉口砂壳虫	*Difflugia gramen*	++	+++	+++	+++
	瓶砂壳虫	*Difflugia urceolata*		++		+
	褐砂壳虫	*Difflugia avellana*		++	++	
	静眼虫	*Euglena deses*				+
	有棘鳞壳虫	*Euglypha acanthophora*		+		
	大弹跳虫	*Halteria grandinella*	++	+	++	+
	剑桥哈氏虫	*Hartmannella cantabrigiensis*		+		
原生动物	网藤胞虫	*Hedriocystis reticulata*	+			
	肋状半眉虫	*Hemiophrys pleurosigma*			++	
	太阳晶盘虫	*Hyalodiscus actinophorus*			+++	
	天鹅长吻虫	*Lacrymaria olor*			+	
	淡水麻铃虫	*Leprotintinnus fluviatile*			++	
	条纹喙纤虫	*Loxodes striatus*			++	
	胡梨壳虫	*Nebela barbata*		+		
	颈梨壳虫	*Nebela collaris*		+	+	
	尾草履虫	*Paramecium caudatum*			++	
	苍白刺日虫	*Raphidiophrys pallida*	++	+		
	团球领鞭虫	*Sphaeroeca volvox*	+++		+++	
	小旋口虫	*Spirostomum minus*			++	
	喇叭虫	*Stentor* sp.		+		
	侠盗虫	*Strobilidium* sp.	+++	++	++	+++
	绿急游虫	*Strombidium viride*	+++		+	+
	王氏似铃壳虫	*Tintinnopsis wangi*		++	+++	++
	卵圆口虫	*Trachelius ovum*			+++	
	卑怯管叶虫	*Trachelophyllum pusillum*			++	
	游仆虫	*Uplates* sp.		+		
	钟虫	*Vorticella* sp.	++	+		++

续表

类别	中文名	拉丁名	2017 年	2018 年	2019 年	2020 年
轮虫	前节晶囊轮虫	*Asplanchna priodonta*	+		++	++
	角突臂尾轮虫	*Brachionus angularis*	++	++	++	+++
	萼花臂尾轮虫	*Brachionus calyciflorus*	++	++	+++	++
	尾突臂尾轮虫	*Brachionus caudatus*		+	++	++
	裂足臂尾轮虫	*Brachionus diversicornis*	+	+	++	++
	镰状臂尾轮虫	*Brachionus falcatus*		+	++	++
	剪形臂尾轮虫	*Brachionus forficula*	++	++	+++	++
	尼氏臂尾轮虫	*Brachionus nilsoni*		+		
	壶状臂尾轮虫	*Brachionus urceus*	+			
	小链巨头轮虫	*Cephalodella catellina*			++	
	臂三肢轮虫	*Filinia brachiata*	+			
	角三肢轮虫	*Filinia cornuta*	+			
	长三肢轮虫	*Filinia longiseta*	++	+	++	++
	端生三肢轮虫	*Filinia terminalis*			++	
	腹足腹尾轮虫	*Gastropus hyptopus*	+			
	螺形龟甲轮虫	*Keratella cochlearis*	++	++	+++	+++
	矩形龟甲轮虫	*Keratella quadrata*	++	++	+++	+++
	中国龟甲轮虫	*Keratella sinensis*		++	++	
	曲腿龟甲轮虫	*Keratella valga*	++	++	+++	+++
	月形腔轮虫	*Lecane luna*		+		+
	宽孔鞍甲轮虫	*Lepadella latusinus*	+			
	爪趾单趾轮虫	*Monostyla unguitata*		+		
	针簇多肢轮虫	*Polyarthra trigla*	+++	+++	+++	+++
	扁平泡轮虫	*Pompholyx complanata*	+			++
	蚤上前翼轮虫	*Proales daphnicola*		+		
	转轮虫	*Rotaria rotatoria*	+			
	长圆疣毛轮虫	*Synchaeta oblonga*	+			
	梳状疣尾轮虫	*Synchaeta pectinata*	++			+
	小镜轮虫	*Testudinella parva*	+			
	刺盖异尾轮虫	*Trichocerca capucina*				++
	圆筒异尾轮虫	*Trichocerca cylindrica*				++
	田奈异尾轮虫	*Trichocerca dixon-nuttalli*	+			
	纵长异尾轮虫	*Trichocerca elongata*	+	+	++	
	长刺异尾轮虫	*Trichocerca longiseta*		++	++	
	暗小异尾轮虫	*Trichocerca pusilla*		++	++	
	等棘异尾轮虫	*Trichocerca similis*		+	++	++
	对棘异尾轮虫	*Trichocerca stylata*	+			

续表

类别	中文名	拉丁名	2017 年	2018 年	2019 年	2020 年
	方形尖额溞	*Alona quadrangularis*		+	+	+
	矩形尖额溞	*Alona rectangula*	+			
	简弧象鼻溞	*Bosmina coregoni*	+++	+++	+++	+++
	脆弱象鼻溞	*Bosmina fatalis*				++
	长额象鼻溞	*Bosmina longirostris*		++	++	++
	颈沟基合溞	*Bosminopsis deitersi*		+	+	
	角突网纹溞	*Ceriodaphnia cornuta*	++		+++	++
	宽尾网纹溞	*Ceriodaphnia laticaudata*	+	++	+	
	美丽网纹溞	*Ceriodaphnia pulchella*		+		
	方形网纹溞	*Ceriodaphnia quadrangula*		+	+	
	棘爪网纹溞	*Ceriodaphnia reticulata*	+			
	盘肠溞	*Chydorus* sp.	+			
	僧帽溞	*Daphnia cucullata*		+	+	++
	盔形溞	*Daphnia galeata*	++			
	透明溞	*Daphnia hyalina*				+
枝角类	长刺溞	*Daphnia longispina*		+	+	
	大型溞	*Daphnia magna*			+	
	短钝溞	*Daphnia obtusa*	+			
	蚤状溞	*Daphnia pulex*	++			
	兴凯秀体溞	*Diaphanosoma chankensis*	++			
	长肢秀体溞	*Diaphanosoma leuchtenbergianum*	+	+	++	+
	多刺秀体溞	*Diaphanosoma sarsi*		+	++	
	大洋洲壳腺溞	*Latonopsis australis*	++			
	透明薄皮溞	*Leptodora kindtii*	+			+
	突额湖仙达溞	*Limnosida frontosa*	++	+	++	
	多刺裸腹溞	*Moina macrocopa*	++		+	+
	微型裸腹溞	*Moina micrura*				+
	直额裸腹溞	*Moina rectirostris*		+	+	
	双棘伪仙达溞	*Pseudosida bidentata*	++			
	晶莹仙达溞	*Sida crystallina*	+		++	
	尖吻低额溞	*Simocephalus acutirostratus*	+	++	++	
	老年低额溞	*Simocephalus vetulus*	++	++	++	++
	披针纺锤水蚤	*Acartia southwelli*	+++	+	+	
	杂刺棘猛水蚤	*Attheyella orientalis*	+			
桡足类	后进角猛水蚤	*Cletocamptus retrogressus*		+	+	+
	英勇剑水蚤	*Cyclops strenuus*	++	+	+	+
	近邻剑水蚤	*Cyclops vicinus*	+	+	+	
	兴凯侧突水蚤	*Epischura chankensis*	+++	+	+	

续表

类别	中文名	拉丁名	2017 年	2018 年	2019 年	2020 年
桡足类	锯缘真剑水蚤	*Eucyclops serrulatus*		+	++	
	锯齿真剑水蚤	*Eucyclops macruroides denticulatus*		+		
	如愿真剑水蚤	*Eucyclops speratus*		+		
	中华咸水剑水蚤	*Halicyclops sinensis*		+		
	同形拟猛水蚤	*Harpacticella paradoxa*	+			
	中华窄腹剑水蚤	*Limnoithona sinensis*	++	++	++	++
	四刺窄腹剑水蚤	*Limnoithona tetraspina*	+++	+	+	
	棕色大剑水蚤	*Macrocyclops fuscus*		+	+	
	广布中剑水蚤	*Mesocyclops leuckarti*	+	+	++	++
	小剑水蚤	*Microcyclops* sp.			++	+
	无节幼体	Nauplii	+++	++	++	+
	右突新镖水蚤	*Neodiaptomus schmackeri*	+		+	
	模式有爪猛水蚤	*Onychocamptus mohammed*		+	+	
	矮小拟镖剑水蚤	*Paracyclopina nana*		+	+	
	近亲拟剑水蚤	*Paracyclops affinis*	+		+	
	毛饰拟剑水蚤	*Paracyclops fimbriatus*			+	
	球状许水蚤	*Schmackeria forbesi*	+			
	肥胖许水蚤	*Schmackeria inflata*	+			
	指状许水蚤	*Schmackeria inopinus*		+	+	++
	汤匙华哲水蚤	*Sinocalanus dorrii*	++	+	++	++
	中华哲水蚤	*Sinocalanus sinensis*	+	+	++	
	近刺大吉猛水蚤	*Tachidius vicinospinalis*	+	+		+
	温剑水蚤	*Thermocyclops* sp.	+		++	
	台湾温剑水蚤	*Thermocyclops taihokuensis*		+		+++

注：+：平均密度≤100 个/L；++：平均密度介于 100 个/L～1000 个/L；+++：平均密度≥1000 个/L。

附表 1-4　大型底栖动物名录（2016～2020 年）

	中文名	拉丁名	2016 年	2017 年	2018 年	2019 年	2020 年
寡毛纲	霍甫水丝蚓	*Limnodrilus hoffmeisteri*	+	+	+	+	+
	克拉泊水丝蚓	*Limnodrilus claparedianus*	+				
	巨毛水丝蚓	*Limnodrilus grandisetosus*	+	+	+	+	+
	苏氏尾鳃蚓	*Branchiura sowerbyi*	+	+	+	+	+
多毛纲	寡鳃齿吻沙蚕	*Nephtys oligobranchia*	+	+	+	+	+
	日本沙蚕	*Nereis japonica*	+	+	+	+	+
	背蚓虫	*Notomastus latericeus*	+	+	+	+	+
	尖刺缨虫	*Potamilla acuminata*	+	+	+	+	+
蛭纲	宽身舌蛭	*Glossiphonia lata*	+				+
	拟扁蛭	*Hemiclepsis* sp.				+	+

续表

	中文名	拉丁名	2016	2017	2018	2019	2020
甲壳纲	拟背尾水虱	*Paranthura* sp.	+	+	+	+	+
	哈氏浪漂水虱	*Cirolana ha rfordi*					+
	蜾蠃蜚	*Corophium* sp.	+	+	+	+	+
	大螯蜚	*Grandidierella* sp.	+	+	+	+	+
	细足米虾	*Caridna nilotica gracilipes*				+	+
	秀丽长臂虾	*Palaemon modestus*	+	+	+		+
昆虫纲	黄色羽摇蚊	*Chironomus flaviplumus*	+	+	+	+	+
	林间环足摇蚊	*Cricotopus sylvestris*		+			+
	中国长足摇蚊	*Tanypus chinensis*		+		+	+
	多巴小摇蚊	*Microchironomus tabarui*	+	+	+	+	+
	软铗小摇蚊	*Microchironomus tener*	+	+			+
	浅白雕翅摇蚊	*Glyptotendipes pallens*	+				+
	暗绿二叉摇蚊	*Dicrotendipes pelochloris*	+	+	+		
	凹狭隐摇蚊	*Cryptochironomus defectus*	+	+	+	+	+
	花翅前突摇蚊	*Procladius choreus*	+				+
	红裸须摇蚊	*Propsilocerus akamusi*		+		+	+
	菱跗摇蚊	*Clinotanypus* sp.	+			+	+
	梯形多足摇蚊	*Polypedilum scalaenum*					+
	小云多足摇蚊	*Polypedilum nubeculosum*		+	+	+	+
	拟突摇蚊	*Paracladius* sp.					+
	划蝽科	Corixidae		+			
	蟌科	Coenagrionidae					+
	纹石蚕	*Hydropsyche* sp.					+
腹足纲	纹沼螺	*Parafossarulus striatulus*					+
	大沼螺	*Parafossarulus eximius*			+	+	+
	铜锈环棱螺	*Bellamya aeruginosa*	+	+	+	+	+
	梨形环棱螺	*Bellamya purificata*					+
	方格短沟蜷	*Semisulcospira cancellata*	+	+	+		+
	光滑狭口螺	*Stenothyra glabra*	+	+	+	+	+
	椭圆萝卜螺	*Radix swinhoei*		+	+		+
	赤豆螺	*Bithynia fuchsianus*					+
	大脐圆扁螺	*Hippeutis umbilicalis*					+
双壳纲	河蚬	*Corbicula fluminea*	+	+	+	+	+
	湖球蚬	*Sphaerium lacustre*	+	+	+	+	+
	中国淡水蛏	*Novaculina chinensis*	+	+	+	+	+
	淡水壳菜	*Limnoperna fortunei*	+	+	+	+	+
	豌豆蚬	*Pisidium* sp.					+
	短褶矛蚌	*Lanceolaria grayana*	+		+	+	
	背角无齿蚌	*Anodonta woodiana*	+	+		+	

续表

	中文名	拉丁名	2016	2017	2018	2019	2020
双壳纲	光滑无齿蚌	*Anodonta lucida*		+			
	扭蚌	*Arconaia lanceolata*		+		+	+
	三角帆蚌	*Hyriopsis cumingii*				+	+
	圆顶珠蚌	*Unio douglasiae*	+				+
	洞穴丽蚌	*Lamprotula caveata*			+		
	褶纹冠蚌	*Cristaria plicata*	+				

注："+"表示记录到该物种。

附表 1-5　鱼类物种名录

科/亚科	中文名/拉丁名	1982 年以前	1989～1990 年	2008 年	2010～2011 年	2014 年	2018 年	2021 年
长吻鲟科 Polyodontidae	长吻鲟 *Polyodon spathula*						+	
鳀科 Engraulidae	刀鲚 *Coilia nasus* Temminck	+	+	+	+	+	+	+
银鱼科 Salangidae	大银鱼 *Protosalanx hyalocranius*	+	+	+	+	+	+	+
	乔氏新银鱼 *Neosalanx jordani*	+	+		+		+	
	太湖新银鱼 *Neosalanx tangkahkeii*	+	+	+	+		+	+
	短吻间银鱼 *Hemisalanx brachyrostralis*	+	+		+			
鳗鲡科 Anguillidae	鳗鲡 *Anguilla japonica*	+	+				+	
	花鳗鲡 *Anguilla marmorata*	+						
鲤科 Cyprinidae								
[鱼丹]亚科 Danioninae	马口鱼 *Opsariichthys bidens*	+	+					
雅罗鱼亚科 Leuciscinae	鳡 *Elopichthys bambusa*	+	+		+		+	
	鳤 *Ochetobius elongatus*	+						
	赤眼鳟 *Squaliobarbus curriculus*	+	+	+	+		+	
	青鱼 *Mylopharyngodon piceus*	+	+		+	+	+	+

续表

科/亚科	中文名/拉丁名	1982年以前	1989~1990年	2008年	2010~2011年	2014年	2018年	2021年
鲌亚科 Cultrinae	草鱼 *Ctenopharyngodon idellus*	+	+	+	+	+	+	+
	银飘鱼 *Pseudolaubuca sinensis*	+	+		+			+
	寡鳞飘鱼 *Pseudolaubuca engraulis*	+	+	+		+		+
	似鱎 *Toxabramis swinhonis*	+	+		+		+	+
	鳘 *Hemiculter leucisculus*	+	+	+	+	+	+	+
	贝氏鳘 *Hemiculter bleekeri*		+	+	+	+	+	
	红鳍原鲌 *Cultrichthys erythropterus*	+	+	+	+	+	+	+
	翘嘴鲌 *Culter alburnus*	+	+	+	+		+	+
	蒙古鲌 *Culter mongolicus*	+	+		+		+	+
	达氏鲌 *Culter dabryi*	+	+		+		+	+
	鳊 *Parabramis pekinensis*	+	+	+	+	+	+	+
	鲂 *Megalobrama skolkovii*	+	+		+	+		+
	团头鲂 *Megalobrama amblycephala*	+	+	+	+	+	+	
鲴亚科 Xenocyprinae	银鲴 *Xenocypris argentea*	+	+		+			
	细鳞斜颌鲴 *Plagiognathops microlepis*				+	+	+	
	似鳊 *Pseudobrama simoni*	+	+	+	+	+	+	+
	黄尾鲴 *Xenocypris davidi*						+	+
鲢亚科 Hypophthalmichthyinae	鲢 *Hypophthalmichthys molitrix*	+	+	+	+	+	+	+
	鳙 *Aristichthys nobilis*	+	+	+	+	+	+	+
鮈亚科 Gobioninae	花鲭 *Hemibarbus maculatus*	+	+	+	+	+	+	+
	似刺鳊鮈 *Paracanthobrama guichenoti*	+	+		+	+	+	+
	麦穗鱼 *Pseudorasbora parva*	+	+	+	+	+	+	+
	黑鳍鳈 *Sarcocheilichthys nigripinnis*	+	+		+	+	+	
	华鳈 *Sarcocheilichthys sinensis*	+	+	+	+		+	+
	棒花鱼 *Abbottina rivularis*	+	+	+	+	+	+	
	银鮈 *Squalidus argentatus*	+	+	+	+			
	亮银鮈 *Squalidus nitens*		+		+			

科/亚科	中文名/拉丁名	1982 年以前	1989~1990 年	2008 年	2010~2011 年	2014 年	2018 年	2021 年
	点纹银鮈 *Squalidus wolterstorffi*				+			
	铜鱼 *Coreius heterodon*	+						
	圆口铜鱼 *Coreius guichenoti*	+						
	吻鮈 *Rhinogobio typus*	+	+					
	圆筒吻鮈 *Rhinogobio cylindricus*	+						
	蛇鮈 *Saurogobio dabryi*	+	+	+	+	+	+	+
	长蛇鮈 *Saurogobio dumerili*	+	+	+				+
鱊鲏亚科 Acheilognathinae	大鳍鱊 *Acheilognathus macropterus*	+	+	+	+	+	+	+
	兴凯鱊 *Acheilognathus chankaensis*	+	+	+	+	+	+	+
	越南鱊 *Acheilognathus tonkinensis*	+	+	+	+			
	短须鱊 *Acheilognathus barbatulus*	+	+	+	+			
	无须鱊 *Acheilognathus gracilis*				+			
	彩副鱊 *Paracheilognathus imberbis*				+			
	高体鳑鲏 *Rhodeus ocellatus*	+	+		+		+	
	中华鳑鲏 *Rhodeus sinensis*					+		
	彩石鳑鲏 *Rhodeus lighti*	+	+		+		+	
	方氏鳑鲏 *Rhodeus fangi*				+			
鲤亚科 Cyprininae	鲤 *Cyprinus carpio*	+	+	+	+	+	+	+
	鲫 *Carassius auratus*	+	+	+	+	+	+	+
鳅科 Cobitidae	长薄鳅 *Leptobotia elongate*	+						
	紫薄鳅 *Leptobotia taeniops*		+					
	中华花鳅 *Cobitis sinensis*	+	+					
	花斑副沙鳅 *Parabotia fasciata*	+	+					
	武昌副沙鳅 *Parabotia banarescui*	+						
	大鳞副泥鳅 *Paramisgurnus dabryanus*	+	+		+			
	泥鳅 *Misgurnus anguillicaudatus*	+	+		+	+	+	+
鲇科 Siluridae	鲇 *Silurus asotus* Linnaeus	+	+		+	+	+	

续表

科/亚科	中文名/拉丁名	1982年以前	1989~1990年	2008年	2010~2011年	2014年	2018年	2021年
鲿科 Bagridae	黄颡鱼 *Pelteobagrus fulvidraco*	+	+		+	+	+	+
	瓦氏黄颡鱼 *Pelteobagrus vachelli*	+	+	+	+	+		
	光泽黄颡鱼 *Pelteobagrus nitidus*	+	+	+		+	+	+
	长须黄颡鱼 *Pelteobagrus eupogon*	+		+		+		+
	长吻鮠 *Leiocassis longirostris*	+						
	粗唇鮠 *Leiocassis crassilabris*	+						
	乌苏里拟鲿 *Pseudobagrus ussuriensis*	+						
	圆尾拟鲿 *Pseudobagrus tenuis*	+						
	大鳍鳠 *Mystus macropterus*	+						
鲻科 Mugilidae	鲻 *Mugil cephalus* Linnaeus				+			
鳉科 Cyprinodontidae	中华青鳉 *Oryzias sinensis*	+	+			+		
鱵科 Hemiramphidae	间下鱵 *Hyporhamphus intermedius*	+	+		+	+	+	+
合鳃鱼科 Synbranchidae	黄鳝 *Monopterus albus*	+	+		+		+	
刺鳅科 Mastacembelidae	中华刺鳅 *Mastacembelus sinensis*	+	+		+	+	+	
鮨科 Serranidae	鳜 *Siniperca chuatsi*	+	+		+	+	+	+
	大眼鳜 *Siniperca kneri*				+			
沙塘鳢科 Odontobutidae	小黄黝鱼 *Micropercops swinhonis*	+	+		+		+	+
	河川沙塘鳢 *Odontobutis potamophila*	+	+		+		+	
鰕虎鱼科 Gobiidae	波氏吻鰕虎鱼 *Rhinogobius cliffordpopei*				+			
	子陵吻鰕虎鱼 *Rhinogobius giurinus*	+	+	+	+	+	+	+
	拉氏狼牙鰕虎鱼 *Odontamblyopus lacepedii*	+			+		+	
	须鳗鰕虎鱼 *Taenioides cirratus*	+				+		
鳢科 Channidae	乌鳢 *Channa argus*	+	+		+	+	+	+

科/亚科	中文名/拉丁名	1982 年以前	1989～1990 年	2008 年	2010～2011 年	2014 年	2018 年	2021 年
斗鱼科 Belontiidae	圆尾斗鱼 *Macropodus chinensis*	+	+		+	+	+	
鲀科 Tetraodontidae	暗纹东方鲀 *Takifugu fasciatus*	+						
	物种数	78	65	33	63	41	51	40

注："+"表示记录到该物种。